设施蔬菜

肥药双减绿色生产技术模式

全国农业技术推广服务中心 组织编写

中国农业科学技术出版社

U0320844

图书在版编目（CIP）数据

设施蔬菜肥药双减绿色生产技术模式 / 王娟娟，李莉，李衍素主编. —北京：中国农业科学技术出版社，2020.10

ISBN 978-7-5116-4843-3

Ⅰ.①设… Ⅱ.①王…②李…③李… Ⅲ.①蔬菜园艺-设施农业-无污染技术 Ⅳ.①S626

中国版本图书馆 CIP 数据核字（2020）第 116877 号

责任编辑	于建慧
责任校对	马广洋

出 版 者	中国农业科学技术出版社
	北京市中关村南大街 12 号　邮编：100081
电　　话	（010）82109708（编辑室）　（010）82109702（发行部）
	（010）82109709（读者服务部）
传　　真	（010）82106650
网　　址	http://www.castp.cn
经 销 者	各地新华书店
印 刷 者	北京富泰印刷有限责任公司
开　　本	787 mm×1 092 mm　1/16
印　　张	16
字　　数	371 千字
版　　次	2020 年 10 月第 1 版　2020 年 10 月第 1 次印刷
定　　价	50.00 元

《设施蔬菜肥药双减绿色生产技术模式》

编委会

前　言

设施栽培技术是指通过人工创造可控制的环境，为作物生长发育创造适宜的环境条件，从而获得高产、优质、高效的一种先进农业生产方式。改革开放以来，我国蔬菜产业，尤其是设施蔬菜发展迅速，在调整蔬菜品种结构、保障蔬菜周年供应和增加农民收入等方面发挥了重要作用。由于设施蔬菜长期连作种植、品种单一、棚室密闭温湿度高、过分追求高产等原因，导致了设施连作障碍和病虫害发生日益严重、蔬菜品质逐渐下降等问题。因此，研究好、解决好、示范好设施蔬菜化肥、农药施用技术，提高肥药利用效率，对生产优质设施蔬菜产品、改善农业生产环境、推进产业现代化具有重要意义。

近年来，全国农业技术推广服务中心作为国家重点研发计划试点专项"设施蔬菜化肥农药减施增效技术集成研究与示范"项目承担单位，在全国主要设施蔬菜产区开展相关技术集成与示范推广，通过单项技术示范、集成模式创新、现场观摩和技术培训等方式，总结了一揽子减肥减药单项技术，示范了一系列绿色高效综合集成技术，建立了一大批具有代表性的生产基地，促进了地方设施蔬菜产业绿色高质量发展。

本书以设施蔬菜减肥减药增效为主线，以茄果类、瓜类、绿叶类等设施主栽作物为对象，系统梳理了项目示范区内化肥农药减施增效栽培技术体系与成效，形成了50套可操作、易推广、能复制的集成技术模式。编撰此书，力求总结经验成效，推广技术模式，以期为各地设施蔬菜生产者提供技术指导。

由于资料繁杂，时间紧迫，水平有限，书中不足和不妥之处在所难免，欢迎广大读者批评指正。

目　　录

第四部分 设施茄子化肥农药减施增效栽培技术模式

第五部分 设施西葫芦化肥农药减施增效栽培技术模式

第六部分 设施芦笋化肥农药减施增效栽培技术模式

第七部分 设施叶菜类蔬菜化肥农药减施增效栽培技术模式

第一部分

设施番茄化肥农药减施增效栽培技术模式

黑龙江省设施番茄化肥农药
减施增效栽培技术模式

一、技术概况

在设施番茄绿色生产过程中，推广应用生物菌肥、集约化育苗及根际营养调控技术、伴生栽培、水肥一体化、生物农药预防番茄病虫害等技术，重点推广使用 EM 菌肥、测土肥配方施肥、水肥一体化、分蘖洋葱伴生番茄栽培技术，优先采用农业防治、物理防治和生物防治预防番茄病虫害等技术手段，从而有效缓解了设施蔬菜连作障碍的问题，大大提高了土壤活性，减少了化学肥料的使用，降低了化学农药的使用和残留，保障了番茄生产安全、农产品质量安全，提高了番茄产量和品质，促进了农民增收。该技术模式的实施在提高番茄绿色生产水平，保障农业生态环境安全，促进农增产增收方面意义重大。

二、技术效果

通过推广应用生物菌肥、测土配方施肥、伴生栽培及病虫害绿色综合防控技术，番茄提早成熟 3~5 d，产量提高 10% 以上，化学肥料施用量减少 30%，大大降低了化学农药的使用，部分农户基本不用化学农药，农产品合格率达 100%。

三、技术路线

选用优质、高产抗病品种，采用营养钵或穴盘育苗，施用 EM 菌肥活化土壤，采用农业防治、物理防治、生物防治等手段预防作物病虫害，增强番茄对病害、虫害、草害的抵抗力，改善番茄的生长环境，控制、减少番茄相关病虫害的发生和蔓延。

（一）科学栽培

1. 品种选择

选用适合本地区栽培的优质、高产、抗病品种。

2. 培育壮苗

使用 8×8 或 9×9 营养钵或穴盘育苗，营养土选用大田土或由葱蒜土 40%、腐熟马粪 50%、大粪面 10% 混合而成的土壤，土质要求疏松通透，土壤酸碱度中性，不能含有对秧苗有害的物质，不能含有病原菌和害虫。

苗期土温保持在 20~25℃，出苗后白天气温保持在 20~25℃，夜间保持在 17~18℃，定植前的一周开始低温炼苗，大通风，白天气温保持在 12~18℃，夜间 7~8℃，增强幼苗抗寒性。

3. EM 菌肥

整地时将 EM 菌肥与农家肥混拌，能充分腐熟发酵农家肥。在苗期至开花前，EM 菌肥+壮根冲施肥随滴灌冲施，可改善土壤结构，促进作物根系发育。开花期至坐果期，EM 菌肥+壮根冲施肥随滴灌冲施，可提高光合作用效率，促进果实发育，提高作物品质。

4. 分蘖洋葱伴生番茄栽培

分蘖洋葱伴生番茄栽培主要防控设施蔬菜连作障碍、缓解设施蔬菜轮作难的问题。设施番茄定植日起至定植 30 d 内，在垄（畦）靠近过道一侧距番茄植株 5 cm 左右处播种分蘖洋葱鳞茎（单瓣的）3~5 粒（或在 2 株番茄之间播种分蘖洋葱），整个生长期根据番茄生产要求正常栽培管理，伴生分蘖洋葱的番茄可减少磷肥施用量 30%，提高产量 5%~10%，增加土壤微生物多样性，修复连作障碍土壤，改善土壤生态环境，保持土壤健康。

5. 加强田间管理

及时进行吊蔓、整枝、打杈、摘心等操作，确保植株长势良好。

（二）番茄病虫害绿色综合防控措施

1. 防虫板、杀虫灯诱杀害虫

利用害虫对不同波长、颜色的趋性，在设施内放置黄板、蓝板和杀虫灯，对害虫进行诱杀。

2. 高温闷棚

晴天早晨浇透水，封闭大棚，温度达到 48~50℃后保持设施密闭 2 h，能有效防止番茄各种病虫害。

3. 防治番茄根腐病、枯萎病等土传病害

移栽时将 100 亿枯草芽孢杆菌粉剂 500 g+2%宁南霉素 500 mL 混合物稀释 500~800 倍液灌根。

4. 防治番茄病毒病、灰霉病、脐腐病及蚜虫等虫害

移栽后 15~20 d，使用 100 亿枯草芽孢杆菌 500 g/亩*滴灌或灌根；使用 2%宁南霉素 300 倍液+宁南霉素+嘧菌酯 1 200 倍液+100 亿枯草芽孢杆菌粉剂（杀细菌）600 倍液+腐殖酸叶面肥 800 倍液+吡唑醚菌酯均匀喷施叶面。每亩使用 40%吡蚜酮+异丙威 500 mL+5%鱼藤酮微乳剂 30 mL 防治虫害。

＊ 注：1 亩≈667 m²。全书同。

5. 防治番茄炭疽病、疫病及蚜虫、小菜蛾等虫害

在开花期至坐果期，撒施 10 亿枯草菌肥颗粒剂 10 kg，亦可混配复合肥一起追施。将 8% 宁南霉素 600 倍液+宁南霉素+戊唑醇 1 000 倍液+100 亿枯草芽孢杆菌粉剂 300 倍液+腐殖酸叶面肥 800 倍液均匀喷洒叶片表面。每亩使用 40% 吡蚜酮+异丙威 500 mL+5% 鱼藤酮微乳剂 30 mL 防治虫害。

四、效益分析

（一）经济效益分析

通过应用生物菌肥、水肥一体化、伴生栽培及病虫害绿色综合防控技术，可提高番茄产量 10% 以上，提升番茄品质，同时降低化学农药的使用次数，节约农药使用成本和人力成本，亩节省农药成本 150 元，平均亩增收 1 000 元。

（二）生态效益、社会效益分析

设施番茄化肥农药减施绿色栽培技术模式的应用，在提高番茄产量、提升番茄品质的同时，大大减少了化学农药的使用，降低了农药残留，在保证农产品质量安全和产区生态安全及农业生产对自然环境污染方面，意义重大。

五、适宜区域

黑龙江省东部地区设施番茄栽培产区。

六、技术模式

见表 1-1。

七、技术依托单位

联系单位：七台河市农业技术推广中心、黑龙江省农业技术推广站
联系人：姜铁军、于杰
电子邮箱：626433224@qq.com

表1-1　黑龙江省设施番茄化肥农药减施增效栽培技术模式

项目	2月 上	2月 中	2月 下	3月 上	3月 中	3月 下	4月 上	4月 中	4月 下	5月 上	5月 中	5月 下	6月 上	6月 中	6月 下	7月 上	7月 中	7月 下
生育期 春茬	育苗期								定植期	开花结果期						收获期		
技术措施	选择优良品种，营养钵或穴盘育苗								伴生栽培技术	吊蔓、整枝、打杈、摘心						及时采收上市		
				水肥一体化、滴灌冲施EM菌肥						滴灌冲施EM菌肥								
						农业防治、物理防治，生物防治等番茄病虫害绿色综合防控措施												

技术路线：

选种：选择适合本地栽培的优良品种。

育苗：采用8×8或9×9营养钵或穴盘育苗，营养土选大田土或葱蒜土40%，腐熟陈马粪50%，大粪面10%混合而成。

EM地生菌应用：在育苗期至开花前，EM菌肥+壮根水溶菌随滴灌冲施，可改善土壤结构，促进作物根系发育；开花期至坐果期，EM菌肥+壮根水溶菌随滴灌冲施，可促进果实发育。

主要病虫害防治：在设施内放置黄板、蓝板、杀虫灯，对害虫进行诱杀。草芽孢杆菌粉剂500g+2%宁南霉素500mL灌根防治番茄根腐病、枯萎病等土传病害；2%宁南霉素300倍液+宁南霉素100亿枯草芽孢杆菌1200倍液防治病毒病；灰霉病，脐腐病等病害；8%宁南霉素600倍液防治炭疽病，疫病等病害。（杀细菌）600倍液+腐殖酸叶面肥800倍液+吡唑醚菌酯100亿枯草芽孢杆菌粉剂300倍液+腐殖酸叶面肥800倍液防治炭疽病，疫病等病害。南霉素+戊唑醇1000倍液防治。

适用范围：

黑龙江省东部地区设施番茄栽培产区

经济效益：

通过应用生物菌肥、水肥一体化、伴生栽培及病虫害绿色综合防控技术，提高番茄产量10%以上，苗节省农药使用成本150元，降低化学农药的使用数量和次数，节约了农药使用成本和人力成本，平均增收1000元。

吉林省设施番茄化肥农药
减施增效栽培技术模式

一、技术概况

在设施番茄绿色生产过程中，推广应用秸秆发酵床、物理与化学综合病虫害防治方法，重点推广使用秸秆发酵床技术，将农作物秸秆在微生物菌种、催化剂、净化剂的作用下定向转化成植物生长所需的二氧化碳、热量、抗病微生物、酶、有机养料和无机养料，保障番茄生产安全、农产品质量安全和农业生态环境安全，促进农业增产增效，农民增收。

二、技术效果

在北方冬季和早春寒冷季节，尤其以温度、CO_2 浓度、光照对番茄光合作用影响最为明显。使用秸秆发酵床技术，会产生大量的热量、CO_2、抗病微生物孢子和有机质，对提高番茄光合作用十分有效。应用秸秆发酵床技术后，冬天 20 cm 耕作层地温可升高 2~4℃，土壤孔隙度提高 1 倍以上，夜间棚内湿度降低 2%~4%，有益微生物群体增多，水、肥、气、热适中，各种矿质元素被定向释放出来，为根系生长创造了良好生长发育的环境，有效提高设施番茄产量和品质。在病虫害防治过程中，配合采用农业防治+物理防治+生物防治，以及采用高效低毒低残留化学农药的化学防治技术，可使番茄提早上市 5~7 d，产量提高 10% 以上，农药施用量减少 70%~80%。

开沟

三、技术路线

（一）秸秆发酵床技术

1. 种植方式

采用畦栽，畦宽 120 cm，在畦中间位置进行开沟，沟宽 70~80 cm，沟深 45 cm 左右。开沟长度与畦长相等，开挖的土按等量分放两边。

2. 铺秸秆

全部开完沟后，向沟内铺放碎秸秆（玉米秸、麦秸、稻草等），铺完踏实后，厚度 20 cm 左右。

铺秸秆

3. 撒菌种

将处理好的发酵菌种，按每畦所用量，先把菌种的2/3撒在秸秆上，铺施一层粪肥，再将剩下的菌种撒上。并用铁锹轻拍一遍，使菌种与秸秆均匀接触。

4. 覆土

将沟两边的土回填于秸秆上成平畦，秸秆上土层厚度保持25 cm左右，然后将土整平。

覆土

5. 浇水、撒疫苗

在畦内浇大水，水量以充分湿透秸秆为宜。隔3~5 d后，将处理好的疫苗撒施到畦上与10 cm土掺匀、整平。选择在早上、傍晚或阴天时撒疫苗，要随撒随盖，不要长时间在太阳下曝晒，以免紫外线杀死疫苗。

6. 覆膜、打孔

覆黑膜后用打孔器按固定株、行距打孔。孔深以穿透秸秆层为准，促进秸秆转化。孔打好后等待定植。

覆膜打孔

7. 配备滴灌施肥系统

每个棚室建立独立的供水系统，由阀门、加压泵、主管道、过滤器、施肥器及微灌带等部件相联组成。

（二）科学栽培

1. 育苗

选择抗病、优质、高产、连续坐果能力强、商品性好、耐低温、耐弱光、耐贮运，适合市场需求的品种。

将种子放于10%的磷酸三钠溶液中浸泡20~30 min，浸泡过程中不时搅拌种子，然后用清水冲洗2~3次。之后再将种子放于配制好的杀菌剂中，浸泡1 h（没过种子为宜），然后用大量清水冲洗4~5次，每次用水量约为药剂用量的10倍为宜，每次用水浸泡时间为10 min（搅拌种子），或流水冲洗30 min，冲洗过程中不断搅拌种子。采用穴盘育苗或营养钵育苗，育苗时注意夜间温度保持在10℃以上。

2. 定植

定植时要注意防止伤苗和保持适宜的株距，双行栽植。一般每亩定植3 000株左右。

3. 肥水管理

定植时，浇透水。定植后，根据植株状况、

吊蔓栽培

天气及季节的变化等综合因素进行水分管理。番茄坐果前要适当控水，以防植株徒长，维持土壤相对湿度 60%~65%。采用震动授粉器促进番茄坐果。开花坐果后以促为主，保持土壤相对湿度在 70%~80%。冬季要求灌溉水温度在 12℃以上。定植后至开花坐果前一般不追肥，果实进入快速膨大期，根据长势适当补肥。拉秧前 30 d 停止追肥，每次追肥间隔时期为 10~18 d。

4. 植株调整

吊蔓栽培，采用双点固定夹固定植株。生长过程中，随着果实不断采收，及时螺旋型落蔓，保持番茄生长点整齐一致。

（三）病虫害防治

1. 物理防治

棚室内采用黄板诱杀蚜虫；田间释放丽蚜小蜂防治白粉虱。

2. 生物防治

①采用颗粒体病毒或 Bt 杀虫剂防治害虫；②采用植物源农药如苦参碱、印楝素、除虫菊等防治病虫害；③采用生物源农药如康壮素、齐墩螨素、新植霉素等防治病虫害。

3. 化学防治

使用药剂防治应符合 NY/T 393—2000《绿色食品 农药使用准则》、GB/T 8321—2018《（所有部分）农药合理使用准则》的要求。注意轮换用药，合理混用。严格控制农药安全间隔期。

四、效益分析

（一）经济效益分析

通过应用秸秆发酵床、农业防治、物理防治、生物防治绿色防控等技术，可使番茄提早上市 5~7 d，产品供应期从春节一直延续到 6 月，产量提高 10%以上，农药施用量减少 70%~80%。一般每亩产量达 8 000 kg 左右，平均价格 6~10 元/kg，效益 5 万~8 万元/亩。

（二）生态效益、社会效益分析

目前，我国每年有大量生物秸秆不能有效利用，大量的秸秆用作焚烧，污染了环境，还浪费了资源。秸秆发酵床技术模式具有 CO_2 效应、热量效应、生物防治效应、有机改良土壤效应、自然资源综合利用效应。该模式可有效减少农药使用，改善番茄品质，减轻农业生产过程中对自然环境的污染。

五、适宜区域

吉林省设施栽培番茄产区。

六、技术模式

见表1-2。

七、技术依托单位

联系单位：吉林省蔬菜花卉科学研究院

联系地址：吉林省长春市净月区千朋路555号

联系人：郑士金

电子邮箱：zhengshijinzsj@126.com

設施蔬菜肥药双减绿色生产技术模式

表1-2 吉林省设施番茄化肥农药减施增效栽培技术模式

项目		12月（旬）			1月（旬）			2月（旬）			3月（旬）			4月（旬）			5月（旬）			6月（旬）			7月（旬）			8月（旬）		
		上	中	下	上	中	下	上	中	下	上	中	下	上	中	下	上	中	下	上	中	下	上	中	下	上	中	下
生育期	春茬	育苗期									定植			结果期						收获期								

选种：选择抗病、优质、高产、连续坐果能力强、商品性好、耐低温、耐弱光、适合市场需求的品种。采用穴盘育苗或育苗营养钵育苗。

育苗定植：育苗时注意昼夜间温度保持10℃以上；定植时要注意防止伤苗和保持适宜的株距，双行栽植。一般每亩定植3 000株左右。

肥水管理：定植时，浇透水。定植后，根据植株状况、天气及季节的变化等综合因素进行水分管理。番茄坐果前要适当控水，以防植株徒长，维持土壤相对湿度60%～65%；开花坐果后以促为主，保持土壤相对湿度在70%～80%。冬季要求灌溉水温在12℃以上。定植后至开花坐果前一般不追肥，果实进入快速膨大期，根据长势适当补肥。拉秧前30 d停止追肥。每次追肥间隔时期为10～18 d。

植株调整：吊蔓栽培，采用双点固定来固定植株。生长过程中，随着果实的不断采收，及时螺旋型落蔓。保证番茄生长点整齐一致。

技术路线

主要病虫害防治：①棚室内运用黄板诱杀蚜虫、田间释放丽蚜小蜂防治白粉虱。②采用颗粒体病毒素或 Bt 杀虫剂防治病虫、采用植物源农药如苦参碱、印楝素、除虫菊素等；生物源农药如康壮素、齐墩螨素、新植霉素等生物农药防治病虫害。③化学防治使用药剂防治应符合 NY/T 393—2000《绿色食品 农药使用准则》、GB/T 8321—2018《（所有部分）农药控制农药安全间隔期，每种农药在整个生育期限使用1次。合理使用药，注意轮换用药，合理混用。产格控制农药安全间隔期，每种农药在整个生育期限使用1次。

适用范围

吉林省设施番茄栽培产区

经济效益

通过应用秸秆发酵床，农业防治+物理防治+生物防治色防控等技术，可使番茄提早上市 5～7 d，产品供应期从春节一直延续到6月，产量提高10%以上，农药施用量减少70%～80%，农产品合格率达100%。一般每亩产量达8 000 kg 左右，产品合格率达100%。平均价格6～10元/kg，效益5～8万元/亩。

· 10 ·

北京市日光温室越冬茬番茄化肥农药减施增效栽培技术模式

一、技术概况

在日光温室番茄绿色生产过程中，采用越冬生产茬口，推广应用基质栽培水肥一体化、环境调控、植株调整和病虫害综合防控等技术，重点推广水肥调控（亏缺灌溉、高 EC 灌溉）、环境调控、物理和低残留化学农药结合防治等技术，有效缓解番茄土壤栽培连作障碍、农药残留的问题，提高番茄品质和绿色生产水平，有益于保障农产品的质量安全，促进农业增产增效，农民增收。

二、技术效果

通过推广应用水肥调控（亏缺灌溉、高 EC 灌溉）技术、环境调控技术、物理和低残留化学农药结合防治技术，番茄可溶性固形物达到 8% 以上，农药使用量减少 50%，减少投入和用工成本 20%，农产品合格率达 100%。

三、技术路线

选用高产、优质、抗病品种，培育健康壮苗，采取椰糠基质栽培水肥管理、环境调控、物理和化学农药综合防治等措施，提高番茄品质和丰产能力，增强番茄对病害、虫害、草害的抵抗力，改善番茄生长环境，控制、避免、减轻番茄相关病虫害的发生和蔓延。

（一）科学栽培

1. 品种选择

选择适合本地区栽培的无限生长型、耐低温弱光、抗逆性强、口感好的品种。

2. 培育壮苗

选择 50 孔穴盘基质育苗，营养土要求草炭：蛭石：珍珠岩体积比为 2：1：1，基质酸碱度中性到微酸性，无对秧苗有害的物质（如除草剂等）、病原菌和害虫。番茄苗龄 45 d 左右，壮苗标准：番茄株高 15~20 cm，下胚轴长 2~3 cm；茎粗 0.5~0.8 cm，节间长 2.5 cm 左右，4~6 片叶，叶色深绿，叶片肥厚；根系发达，侧根数量多；植株无病虫危害，无机械损伤。

苗期保证 10 厘米土温 18~25℃，气温保持在 12~24℃，定植前幼苗低温锻炼，气温保持在 10~18℃。

3. 栽培形式

采用"U"形栽培槽体，地上槽体及下挖槽体两种形式。槽体选用防渗、防老化材质，槽体宽度为 20~40 cm，深度为 20~40 cm，沿温室栽培方向 3‰坡度，底部设置导流板，方便营养液流通及回液回收。

选用椰糠基质，pH 值为 5.5~7，电导率≤1.2 mS/cm，粗细椰糠体积比为 3∶7，定植前 1 周用清水进行泡发，淋洗脱盐，以手抓捏实无滴水为准，灌装到栽培槽，灌装深度 25 cm。

4. 灌溉管理

生产前对生产温室水样进行检测，制定营养液配方。通过自动滴灌设备供给营养液，配备 A 桶、B 桶、C 桶（酸/碱）母液。苗期 EC 值为 1.8~2 mS/cm，每天灌溉 1~2 次，每株每次 50~100 mL；开花坐果期 EC 值为 2.5~2.8 mS/cm，每天灌溉 2~3 次，每株每次 100~150 mL；成株期 EC 值为 4~5 mS/cm，每天灌溉 3~4 次，每株每次 150~200 mL。pH 值控制在 5.8~6.5。

番茄果实品质提升可以通过亏缺灌溉、提高营养液 EC 值等方式来实现。在第 3 穗果坐住后，采用正常灌溉量的 60%~80%进行亏缺灌溉或调整工作液进行高 EC（4.0~5.0 mS/cm）进行管理。

5. 环境调控

以温度调控为核心，白天温度控制在 25~28℃，最高不超过 32℃；夜间控制在 13~18℃，最低不低于 10℃。

（二）主要病虫害防治

1. 防虫板诱杀害虫

利用害虫对不同波长、颜色的趋性，在设施内放置黄板、蓝板，对害虫进行监测和诱杀，每亩设置 20 块黄板、10 块蓝板，每 45 d 更换 1 次。

2. 防治番茄粉虱

棚室内发生虫害后可选用 20%辣根素水乳剂 1 L/亩常温烟雾施药，或用 5%阿维菌素水乳剂 2 500~3 000 倍液喷雾防治，间隔期 7~14 d。

3. 防治番茄灰霉病

采用 50%啶酰菌胺水分散粒剂 1 500 倍液或 40%嘧霉胺可湿性粉剂 600 倍液叶面喷施交替使用，间隔期为 7~14 d。

4. 防治番茄晚疫病

使用 68.75%氟吡菌胺·霜霉威悬浮剂 2 500 倍液喷雾，间隔期为 7~14 d。

5. 防治番茄叶霉病

采用 47%春雷氧氯铜可湿性粉剂 600 倍液或 10%苯醚甲环唑水分散粒剂 1 500 倍液交替使用，间隔期为 7~14 d。

四、效益分析

(一)经济效益分析

通过应用基质栽培、水肥调控(亏缺灌溉、高 EC 灌溉)、环境调控、物理和低残留化学农药结合防治技术等,番茄可溶性固形物达到 8% 以上,农药使用量减少 50%,减少投入和用工成本 20%,农产品合格率达 100%。按照番茄生产平均收益计算每亩可增收 2 200 元,节省农药成本 200 元。

(二)生态效益、社会效益分析

该模式集成了基质栽培水肥一体化、环境调控、植株调整和病虫害综合防控等绿色栽培技术,降低了商品农药残留,产品 100% 达到绿色农产品要求,有益于保障食品安全;显著提高番茄品质,同时也减轻了农民的工作量,提高了农户种植效益;显著降低了农药使用量,实现了绿色生态生产,减轻了农业生产过程中对自然的污染,环保意义重大。

五、适宜区域

北方设施栽培番茄产区。

六、技术模式

见表 1-3。

七、技术依托单位

联系单位:北京市农业技术推广站

联系人:雷喜红

电子邮箱:leixihong@126.com

设施蔬菜肥药双减绿色生产技术模式

表1-3 北京市日光温室番茄化肥农药减施高效栽培技术模式

项目		8月（旬）			9月（旬）			10月（旬）			11月（旬）			12月（旬）			1月（旬）			2月（旬）			3月（旬）			4月（旬）			5月（旬）			6月（旬）		
		上	中	下	上	中	下	上	中	下	上	中	下	上	中	下	上	中	下	上	中	下	上	中	下	上	中	下	上	中	下	上	中	下
生育期	越冬茬		育苗		定植													收获期																
措施							环境调控														高EC管理、亏缺灌溉													

技术路线

选种：选择适合本地区栽培的无限生长型，耐低温弱光，抗逆性强，口感好的品种。

栽培形式：采用聚丙烯材质折叠成下挖沟成"U"形栽培槽，方便营养液的流通及回收。生产前对生产温室水样进行检测，制定营养液配方。底部通过设置导流板，沿温室栽培方向3‰的坡度，槽体或沟宽度为20~40 cm，深度为20~40 cm。

灌溉管理：灌溉管理。通过自动滴灌设备供给营养液，配备A桶，B桶，C桶（酸/碱）。苗期EC值1.8~2 mS/cm，每次50~100 mL，每天灌溉1~2次，每天灌溉2~3次。成株期EC值2.5~2.8 mS/cm，pH值控制在5.8~6.5。开花坐果期EC值2.5~2.8 mS/cm，每次150~200 mL。每液。每次100~150 mL；成株期EC值4~5 mS/cm，每天灌溉3~4次，可在第3穗果实坐住后，采用正常灌溉量的60%~80%进行亏缺灌溉。果实品质提升可以通过亏缺灌溉，提高营养液EC值（4~5 mS/cm）进行管理。

环境调控：以温室调控为核心，白天温度控制在25~28℃，最高不超过32℃，最低不低于10℃。夜间控制在13~18℃；夜间温度最低不低于10℃。白天利用害虫对不同波光，颜色的趋光性，利用害虫诱杀杀虫。

主要病虫害防治：①防虫板诱杀杀虫。每亩设置20块黄板，10块蓝板，在设施内放置黄板、蓝板，对害虫进行监测和诱杀。②防治喷雾防治，棚室内发生虫害后可选用20%辣根素水乳剂1 L/亩常温烟雾施药，或用5%阿维菌素水乳剂2 500~3 000倍液防治，间隔期7~14 d。③防治番茄灰霉病，50%啶酰菌胺1 500倍液或40%嘧霉胺悬浮剂2 500倍液喷雾，间隔期7~14 d。④防治番茄晚疫病。使用68.75%氟吡菌胺·霜霉威盐酸盐可湿性粉剂600倍液喷雾，间隔期7~14 d。⑤防治番茄叶霉病，47%春雷氧氯铜可湿性粉剂600倍液或10%苯醚甲环唑水分散粒剂1 500倍液交替使用，间隔期为7~14 d。

适用范围

北方设施栽培番茄产区

经济效益

通过应用基质栽培，水肥调控（亏缺灌溉、高EC灌溉），环境调控，物理和低残留化学农药结合防治技术，番茄可溶性固形物达到8%以上，农药使用量减少50%，减少投入和用工成本200元。农产品合格率达100%。按照番茄生产平均收益计算每亩可增收2 200元，节省农药成本200元。

北京市连栋温室番茄化肥农药减施增效栽培技术模式

一、技术概况

在现代化玻璃连栋温室番茄绿色生产过程中，选择连续坐果性强、抗早衰、耐低温弱光的番茄品种，在越冬生产茬口，配备精准化环境控制系统、营养液自动灌溉及循环利用系统、二氧化碳回收利用系统等设备，采用商品条式岩棉或椰糠基质进行生产，重点推广应用优良番茄品种、小苗龄嫁接及大苗龄定植的育苗、环境精准化调控、水肥精准化管理、病虫害综合防治等技术，有效保障番茄工厂化生产安全、农产品质量安全和农业生态环境安全，显著提高土地产出率及劳动生产效率，促进增产增效。

二、技术效果

通过推广应用优势番茄品种、高效育苗、环境及水肥精准化调控、病虫害综合防治等技术，番茄全生育期达到 300 d 以上，大果型番茄产量达到 40 kg/m² 以上，单立方米水产出番茄 50 kg 以上，较传统设施土壤栽培滴灌水分利用效率提高 1 倍，劳动生产效率达到 4.5 亩/人，相比传统生产提高了 1 倍，农药施用量相比传统生产降低 50%。

三、技术路线

选用高产、优质、抗病品种，培育健康壮苗，采用小苗龄嫁接方式，集成环境调控、水肥控制系统，配套环境综合调控、水肥精准化管理、病虫害综合防控等关键技术，提高番茄产量及品质，控制番茄相关病虫害的发生和蔓延。

(一) 科学栽培

1. 品种选择

选用生长势强、抗早衰、连续结果能力强、果实大小均匀一致、畸形果率低、耐低温弱光、综合抗逆能力强的番茄品种，建议以红果品种为主。

2. 小苗龄嫁接及育大苗技术

采用小苗龄嫁接方式，即幼苗 2～3 片真叶时嫁接，提高操作效率及成活率，降低生产成本。大龄苗的壮苗标准株高为 50 cm，茎粗为 0.8 cm，7～9 片真叶，现花蕾，叶色浓绿，无病虫害。

小苗龄嫁接在播种后 17 d 左右，番茄接穗及砧木长有 2~3 片真叶时，采用套管贴接方式进行嫁接，具体操作方法为在遮光条件下首先削切砧木，将砧木苗从苗盘内拿出放在操作台上，在子叶下方斜切一刀，削成 45°斜面。选择适合植株茎粗的套管，套在切好的砧木上，留套管一半长度准备套接接穗。接穗留 2~3 片真叶，用刀片在第 2 或第 3 片真叶下方斜切一刀，切成 45°斜面，使其尽量与砧木的接口大小接近。将削好的接穗苗套入套管内，保证切口与砧木苗的切口对准贴合在一起。

单干整枝时在嫁接成活后 8 d 左右进行分苗，将嫁接成活苗从穴盘中移至 10 cm×10 cm×6.5 cm（长×宽×高）规格的岩棉块上，生长 7 d 后将岩棉块均匀分开，每平方米 20~22 块，再生长 18 d 后具备定植条件，整个育苗过程需要 50 d。双干整枝时可在嫁接成活后 8 d 左右进行摘心留双侧枝处理，7 d 后移栽至岩棉块上，生长 4 d 后将岩棉块分开，再生长 20 d 左右具备定植条件，整个育苗过程需要 60 d。

3. 精准化水肥及环境调控技术

（1）精准化水肥管理　番茄长季节栽培不同生育期营养元素需求量不同，苗期高氮促营养生长，果期高钾硼促生殖生长，采用阶段式配方管理，见下表。

表　大中型果番茄及樱桃番茄营养液配方

番茄类型	生育期	浓度（mmol/L）		浓度（μmol/L）											K/Ca
		NO_3^- 态 N	NH_4^+ 态 N	P	K	Ca	Mg	S	Mn	Zn	B	Cu	Mo	Fe	
大中型果	苗期	12.8	0.8	1.0	6.1	4.6	1.8	2.0	6.6	3.3	30	0.7	0.3	20.0	1.3
	开花坐果期	20.6	1.2	1.5	9.4	7.8	2.8	2.9	10.4	5.2	45	1.0	0.6	37.5	1.2
	结果前期	24.1	1.3	1.8	11.7	8.9	3.0	3.1	10.4	5.2	45	1.0	0.6	37.5	1.3
	结果中期	19.1	3.4	1.8	7.9	7.1	6.9	4.6	7.4	3.7	45	1.0	0.6	37.5	1.1
	结果后期	21.0	0.6	2.2	12.5	7.8	2.0	2.5	14.8	7.8	45	1.4	0.6	37.5	1.6
樱桃番茄	苗期	12.8	0.8	1.0	6.1	4.6	1.8	2.0	6.6	3.3	30	0.7	0.3	20.0	1.3
	开花坐果期	20.6	1.2	1.5	9.4	7.6	2.8	2.9	10.4	5.2	45	1.0	0.6	37.5	1.2
	结果前期	24.1	1.3	1.8	12.0	8.9	3.0	3.2	10.4	5.2	45	1.0	0.6	37.5	1.3
	结果中期	22.4	1.2	1.7	10.7	8.2	2.9	3.0	10.4	5.2	45	1.0	0.6	37.5	1.3
	结果后期	21.0	0.6	2.2	12.5	7.8	2.0	2.5	14.8	7.8	45	1.4	0.6	37.5	1.6

番茄成株期每天需水 1.5~2 L/株，不同季节需求量不同，每次灌溉量 80~200 mL，60%灌水量集中在 11~15 时，有 20%~30%回液。

（2）精准化环境调控　适合工厂化番茄生长的理想 24 小时平均温度为 19~20℃，平均日照时数为 12~14 h，光照强度达 3 万~3.5 万 lx，相对湿度 65%~85%。温室具有主动加温情况下，番茄成株期采用"四段式"温度管理，在日出前 2 h 加温 2~3℃，在正午时保持在 18~26℃高温 1~2 h，随后保持温度在 18℃左右，在日落后低至 15℃（在果实成熟后采取日落后降温至 12℃），降低呼吸消耗。

番茄是喜温湿的作物，整个生育期最佳湿度在 65%~85%。

（二）主要病虫害防治

1. 农业防治

通过环境精准化调控，创造适宜番茄生长的环境，整枝打叉、疏花疏果等农事操作严格按操作规范进行，减少病虫害发生几率。

2. 物理防治

连栋温室进出口设置更衣室，配备工作服、风淋消毒缓冲间，避免将外界病虫带入温室，应用专用黄蓝带诱杀蚜虫、粉虱、蓟马等害虫，根据植株生长高度及时调整黄蓝带高度，根据粘性情况定期更换。

3. 生物防治

以天敌防治为主，辅以氨基寡糖素、寡雄腐霉菌等生物药剂防治。技术人员每日巡棚监测色板害虫种群发生情况，达到防治阈值即开始防治。①选用丽蚜小蜂、烟盲蝽防治粉虱类害虫；②选用巴氏新小绥螨、智利小植绥螨防治螨类；③选用天敌异色瓢虫防治蚜虫；④选用天敌东亚小花蝽、巴氏新小绥螨防治蓟马。

4. 化学防治

针对主要病虫害必要时采用化学药剂防治，严格按照国家规定的标准执行，轮换用药，控制药剂的浓度、使用次数及安全间隔期。

（1）灰霉病 采用50%啶酰菌胺水分散粒剂1 500倍液或40%嘧霉胺可湿性粉剂600倍液叶面喷施交替使用。

（2）晚疫病 采用80%烯酰吗啉水分散粒剂600~800倍液或60%吡唑嘧菌酯·代森联水分散粒剂交替使用。

（3）叶霉病 采用47%春雷氧氯铜可湿性粉剂600倍液或10%苯醚甲环唑水分散粒剂1 500倍液交替使用。

（4）粉虱 采用22.4%悬浮剂螺虫乙酯1 500倍液或22%氟啶虫胺腈2 000~3 000倍液交替使用。

（5）螨类 采用5%阿维菌素2 000倍液或43%悬浮剂联苯肼酯3 000倍液交替使用。

（6）蓟马 采用5%阿维菌素1 500~2 000倍液或240 g/L乙基多杀菌素悬浮剂1 500倍液交替使用。

四、效益分析

（一）经济效益分析

通过应用优势番茄品种、高效育苗、环境及水肥精准化调控、病虫害综合防治等技术，番茄全生育期达到 300 d 以上，大果型番茄产量达到 40 kg/m² 以上，单方水产出番茄在 50 kg 以上，较传统设施土壤栽培滴灌水分利用效率提高 1 倍，劳动生产效率达到 4.5 亩/人，相比传统生产提高了 1 倍，农药施用量相比传统生产降低 50%。实现亩均产在 26 000 kg 以上，平均亩产值达到 20 万元以上。

（二）生态效益、社会效益分析

采用番茄工厂化无土栽培精准化灌溉，水分生产效率较常规生产提高 1 倍，避免地下水污染，采用先进技术及科学管理方法，减少肥料农药的用量，实现节水节肥节药与增产增收的统一，生态效益显著。

五、适宜区域

北方连栋温室栽培番茄产区。

六、技术模式

见表 1-4。

七、技术依托单位

联系单位：北京市农业技术推广站
联系人：王艳芳
电子邮箱：gongchanghuake@126.com

表 1-4　北京市连栋温室番茄化肥农药减施增效栽培技术模式

项目		全年	1月（旬）			2月（旬）			3月（旬）			4月（旬）			5月（旬）			6月（旬）			7月（旬）			8月（旬）			9月（旬）			10月（旬）			11月（旬）			12月（旬）		
			上	中	下	上	中	下	上	中	下	上	中	下	上	中	下	上	中	下	上	中	下	上	中	下	上	中	下	上	中	下	上	中	下	上	中	下
生育期			收获期																		育苗期						定植			植株管理						收获期		
措施		精准化环境调控、水肥管理、植株管理、物理防治、生物防治、化学防治	收获期：水肥管理、植株管理、物理防治、生物防治、化学防治																		育苗期：选择优良品种、小苗龄嫁接、培育大龄苗						定植			植株管理：精准化环境调控、水肥管理、植株管理、物理、物理防治、生物防治、化学防治						收获期：植株管理、化学防治		

技术路线

选种：选用生长势强、抗旱衰、连续结果能力强、综合抗逆能力强的番茄品种，建议以红果品种为主。

嫁接育大苗：小苗龄嫁接，2~3 片真叶时嫁接。嫁接成活后根据需求进行摘心，分苗，培育大龄苗。

水肥管理：番茄长季节栽培不同生育期营养元素需求不同，苗期高氮促生殖生长，果期高钾促进生长，分阶段调整配方；番茄成株期每天需水 1.5~2 L/株，每次灌溉量 80~200 mL，60% 灌溉定额为 19~20℃，平均灌水量集中在 11-15 时，有 20%~30% 回液。

环境调控：适合工厂化番茄生长的理想环境湿度 65%~85%。高温 26℃ 时，温室具有主动加温 2 h，随后主动保持温度在 18℃ 左右，在日落后保持温至 15℃。（在果实成熟后采取"四段式"温度管理，在日出前 2 h 加温 2~3℃，在正午时降温至 12℃，降低呼吸消耗）。温室具有主动加温，光照强度达 3 万~3.5 万 lx，相对湿度达 12~14 h，平均日照时数为 12~14 h，平均日照时数集中在果实疏花疏果后采取农事操作按规程进行。

病虫害防治：①农业防治：创造适宜番茄生长的环境，整枝打叉，疏花疏果等农事操作按规程进行，减少病虫害的发生。②物理防治：防虫网、黄带、蓝带等。③生物防治：释放烟盲蝽、巴氏新小绥螨、丽蚜小蜂、东亚小花蝽等天敌，辅以熊蜂、蒡菌等生物农药防治。④化学防治：根据具体病虫害选用化学药剂，按推荐剂量施用。

适用范围

北方连栋温室栽培番茄产区

经济效益

通过应用优势品种、高效育苗、环境和水肥精准化调控、病虫害综合防治等技术，大果型番茄产量达到 40 kg/m² 以上，化学农药减量 50%。实现亩产 26 000 kg 以上，平均亩产产值达到 20 万元以上。

宁夏回族自治区日光温室番茄化肥农药减施增效栽培技术模式

一、技术概况

在日光温室番茄绿色生产过程中，推广应用秸秆生物反应堆、大行距高密栽培及水肥一体化等技术，改善了土壤理化性质和作物根际生长环境，缓解了土壤连作障碍，降低了病虫害发生，减少了化肥农药施用，保障了农产品质量安全和农业生态环境安全，促进农业增产增效、农民增收，推进蔬菜产业转型升级。

二、技术效果

通过推广应用秸秆生物反应堆、大行距高密栽培、水肥一体化等技术，提高地温 1.94~3.83℃，降低空气湿度 2.4%，CO_2 浓度提高 120.9~403.1 mg/L，有效缓解设施密闭条件下"植物光合饥饿"和冬季亚低温状况；提高土壤有机质含量 5.01 g/kg，pH 值降低 0.63；改善了通风透光条件，降低病害发生率 30%~40%，减少农药用量 32.3%；提前上市 7~15 d，延长生育期 20~30 d，产量增加 25%；减少肥料用量 26%~43.6%；起垄、铺设滴灌、覆膜环节每亩节省劳动用工 37.5%，有效降低了劳动强度，提高劳动生产效率。农产品合格率达 98%以上。

三、技术路线

选用高产、优质、耐贮运、耐低温弱光、抗逆性强、抗病品种，培育优质种苗，集成应用秸秆生物反应堆技术、滴灌水肥一体化、环境综合调控、农机农艺融合、病虫害绿色防等多项技术，改善作物生长环境，增强作物长势，提高番茄对病虫害抵抗力，改治病为防病，提高绿色生产水平。

（一）科学栽培

1. 设施选择

标准二代节能日光温室。由采光和维护结构组成，东西向延伸，在寒冷季节主要靠蓄积太阳辐射能量进行蔬菜栽培的单栋温室。温室高跨比在 1∶（2~2.1）之间，跨度 8~10 m，脊高 4~5.5 m，墙体下体厚 8 m、上顶厚 2.5 m，前底角 60°~62°，后屋面仰角 40°~45°，前屋面选用无毒、无害、防雾、流滴性能好、抗老化、保温、高透明度的多功能棚膜覆盖。

2. 茬口类型

早春茬、秋冬茬、冬春一大茬三种茬口类型。

（1）早春茬栽培　11月下旬至12月上旬育苗，翌年1月上中旬定植，4月中下旬开始上市，7月中旬拉秧。

（2）秋冬茬栽培　6月上中旬育苗，7月上中旬定植，10月上旬开始上市，12月下旬或翌年1月上旬拉秧。

（3）冬春一大茬栽培　7月上旬育苗，8月底至9月上旬定植，11月上中旬开始上市，第二年7月上旬拉秧，生育期长达11个月以上，采收期近9个月。

3. 品种选择

选择生长势强、抗早衰、连续结果能力强、果实大小均匀一致、畸形果率低、耐低温弱光、综合抗逆能力强的番茄品种。

4. 种苗选择

订购商品穴盘苗，早春茬苗龄35~40 d；秋冬茬苗龄25~30d；越冬一大茬苗龄25~30 d。商品苗两片子叶完整，叶色浓绿，根系发达，无病虫害，3~4片真叶，株高12~15 cm。

5. 整地、施基肥

亩施入有机肥1 000~1 500 kg、磷酸二铵20 kg、硫酸钾复合肥（N-P$_2$O$_5$-K$_2$O=25-15-15）40 kg，过磷酸钙20 kg，结合起垄在垄面撒施。

6. 起垄、定植

采用东西向或南北向栽培，按240 cm起垄，垄沟宽160 cm，垄面宽80 cm，垄高30 cm。垄起好后按间距40 cm在垄面中间，铺设2条滴灌带。定植株距25 cm，密度2200株/亩。在垄沟可种芹菜、小白菜、油麦菜等叶类蔬菜。

7. 温湿度管理

定植后气温白天28~30℃，夜间18~20℃；缓苗后气温白天26~28℃，夜间12~16℃；花期气温白天22~28℃，夜间13~18℃，地温18~20℃；坐果后气温白天22~26℃，夜间13~18℃，地温18~20℃，全生育期空气湿度50%~65%为宜。

8. 植株调整

在植株上方距垄面250 cm处，按起垄方向拉2道10号铁丝，吊蔓铁丝间距80 cm，按照株距安装吊蔓绳，把茎秆缠绕在吊绳上。花期喷花保果，每穗留4~6个果。

9. 秸秆生物反应堆技术

采用内置式秸秆生物反应堆技术，使用玉米秸秆、麦草、稻草等农业废弃物，亩用量3 500~4 000 kg，使用秸秆生物反应堆专用菌种，亩用量8~10 kg，同时施用尿素 8~10 kg；使用日光温室小型开沟机，按中心距 240 cm 开沟，沟宽 50 cm，深 30 cm；每沟分 2 次铺放秸秆，撒施菌种及尿素，秸秆两端各伸出 10~15 cm；将沟两边土回填于秸秆上起垄，秸秆上覆土厚 25~30 cm，将垄面整平后；浇水后隔 3~4 d 后将垄面找平；覆膜 3~4 d 后使用专用打孔器打孔，孔深以穿透秸秆层为准；经过微生物腐解 15 d 后定植。

10. 滴灌水肥一体化

灌溉与施肥融为一体，借助压力系统和灌水施肥设备，将可溶性固体或液体肥料溶于水中配成肥液，根据作物需水需肥规律，通过管道和滴头形成滴灌，定时定量供给作物。

（二）病虫害防治

全生育期采用番茄保健性绿色防控技术，"三灌两喷法"保健性植保方案。定植前撒施 10 亿个枯草芽孢杆菌，刺激根系活性；定植后对地面喷淋精甲霜·灵锰锌，土壤消毒；定植后 7~10 d 施用嘧菌酯+阿美兹灌根或滴灌，防控早期真细菌性病害；第二穗幼果 50 d 时根施春雷·王铜，防控番茄秋溃疡病、灰霉病和灰叶斑病；盛果期灌根嘧菌酯 1 次，壮秧强果；第二、第三穗果实转色期喷施啶酰菌胺悬浮剂；采摘第一、第二穗果实后，根施氟唑菌酰胺·吡唑醚菌酯悬浮剂+海藻酸菌。

四、效益分析

（一）经济效益分析

通过应用秸秆生物反应堆、大行距高密栽培、水肥一体化等技术，降低病害发生率 30%~40%，减少农药用量 32.3%，减少肥料用量 26%~43.6%，提前上市 7~15 d，延长生育期 20~30 d，产量增加 25%，每亩节省劳动用工 37.5%，农产品合格率达 98% 以上。亩节约成本 1 120.7 元，亩节本增效 3 000 元以上。

（二）生态效益、社会效益分析

日光温室番茄秸秆生物反应堆大行距栽培模式应用，有效提高了设施农业减灾避灾能力，减少了自然灾害对农业生产的威胁，改善土壤理化性质，缓解了日光温室连作障碍及日光温室密闭环境下的"植物 CO_2 光合饥饿现象"，提高土地产出率，有效利用作物秸秆和农业废弃物，发展循环农业，清洁农村环境，促进资源节约型、生态循环型现代农业发展，减少农药用量，降低了农药残留，确保了食品安全。

五、适用范围

宁夏回族自治区引黄灌区、中部干旱带、南部山区设施番茄栽培产区。

六、技术模式

见表1-5。

七、技术依托单位

联系单位：宁夏回族自治区园艺技术推广站

联系人：俞风娟

电子邮箱：nxjzk2003@163.com

表1-5 宁夏回族自治区日光温室番茄化肥农药减施增效栽培技术模式

项目		1月(旬)	2月(旬)	3月(旬)	4月(旬)	5月(旬)	6月(旬)	7月(旬)	8月(旬)	9月(旬)	10月(旬)	11月(旬)	12月(旬)
生育期	春茬	起垄定植	番茄田间管理			田间管理及采收							
	秋冬茬						育苗	起垄定植	番茄田间管理	田间管理及采收			育苗
	一大茬	田间管理及采收					环境调控、水肥一体化、病虫害保健性绿色防控			育苗	起垄定植	田间管理及采收	品种选择、反应堆建造
措施		设施环境调控、水肥一体化、病虫害保健性绿色防控									设施环境调控、水肥一体化		

技术路线

选种：选择生长势强、抗旱衰、连续结果能力强、果实大小均匀一致、畸形果率低、耐低温弱光、综合抗逆能力强的番茄品种。

起垄：采用东西向或南北向栽培，按240 cm起垄。冬春一大茬采用行下内置式反应堆，垄面宽160 cm，垄沟宽80 cm，垄高30 cm。

秸秆生物反应堆建造：春茬，菌种与干秸秆按1∶400的比例施入，亩用3 500～4 000 kg玉米秸秆。菌种用量为8～10 kg。在开好的内沟内铺满干秸秆，踩实后撒施菌种，第一次铺沟用量分两次铺放，第一次铺沟用量2/3的秸秆，沟与沟的中心距离为120 cm。尿素为8～10 kg，根据作物定植的行间开沟，沟深为50 cm，沟宽30 cm。菌种与干秸秆按1∶400的比例施入，踩实后撒施每沟用量1/2的菌种及尿素，第二次铺撒施剩余1/2的菌种及尿素。秸秆铺好后在沟内的两端各伸出10～15 cm，便于灌水。第二次铺撒施剩余1/3的菌种，将沟沟两边的土回填干秸秆上起垄，覆土厚度25～30 cm，并将垄面找平。起好垄后灌一次透水（或在覆土前灌一次透水），要确保水量能够浸透秸秆。隔3～4 d后将秸秆层找平。或者采用长度60 cm塑料管做通气孔代引孔。孔深以穿透秸秆为准。秸秆上土层厚度保持25～30 cm，3～4 d后打孔。在垄上用打孔器打三行孔，孔距25～30 cm。

设施环境调控：定植后气温白天28～30℃，夜间13～18℃；地温18～22℃。坐果后气温白天22～26℃，夜间13～18℃。花期气温白天22～28℃，夜间12～16℃；缓苗后气温白天26～28℃，夜间18～20℃，全生育期空气湿度50%～65%为宜。

水肥一体化技术：借助压力系统和灌水施肥设备，将可溶性固体肥料或液体肥料溶于水中配成肥液，根据作物需水需肥规律，通过管道和滴头形成滴灌，定时定量给作物。

病虫害保健性绿色防控：选用枯草芽孢杆菌及内吸性强、持效期长的化学药剂，改治病为防病。采用水、肥、药一体的灌根、喷施方法，从定植前开始用药，实行作物全生育期整体预防方案，有效防治病虫害发生。

适宜范围

宁夏引黄灌区、中部干旱带、南部山区设施番茄栽培产区。

经济效益

通过应用秸秆生物反应堆、水肥一体化等技术，降低病害发生率30%～40%，减少农药用量32.3%，减少肥料用量26%～43.6%，提前上市7～15 d，延长生育期20～30 d，产量增加25%，每亩节省劳动用工37.5%，农产品合格率达98%以上。亩约成本1 120.7元，亩节本增效3 000元以上。

陕西省日光温室番茄化肥农药减施增效栽培技术模式

一、技术概况

在设施番茄绿色生产过程中，推广应用宽行密植半高垄栽培、水肥一体化、绿色防控、熊蜂授粉、穴盘育苗、秸秆生物反应堆等技术，从而减少番茄生长化肥用量，有效缓解农药残留的问题，保障番茄生产安全、农产品质量安全和农业生态环境安全，促进农业增产增效，农民增收。

二、技术效果

通过推广应用宽行密植半高垄栽培、水肥一体化、绿色防控、熊蜂授粉、穴盘育苗、秸秆生物反应堆等技术，较普通栽培模式的蔬菜提前上市 10 d 左右，产量提高 8.3%，投入产出比 1 : 3.42，农民得益率为 3.4，较普通大棚平均多收入近 2 000 元。设施内湿度和病虫害发生情况均有所下降，减肥、减药、减工 30%，增产、增收、增效 10% 以上，植物残体废弃物处理利用率达 80%，农产品合格率达 100%。

三、技术路线

（一）科学栽培

1. 品种选择

选择生长旺盛、坐果率高、耐性强、丰产性好、抗性强的番茄品种。

2. 宽行密植半高垄栽培技术

根据品种特性，保持每亩苗数不变，采取加大操作行、种植行原则保持不变、缩小株距的方法，改过去温室每间（3.6 m）种植 6 行蔬菜改为种植 4 行蔬菜的办法来达到提高光能利用率、提高地温、降低湿度、增加土地透气性、降低发病率、促进蔬菜根系发育、降低养分损耗及棚室内湿度、减少病害发生、提高单产的目的。

（1）**整地施肥** 一般亩施农家肥 4 000~5 000 kg，并根据土壤矿质元素含量，配合使用适量的磷、钾肥，地面撒施后耕翻，深度在 25 cm 左右。

（2）**做垄挖沟** 采用双行带状栽植，双行之间要留灌水沟。大行为 120 cm，小行为 60 cm，水沟上宽为 30~40 cm，垄高（沟深）为 15~20 cm。先在步道上取少量土分放于做垄部位，再于双行中间挖沟，将土分放于垄上，用耙将垄顶整平，沟两侧轻压

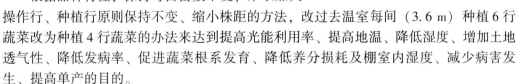

即可。

（3）覆膜　南北畦东西覆膜，膜宽为 1.5～2 m，厚为 0.008～0.01 mm，膜间搭接为 5～10 cm。压膜可先压东西两头，也可分段压土，步道上少量压土，这样可使膜充分张紧，不致下陷。

（4）灌水　栽后立即灌水。沟一端开口于地面垄沟，一端止于畦尾，灌水后用土压住开口。一般冬春季采用小沟浇水，夏季大小沟漫灌。

（5）施肥　将肥料混于水中，随水流入沟中。

3. 水肥一体化技术

（1）局部灌溉　水肥一体化灌水集中在根系周围，水的湿润深度在 30 cm 以内，极大降低了地下渗漏损失。

（2）高频率灌水　遵循"多次少量"的原则，增加灌溉次数，降低土壤湿度，使作物根系周围环境维持在适宜的范围内，增强作物根系活力，促进作物生长。

（3）施肥次数增加　该技术能充分考虑作物不同生育期对养分需求及各养分之间的关系，不断补充养分，增加施肥次数，充分保障施肥精确性。

（4）施肥量减少　在水肥一体化条件下，每次施肥量都根据作物生长发育的需要设计，即有利于作物吸收利用，又减少了施肥量，提高肥料利用率。

（二）绿色防控技术

绿色防控技术是集黄板诱杀、性诱剂、食饵诱杀、昆虫的趋光性、防虫网等物理防治方法和生物防治方法为一体的防治技术。通过物理防治、生物农药规范应用和农药增效减施等技术，减少化学农药使用量。

1. 黄板诱杀

采用黄色纸（板）上涂粘虫胶的方法诱杀害虫，有效减少虫口密度。不造成农药残留和害虫抗药性，可兼治多种虫害。

2. 防虫网

一般密度为 40～60 目，防止害虫成虫飞（钻）入棚内为害蔬菜，可以有效抑制害虫侵入和害虫传播病害的蔓延。

3. 性诱剂诱杀

诱捕棉铃虫等夜蛾科害虫，每亩设置 2～3 个性诱捕器，每月更换 1 次诱芯。诱蛾器用树枝或竹竿挂于田间，悬挂高度高于作物 20～30 cm，并随着作物生长高度不断调整。害虫大发生时，在蛾峰日 3～5 d 内及时采取其他防治措施。

4. 频振式杀虫灯诱杀

每棚设置杀虫灯 1 台诱杀成虫。

5. 高温闷棚

在播种或移栽前将土壤施肥深翻，密闭大棚，棚内温度保持 70℃以上，地下 20 cm 处温度可达 45℃，持续 7~8 d，可有效杀灭棚内和土壤中的大部分病菌、线虫和害虫。

（三）熊蜂授粉

熊蜂授粉是温室及大棚番茄授粉的关键，影响着当季坐果率和产量。使用熊蜂授粉避免番茄蘸花激素的使用，番茄每穗平均坐果 3~4 个，成品率达 90% 以上，坐果率为 98.16%，比采用人工授粉提高 27%，亩产量提高 60 kg 以上。

1. 棚内温、湿度

要求棚内温度保持在 8~30℃有利于熊蜂授粉，温度过低或过高都不利于熊蜂出来活动。棚内湿度对熊蜂的活动影响很大，最佳相对湿度应保持在 70%~80%。湿度过大，熊蜂活动性不强，授粉质量差。

2. 熊蜂数量

一个标准蔬菜大棚（1 亩左右），一般一箱熊蜂（200~300 只）即可满足授粉要求。

3. 放蜂时间

在蔬菜开花前 1~2 d（开花数量大约 5% 时）放入即可。春季、秋季放蜂时间一般为 8—14 时。

4. 蜂巢位置

蜂箱放置于棚内中部，高度离地面 1 m 左右。

5. 注意问题

熊蜂对化学药剂比较敏感，一旦使用化学农药，对熊蜂授粉活动影响很大。利用熊蜂授粉的棚室蔬菜，需合理控制选择使用化学药剂。

（四）配套技术应用

1. 集约化穴盘育苗技术

核心技术包括蔬菜育苗专用设施装备、设施及用具消毒、基质的选择与配制、环境调控、嫁接、水肥科学管理、病虫害绿色防控和商品苗运输等。

（1）培育壮苗　由于黄化曲叶病毒病的影响，播种时一般在 9 月初至 10 月底，定植时间为 10 月底至 11 月中旬。采取 50 孔穴盘基质育苗，保证苗齐苗全苗壮。

（2）育苗基质　使用全营养型有机育苗基质，如有机芦苇末基质、秸秆基质、食用菌下脚料基质等。富含有机质和蔬菜苗期生长所需的 N、P、K 及 Cu、Zn、B、Si、Ca、Mg 等微量元素，有效微生物活菌数 $\geq 0.5 \times 10^8$/g，不含重金属等有毒有害物质。基质装盘前先预湿，调节基质含水量至 35%~40%，即用手紧握基质，可成形但不形成水滴。堆置 2~3 h 使基质充分吸足水。将预湿好的基质装入穴盘中，穴面用刮板从穴盘的一方刮向另一方，使每个孔穴都装满基质，装盘后各个格室应能清晰可见。

（3）种子处理　将种子放入 50~60℃的温水中，不断搅拌种子 20~30 min，然后根据不同作物种子的要求，在 25~30℃温水中浸泡 4~8 h，除去秕籽和杂质，用清水将种子上的黏液洗净，待种子风干后播种。

（4）手工播种方法 ①压穴：将装满基质的穴盘按两个一排整齐排放在苗床上，根据穴盘的规格制作压穴"木钉板"，木钉圆柱形，直径 0.8~1 cm，高 0.6 cm。用"木钉板"在穴盘上压穴，穴深 0.5 cm。②播种：每穴播种一粒种子，播种深度 0.5~1 cm。多播种 1~2 盘备用苗，用作补缺。③盖种、浇水：播种后，再覆盖一层基质，多余基质用刮板刮去，使基质与穴盘格室相平。种子盖好后喷透水，以穴盘底孔刚渗出水滴为宜，以后进行催芽。

（5）催芽 ①催芽温度：白天保持在 25~30℃，夜间保持在 20~25℃。②苗床催芽：育苗盘整齐排放在苗床上，盖一层白色地膜保湿，当种芽伸出时，及时揭去地膜。

（6）苗期管理 ①水分：秧苗生长期，应始终保持基质湿润，不需控水。喷水量和喷水次数视育苗季节和秧苗大小而定，原则上掌握在穴面基质未发白时即应补充水分，不可等到穴面基质干枯结痂再浇水，每次要喷匀喷透。成苗后，在起苗移栽前 1 d 浇 1 次透水。②温度：去掉大棚围裙膜，保留棚顶膜，晴天 10—15 时，棚顶盖遮阳网降温。③光照：出苗前棚膜上覆盖遮阳网以降温，出苗后晴天每天 15 时后和阴雨天要揭去遮阳网。④补苗：在两片子叶展开时，及时利用备用苗移苗补缺，保证每穴一苗。

2. 设施蔬菜补光技术

利用温室补光灯、后墙悬挂反光膜等采取一系列措施，人工增加温室内的光照，解决因冬季太阳高度角小、光照强度弱、时间短，尤其是连阴雨雪天气、雾霾天气引起的营养不良、生长停滞等生理问题及灰霉病等病害。

（1）后墙悬挂反光膜 在后墙悬挂反光膜，一般选择宽度为 1~1.5 m 的反光膜，根据植株高度悬挂在合适的位置，保证在光照反射后正好照射到蔬菜上。

（2）选择 LED 补光灯 补光应在日出后进行，一般每天 2~3 h，棚内光强增大后停止，阴雨天可全天补光。补光时灯泡距离植株和棚膜各 50 cm 左右。

（3）重视棚膜除尘 及时清理棚膜上的灰尘，保持棚膜较高的透光性。

（4）适时揭帘盖帘 适当提早揭帘、延迟盖帘，可以延长大棚光照时间。一般在太阳出来后 0.5~1 h 揭帘，盖帘时间以太阳落山前 0.5 h 为好，不宜太晚。阴天也应揭帘，争取散射光的照射。

3. 秸秆生物反应堆技术

（1）可用秸秆种类 玉米秸、麦秸、稻草、稻糠、豆秸、花生秧、花生壳、谷秆、高粱秆、烟秆、向日葵秆、树叶、杂草、糖渣、食用菌栽培菌糠和牛、马粪便等。

（2）秸秆生物反应堆技术应用方式　关中地区一般采用行间内置式反应堆。

（3）菌种处理方法　使用前一天或者当天，将菌种进行预处理，方法是：在阴凉处，将菌种和麦麸混合拌匀后，再加水掺匀，比例按 1 kg 菌种掺 20 kg 麦麸，再加 20 kg 水掺匀。然后将 50~150 kg 饼肥（蓖麻饼、豆饼、花生饼、棉籽饼、菜籽饼等）加水拌匀，比例按 1∶1.5，最后将菌种、饼肥再掺和匀，堆积 4~12 h 后使用。如菌种当天使用不完，应将其摊放于室内或阴凉处，散热降温，厚度 8~10 cm，第 2 d 继续使用。寒冷天气要防冻。

（4）行间内置式秸秆生物反应堆　①内置式反应堆秸秆、菌种以及辅料用量：每亩用量秸秆 2 500~3 000 kg、菌种 5~6 kg、麦麸 100~120 kg，饼肥 50 kg。②内置式反应堆建造时机：一般在定植或播种前 10~20 d 操作，早春拱棚作物可提前 30 d 建好待用。抢茬种植的反应堆也可现建现用。③建造内置式反应堆具体操作：开沟，一般离开苗 15 cm，在大行内开沟起土，开沟深 20~25 cm，宽 60~80 cm，长度与行长相等，开挖的土按等量分放沟两边。铺秸秆，铺放 30~35 cm 厚秸秆，两头露出秸秆 10 cm，踏实找平。撒菌种，按每行菌种用量，均匀撒施一层菌种，用铁锨拍镇一遍，使菌种与秸秆均匀接触。覆土，将所起土回填于秸秆上，厚度 10 cm，并将土整平。浇水，在大行间浇水湿润秸秆。以后浇水在小行间进行。冬春季浇水要"三看"（看天、看地、看苗情）和"五不能"（一不能早上浇，二不能晚上浇，三不能小水勤浇，四不能阴天浇，五不能降温期浇）。尤其是进入 12 月，一定要选好天气（浇水当天及后几天的天气要好），在 9:00 以后，14:30 之前浇水。打孔，浇水 4 d 后，离开苗 10 cm，用12#钢筋打孔，按 30 cm 一行，20 cm 一个，孔深以穿透秸秆层为准。以后每个 3 d 打一次孔。④应用秸秆反应堆的肥料管理：肥料管理，对于新建大棚，地力相对瘠薄的土壤，结合整地施 50 kg 硫酸钾型复合肥；对于种植 3 年以上的大棚，定植前不施化肥、不使用鸡、猪、鸭等非草食动物粪便。定植至坐瓜前，不追肥。但可结合喷药，用 0.3%磷酸二氢钾加 0.2%尿素或 0.3%硫酸钾型复合肥溶液进行叶面喷肥 2~4 次，收获期可以每隔 30 d 喷施 1 次。此后，可根据地力情况，适当追施少量有机肥和硫酸钾型复合肥。每次每亩冲施浸泡 7~10 d 的豆粉、豆饼等有机肥 15 kg 左右，复合肥 10 kg 左右。

（五）主要病虫害防治

防治晚疫病，可用72%杜邦克露和72.2%普力克 600 倍液喷雾；防治灰霉病，可结合防落素喷花加扑海因预防，或用40%施佳乐悬浮剂 100 倍液喷雾；防治白粉虱，可用1.8%阿维菌素或2.5%天王星 2 000 倍液喷雾。连续阴天时，以使用烟雾剂和粉尘剂防治病虫害为宜。

四、效益分析

（一）经济效益分析

通过应用宽行密植半高垄栽培、水肥一体化、绿色防控、熊蜂授粉、穴盘育苗、秸秆生物反应堆等技术，较普通栽培模式的蔬菜提前上市 10 d 左右，增产 567 kg/亩，产量提高 8.3%，较普通大棚平均多收入近 2 000 元。设施内湿度和病虫害发生情况均有所下降，减肥、减药、减工 30%，增产、增收、增效 10% 以上，植物残体废弃物处理利用率达 80%，农产品合格率达 100%，起到了良好的示范作用。

（二）生态效益、社会效益分析

通过推广应用宽行密植半高垄栽培、水肥一体化、绿色防控、熊蜂授粉、穴盘育苗、秸秆生物反应堆等技术，减少了农药化肥的施用量，提高了水分、肥料利用率，提高了土壤有机质含量和产品内在品质，有效改善了菜区生态环境，确保了蔬菜安全；辐射带动了周边菜农发展，提高了全市蔬菜种植水平，改善了蔬菜产品结构，形成了规模效益，培育了农村经济发展新的增长点。加快了旅游、物流运输、包装、服务等产业的发展，创造了新的就业机会，解决了劳动力就业，增加了农民收入。

五、适宜区域

陕西省关中等设施栽培番茄产区。

六、技术模式

见表 1-6。

七、技术依托单位

联系单位：泾阳县蔬菜技术推广站
联系人：翁爱群
电子邮箱：jyshcai@163.com

表1-6　陕西省设施番茄化肥农药减施增效栽培技术模式

项目		1月(旬)	2月(旬)	3月(旬)	4月(旬)	5月(旬)	6月(旬)	7月(旬)	8月(旬)	9月(旬)	10月(旬)	11月(旬)	12月(旬)
		上 中 下	上 中 下	上 中 下	上 中 下	上 中 下	上 中 下	上 中 下	上 中 下	上 中 下	上 中 下	上 中 下	上 中 下
生育期	越冬茬	开花结果期			收获期			休闲季节		育苗期	定植		生长期
措施		黄板诱杀			药剂防治			高温闷棚	整地起垄	选择优良品种	宽行密植	温湿度调控	补光灯
		熊蜂授粉								穴盘育苗	水肥一体化		
										培育壮苗	防虫网		合理通风

技术路线

选种：选择无限生长型、生长旺盛、坐果率高、耐性强、坐果率高、抗性高的番茄品种。

宽行密植半高垄栽培技术：根据品种特性，保持每亩苗数不变，采取加大操作行，种植行原则保持不变，缩小株距，提高行光能利用率，提高地温，增加土地透气性，降低发病率，促进蔬菜根系发育，降低养分损耗及棚室内湿度，减少病害发生，适时适量地满足去温室每畦同（3.6 m）种植6行蔬菜为现在种植的办法来达到蔬菜及棚室内温气作物对水分和养分的需求的一种现代农业技术。

水肥一体化技术：水肥一体化技术又称灌溉施肥，借助压力灌溉系统，将肥料液配兑成肥液输送到作物根部土壤。

绿色防控技术：黄板诱杀、性诱剂、食饵诱杀、防虫网、生物防治等。

熊蜂授粉：熊蜂授粉是温室大棚作物授粉的关键，影响着当季度的坐果率和产量。使用熊蜂授粉避免番茄蘸花激素的使用，番茄每穗平均坐果3~4个，成品率达90%以上，坐果率为98.16%，比采用人工授粉大概提高27%，亩产量提高60 kg以上。

配套技术应用：①集约化穴盘育苗技术；②设施蔬菜补光技术；③秸秆生物反应堆技术。

适用范围

陕西关中等设施栽培番茄区

经济效益

通过应用宽行密植半高垄栽培、水肥一体化、绿色防控、熊蜂授粉、穴盘育苗、秸秆生物反应堆等技术，较普通栽培模式的蔬菜提前上市10 d左右，增产567 kg/亩，产量提高8.3%，较普通大棚平均多收入近2 000元。设施内湿度和病虫害发生情况均有所下降，减肥、减药，增效10%以上，植物残体废弃物处理利用率达100%，农产品合格率达80%，起到了良好的示范作用。

山西省设施番茄化肥农药减施增效栽培技术模式

一、技术概况

在设施番茄绿色生产过程中，推广应用微生物促生菌、有机肥替代化肥、生物有机菌肥、高垄宽行栽培、物理与生物防治结合的病虫害综合防治等技术，从而有效缓解番茄生长过程土壤连作障碍、农药残留的问题，保障番茄生产安全、农产品质量安全和农业生态环境安全，促进农业增产增效，农民增收。

二、技术效果

通过推广应用微生物促生菌、有机肥替代化肥、生物有机菌肥、高垄宽行栽培、物理与生物防治结合的病虫害综合防治等技术，番茄产量提高 10% 以上，农药施用量减少 30%~50%，减少投入和用工成本 25%，农产品合格率达 100%。

三、技术路线

选用高产、优质、抗病品种，培育健康壮苗，使用微生物菌剂、腐熟有机肥进行土壤改良，采取物理和生物农药综合防治等措施，提高番茄丰产能力，增强番茄对病害、虫害、草害的抵抗力，改善番茄生长环境，避免或减轻番茄相关病虫害的发生和蔓延。

（一）科学栽培

1. 品种选择

选用适合本地区栽培的优良、抗病品种。

2. 培育抗病功能苗

采用专用育苗基质、穴盘育苗，其核心技术是将阿泰灵（6%寡糖·链蛋白）+1 000 亿/g 枯草芽孢杆菌两个有机生产投入品按一定比例，用一定量水充分溶解后，植入育苗基质搅拌吸附，生产功能性种苗。在生产过程中，在花芽分化时（3 片真叶，4 叶露心）再按一定比例喷洒幼苗，调控强化根系促进生殖生长，种苗生长进入 50 d 左右时，再进行第 3 次喷洒，种苗通过 3 次诱导来实现种苗抗逆、抗病效果最大化。

从播种到齐苗，白天气温控制到 28~30℃，夜间 22~25℃。齐苗到第一真叶长出，白天 25℃左右，夜间 15℃左右，降低温度维持较大昼夜温差，防止秧苗徒长。第 1 片真叶长出后，白天在 25℃左右，夜间在 15℃左右，促进花芽分化及着花节位降低。2~3 叶期白天为 25~30℃，夜间为 16~18℃；定植前 3~5 d 要加强通风使幼苗进行低温炼苗，白天在 20~22℃，夜间在 10℃左右，夜间短时间 5~8℃。

3. 重施底肥

重施底肥，合理配方，以肥调水，壮株促棵。每亩施 10 m³ 充分腐熟的农家肥或者 100 kg 炒熟的黄豆磨成粉，全程使用微生物促生菌，修复土壤，叶面喷施和冲施，真正做到零化肥、零化学农药、零激素，生产安全绿色健康食品。

4. 整地定植

栽培番茄的地块，最好进行深耕为 25~30 cm，垄高为 15~20 cm，垄宽为 70 cm，安装滴灌装置。采用地膜覆盖，一膜双行的种植形式。行距为 70 cm，株距为 45 cm，每亩在 2 200 株左右。

5. 微生物菌剂的应用

在定植前 20~30 d，下足微生物有机菌肥，旋耕均匀后喷水，保持水分在 30%~45% 的湿度后进行浇灌或者喷施植株。

6. 整枝打杈

春早熟或秋延后栽培，选用早熟品种，采取双干或三干整枝法。越冬栽培选用无限生长类型的中晚熟品种，采取单干或改良单干整枝法。长季节栽培可采取落蔓整枝技术。

7. 打叶摘心

当最高目标果穗开花时，留两片叶摘心，保留其上侧枝，有限生长类型不摘心。进入结果盛期后，及时摘除病叶、枯叶、老叶。

8. 保花保果

设施番茄保花保果的主要措施是培育壮苗，花期在棚室内放置熊蜂授粉或使用锂电型番茄电动授粉器授粉。

9. 疏花疏果

大果型品种每穗选留 3~4 果，中果型品种每穗留 4~6 果。

10. 清洁田园

及时中耕除草，保持田园清洁。

（二）主要病虫害防治

1. 防虫板诱杀害虫

利用害虫对不同波长、颜色的趋性，在设施内放置黄板、蓝板，对害虫进行诱杀。

2. 高温闷棚

晴天早晨浇透水，封闭大棚，温度达到 48~50℃后保持设施密闭 2 h，能有效防止霜霉病等病害。

3. 防治蚜虫、白粉虱、斑潜蝇

在高温、高湿条件下易发生病虫害，在蚜虫发生初期，用最辣的小米辣椒、大蒜、生姜、白醋、白酒各 0.5 kg 封闭浸泡 72 h，然后过滤，以 1：30 叶面喷施，每 7~10 d 喷施 1 次，能有效防治蚜虫、白粉虱、斑潜蝇。

4. 防治棉铃虫

采用甲维盐、苏云金杆菌高效生物制剂农药防治，药剂必须进行 2 次稀释，药要打到叶背面和嫩尖儿上。

四、效益分析

（一）经济效益分析

通过应用微生物促生菌、有机肥替代化肥、生物有机菌肥、高垄宽行栽培、物理与生物防治结合的病虫害综合防治等技术，番茄产量提高 10% 以上，农药施用量减少 30%~50%，减少投入和用工成本 25%，农产品合格率达 100%。按照棚室番茄生产平均收益计算，每亩可增收 2 000 元，节省农药成本 200 元。

（二）生态效益、社会效益分析

番茄绿色高效栽培技术的应用，提高了番茄产量，降低了农药用量，同时也减轻农民的工作量，增产增收，给农民带来切实的效益；农药的减少使用，降低商品农药残留，商品百分之百达到绿色农产品要求，有益于保障食品安全；减轻了农业生产过程中对自然环境的污染，环保意义重大。

五、适宜区域

北方设施栽培番茄产区。

六、技术模式

见表 1-7。

七、技术依托单位

联系单位：山西爱亿侬农业专业合作社、临县碛口绿色蔬菜协会
联系人：武峰、严林森
电子邮箱：hryspa888mwh@163.com

表 1-7 山西省设施番茄化肥农药减施增效栽培技术模式

项目		11月（旬）上 中 下	12月（旬）上 中 下	1月（旬）上 中 下	2月（旬）上 中 下	3月（旬）上 中 下	4月（旬）上 中 下	5月（旬）上 中 下	6月（旬）上 中 下	7月（旬）上 中 下	8月（旬）上 中
生育期	冬春茬	育苗期			定植期	开花坐果期		结果期（收获期）		拉秧封棚 高温闷棚	
措施		选择优良品种，发芽，播种，分3次植入阿泰灵（6%寡糖·链蛋白），1000亿/g枯草芽孢杆菌			高垄宽行、膜下暗灌	壮棵蹲苗	当第一花序坐果到核桃大时开始追第一次肥，苗追三元复合肥15~20 kg。以后每个花序坐果到核桃大时各追肥，每苗每次追氮钾复合肥10~15 kg。追肥方法：结合浇水冲施，浇水间隔期内保持表土见干见湿。			拉秧、灌水、密闭封棚	

技术路线：
选种：选用适合本地区栽培的优良、培育抗病品种。采用专用育苗基质、穴盘育苗，穴盘育苗功能菌：用一定量水充分溶解后，植入育苗基质搅拌吸附生产功能性种苗，在生产过程中（3片真叶、4叶露心）调控强化根系促进生根生长，种苗生长进入50 d左右时，再进行第三次喷洒，种苗通过三次诱导来实现种苗抗逆、抗病效果最大化。重茬底施：每苗底施10 m³ 充分腐熟的农家肥或者100 kg 炒熟的黄豆磨成粉，全程使用微生物休眠菌，修复土壤，真正做到零化肥、零化学农药、零激素，生产安全绿色的健康食品。土壤修复：在定植前20~30 d，下足微生物有机菌肥，旋耕均匀后进行喷施，用量也跟不一样，用量达到30%~45%的湿度后浇水，保持水份在30%，代替杀菌剂解决病原菌真菌、细菌危害叶子和茎秆问题。叶面喷施浓度为1 ：（10~50）倍液（根据作物不同生长期调整浓度）进行喷施。每10~15 d一次。病虫害防治：①防虫板诱杀害虫。利用害虫对不同光波，颜色的趋性，在设施内放置黄板、蓝板，对害虫进行诱杀。②高温闷施。晴朗天气早晨浇透水，封闭大棚，温度达到48~50℃后保持生长期闷棚2 h，能有效防止精霉病等病害。③防治蚜虫、白粉虱、斑潜蝇。在野虫发生初期，用最辣的小米椒、大蒜、白醋、生姜、白酒各0.5 kg 封闭浸泡72 h，能有效防治蚜虫1次，防治蚜虫、白粉虱、斑潜蝇。④防治棉铃虫、苏云金杆菌高，每7~10叶面喷施，药要打到叶背青面和嫩尖儿上。以1：30叶面喷施，药剂必须做2次稀释。效生物制剂农药防治。

适用范围：北方温室栽培番茄产区

经济效益：通过应用植株健康微生物休眠菌，有机肥替代化肥，生物有机菌肥，物理与生物防治结合等技术，高垄宽行栽培，减少投入人工成本25%，农产品合格率达100%。按照棚室番茄生产平均收益计算，每亩可增产10%以上，农药施用量减少30%~50%，番茄产量提高10%以上，每亩增收2 000元，节省农药成本200元。

山东省日光温室番茄化肥农药减施增效栽培技术模式

一、技术概况

在设施番茄绿色生产过程中，通过推广应用高温闷棚、嫁接、水肥一体化、盖膜盖草、熊蜂授粉、生物菌剂、物理与高效低毒农药防治相结合的病虫害综合防治等技术，有效调控番茄生长环境，减轻连作障碍，降低农药残留，保障番茄生产安全、产品质量安全和生产环境安全，有利于提高设施番茄绿色生产水平，促进蔬菜增效、农民增收。

二、技术效果

通过推广应用高温闷棚、嫁接、水肥一体化、盖膜盖草、熊蜂授粉、生物菌剂、物理与高效低毒农药防治等绿色生产和防控技术，产量提高 8% 以上，农药施用量减少 30% 以上，减少投入和用工成本 30% 以上，产品质量合格率达 98% 以上。

三、技术路线

选用高产、优质、抗病品种，从规模较大、信誉度高的育苗基地购买优质嫁接种苗。采用高温闷棚、水肥一体化、盖膜盖草、熊蜂授粉、生物菌剂、物理与高效低毒农药防治等技术，有效调控番茄生长环境，提高番茄丰产能力，控制、避免、减轻番茄相关病虫害的发生和蔓延。

（一）高温闷棚

夏季大棚休闲期间，每亩施入麦秸等未腐熟有机物 3 000 kg，鸡粪、猪粪等有机肥 5~6 m³，尿素 30 kg，翻地、做畦、浇水、覆膜，将大棚完全封闭，利用太阳能和有机物发酵可使 10 cm 地温达到 60℃，持续 15~20 d，能有效杀死土壤中的虫卵病菌和根结线虫。

（二）科学栽培

1. 选用优质种苗

从规模较大、信誉度高的育苗基地购买优质嫁接种苗。嫁接苗采用穴盘育苗，采用劈接法嫁接，有效防止由病原菌引起的土传病害的发生。

番茄嫁接

2. 清洁田园

及时中耕除草，保持田园清洁。

3. 盖膜盖草

设施番茄冬季栽培，温度低、光照弱、湿度大，是导致病害发生的重要因素，其中湿度又是最为关键的因素。一是在栽培行覆盖地膜，减少土壤水分蒸发，降低空气湿度。二是在栽培行间覆盖作物秸秆，作物秸秆夜间吸潮，降低夜间空气湿度。同时，白天吸热，晚上放热，可以调节夜间棚室内温度。作物秸秆腐熟过程释放出 CO_2 气体，为光合作用提供原料。

4. 水肥一体化

设施番茄水肥一体化技术是将可溶性肥料与灌溉水一起，通过管道系统均匀、定时、定量地浸润植株根系发育生长区域，使根系土壤始终保持适宜的含水量和养分含量。通过此项技术的实施可有效降低设施番茄生产中用水量，提高灌溉水利用效率和肥料利用率，节约肥料投入成本；降低因过量灌溉施肥引起的地下水污染，提高设施番茄的产量、品质、生产水平和生产效益。试验结果表明，水肥一体化技术较常规施肥节肥55%，较明水浇灌节水33%、节省电力55%~60%，灌水、施肥用工减少80%，增产10%~15%。

5. 熊蜂授粉

熊蜂可对番茄、甜椒等不具蜜腺的植物传粉，从而完成授粉过程。采用熊蜂授粉番茄果实整齐周正，口感好，商品性高。每亩大棚番茄使用熊蜂1箱。

（三）主要病虫害防治

1. 防虫网隔离害虫

在栽培设施的所有通风口处安装防虫网，在番茄生长的整个生育期内，使外界害虫成虫无法进入设施内，切断害虫的繁殖途径，有效控制各类害虫，进而预防番

盖膜覆草

水肥一体化

环境监测设备

线虫疫苗

茄病毒病的传播和蔓延。

2. 防虫板诱杀害虫

利用害虫对不同颜色具有趋性的特点，在设施内放置黄板、蓝板，对害虫进行诱杀。

3. 防治灰霉病

及早摘除坐果后残留的花瓣，或在蘸花或喷花药剂中每 1 500 mL 药液加上 2 g 50% 嘧菌环胺水分散粒剂或 10 mL 2.5% 咯菌腈悬浮剂进行蘸花、喷花，减少病害的侵染；药剂防治，可选择 50% 啶酰菌胺水分散粒剂 800~1 200 倍液，或用 50% 异菌脲悬浮剂 750 倍液。

4. 防治叶霉病

选择用 40% 氟硅唑乳油 8 000 倍液或 10% 苯醚甲环唑水分散粒剂 2 000 倍液等药剂进行喷雾防治。

5. 防治灰叶斑病

选择 25% 溴菌腈可湿性粉剂 600~800 倍液，或用 52.5% 霜脲氰·恶唑菌酮水分散粒剂 2 500~3 000 倍液，或用 25% 咪鲜胺乳油 2 000~3 000 倍液，喷雾防治。

四、效益分析

（一）经济效益分析

通过应用高温闷棚、嫁接、水肥一体化、盖膜盖草、熊蜂授粉、生物菌剂、物理与高效低毒农药防治等绿色生产、防控技术，产量提高 8% 以上，农药施用量减少 30% 以上，减少投入和用工成本 30% 以上，产品质量合格率达 98% 以上。按照设施番茄生产平均收益计算，每亩可增收 2 000 余元，节省成本近 200 元。

（二）生态效益、社会效益分析

番茄绿色生产、防控技术的应用，有效调控番茄生长环境，减轻连作障碍，减少农药用量，减少环境污染，降低农药残留，保障番茄产品质量安全；提高设施番茄科学栽培水平，减轻农民的工作量，节本增效，促进农民增收。

五、适宜区域

山东省设施栽培番茄产区。

六、技术模式

见表 1-8。

七、技术依托单位

联系单位：淄博市蔬菜办公室
联系地址：淄博市张店区华光路 153 号
联系人：王玉江、张海娟
电子邮箱：ziboshucai@163.com

表1-8　山东省日光温室番茄化肥农药减施绿色高效栽培技术模式

项目		2月（旬）			3月（旬）			4月（旬）			5月（旬）			6月（旬）			7月（旬）		
		上	中	下	上	中	下	上	中	下	上	中	下	上	中	下	上	中	下
生育期	春茬	育苗期						定植期			开花结果期						收获期		

技术路线

选用优质种苗：从规模较大、信誉度高的育苗基地购买优质嫁接苗。

高温闷棚：夏季大棚休闲期间，每亩施入腐熟有机肥5~6 m³，鸡粪、猪粪等有机肥3 000 kg，尿素30 kg，翻地，做畦，浇水，覆膜，将大棚完全封闭，利用太阳能和有机物发酵可使10 cm地温达到60℃，持续15~20 d，能有效杀死土壤中的虫卵病菌和根结线虫。

盖膜盖草：设施番茄冬季栽培，温度低、光照弱、湿度大，降低空气湿度，减少土壤水分蒸发，是导致病害发生的重要因素。一是在栽培行间覆盖地膜，作物秸秆白天吸热，晚上持续放热，可以调节棚室内温度，其中湿度又是最为关键的因素，降低夜间空气湿度，作物秸秆间覆盖作物秸秆，作物秸秆夜间吸潮，降低夜间湿度。二是定量地浸润至土壤始终保持适宜的含水量和养分含量。二是在栽培行间覆盖作物秸秆，作物秸秆腐烂释放出CO₂气体，为光合作用提供原料。

水肥一体化：将可溶性肥料与灌溉水一起，通过管道系统均匀、定时、定量地浸润植株根系发育生长区域，使根系土壤始终保持适宜的含水量和养分含量。

熊蜂授粉：采用熊蜂授粉番茄果实整齐周正，商品性高，口感好。每亩大棚番茄使用熊蜂1箱。

清洁田园：及时中耕除草，保持田园清洁。

主要病虫害防治：①防虫网隔离害虫；②防虫板诱杀害虫；③化学药品防治。

适用范围

山东省设施栽培番茄产区

经济效益

通过应用高温闷棚、嫁接、水肥一体化、覆膜盖草、熊蜂授粉、生物菌剂、物理与高效低毒农药防治等绿色生产技术，产量提高8%以上，农药施用量减少30%以上，减少投入和用工成本30%以上，产品质量合格率达98%以上。按照设施番茄生产平均收益计算，每亩可增收2 000余元，每亩节本增效近200元，防控技术节省成本近200元。

上海市设施番茄化肥农药减施
增效栽培技术模式

一、技术概况

在设施番茄绿色生产过程中，搭配设施菜田蚯蚓养殖改良土壤技术，通过合理的茬口搭配（番茄—绿叶菜—蚯蚓茬口），达到土壤绿色可持续生产和蔬菜品质效益双提升的目的，可有效降低蔬菜复种指数，缓解设施蔬菜长期连作造成的连作障碍、次生盐渍化、土传病虫害以及土壤质量退化等问题，保障蔬菜生产安全、农产品质量安全和农业生态环境安全，促进农业增产增效，农民增收。

二、技术效果

通过应用设施番茄—蚯蚓种养循环绿色高效生产技术，设施菜田土壤有机质含量提高 5% 以上，土壤容重下降 10%，化肥使用量减少 54.5%，增产 15% 以上，土壤质量得到有效提升，生态环境得到有效改善，蔬菜品质得到显著提高。该技术模式既解决了蔬菜废弃物对环境的污染问题，又实现了就地取材生产有机肥，同时还可改良土壤，达到土壤质量保育的目的。

三、技术路线

选用高产、优质、抗病品种，培育健康壮苗，采取绿色防控综合防治措施，提高蔬菜丰产能力，增强对病害、虫害、草害的抵抗力，改善蔬菜的生长环境。科学合理搭配蚯蚓养殖改良土壤技术，选择春秋季进行 2~3 个月的蚯蚓养殖，注意饵料制备、养殖床铺设、种苗投放、环境调控、蚯蚓收获及蚓粪还田改良土壤等关键技术步骤。

（一）科学栽培

1. 品种选择
选用适合本地区栽培的优良、抗病品种。

2. 培育壮苗
采用营养钵或穴盘育苗，营养土要求疏松通透，营养齐全，土壤酸碱度中性到微酸性，不能含有对秧苗有害的物质（如除草剂等），以及病原菌和害虫。建议使用工厂化生产的配方营养土。

苗期保证土温在 18~25℃，气温保持在 12~24℃，定植前幼苗低温锻炼，大通风，气温保持在 10~18℃。

3. 水肥一体化技术

茄果类、瓜类等长周期作物采用比例注肥泵+滴灌水肥一体化模式，选用高氮型和高钾型水溶肥料，视作物生长情况追肥4~8次，高氮、高钾肥料交替使用。绿叶菜类蔬菜根据生长情况追施1~2次高氮型水溶肥料，采用比例注肥泵+喷灌的水肥一体化模式。

4. 清洁田园

及时中耕除草，保持田园清洁。蔬菜废弃物进行好氧堆肥资源化利用。

（二）设施菜田蚯蚓养殖技术

1. 饵料制备

（1）配制原则　饵料配制碳氮比应合理，一般在20~30，以牛粪+蔬菜废弃物堆制为佳，也可采用猪粪、羊粪等其他畜禽粪便+蔬菜废弃物经堆沤后作饵料。饵料投放前必须进行堆沤发酵。如果将未经发酵处理的饵料直接投喂蚯蚓，蚯蚓会因厌恶其中的氨气等有害气体而拒食，继而因饵料自然发酵产生高温（可达60~80℃）并排出大量甲烷、氨气等导致蚯蚓纷纷逃逸甚至大量死亡。

（2）发酵条件　养殖蚯蚓的饵料发酵一般采用堆沤方法，堆沤发酵需满足条件：①通气，在堆沤发酵时必须要有良好的通气条件，可促进好氧性微生物的生长繁殖，加快饵料的分解和腐败。②水分，在堆沤饵料时，饵料堆应保持湿润，最佳湿度为60%~70%。③温度，饵料堆内的温度一般控制在20~65℃。④pH值以6.5~7.5为宜。

（3）堆沤操作　应在堆场进行饵料堆沤。料堆的高度控制在1.2~1.8 m，宽度约3 m，长度不限。高温季节，堆沤后第二天料堆内温度即明显上升，表明已开始发酵，4~5 d后温度可上升至70℃左右，然后逐渐降温，当料堆内部温度降至50℃时，进行第一次翻堆操作。翻堆操作时，应把料堆下部的料翻到上部，四边的料翻到中间，翻堆时，要适量补充水分，以翻堆后料堆底部有少量水流出为宜。第一次翻堆后1~2 d，料堆温度开始上升，可达80℃左右，6~7 d之后，料温开始下降，这时可进行第二次翻堆，并将料堆宽度缩小20%~30%。第二次翻堆后，料温可维持在70~75℃，5~6 d后，料温下降，进行第三次翻堆并将料堆宽度再缩小20%，第三次翻堆后4~5 d，进行最后一次翻堆，正常情况下25 d左右便可完成发酵过程，获得充分发酵腐熟的蚯蚓饵料。

（4）质量鉴定　发酵好的粪料呈黑褐色或咖啡色，质地松软，不黏滞，即为发酵好的合格饵料。一般最常用的饵料鉴定方法为生物鉴定法，具体操作方法是：取少量发酵好的饵料在其中投入成蚓200条左右，如半小时内全部蚯蚓进入正常栖息状态，48 h内无逃逸，无死亡，表明饵料发酵合格，可以用于饲养蚯蚓。

2. 养殖床铺设

设施大棚前茬蔬菜清园后可进行养殖床铺设，一般应选择已发生连作障碍的大棚进行。养殖床铺设一般沿着大棚的长度方向进行铺设，养殖床长度以单个大棚实际长度为准，饵料铺设宽度在2~3 m，厚度15~20 cm，饵料铺设应均匀。单个大棚一般铺设2条，中间留一条过道。也可作一条，居中，宽度4~6 m。养殖床的设置应以方便操作为原则。若直接采用新鲜牛粪或干牛粪铺设养殖床，应在铺设后，密闭大棚15 d，7 d左右进行一次翻堆，确保牛粪充分发酵。饵料投放量不少于 15 t/亩。

3. 种苗投放

选择比较适应当地环境条件或有特殊用途的蚯蚓种苗进行养殖，一般选择太平 2 号或北星 2 号等。蚯蚓种苗的投入量不少于 100 kg/亩。蚯蚓投放前将养殖床先浇透水，然后将蚓种置于养殖床边缘，让蚯蚓自行爬至养殖床。

4. 养殖管理

（1）及时翻堆　养殖过程中应保持床土的通气性，及时对养殖床进行翻堆 2~3 次。

（2）水分管理　注意养殖床上层透气、滤水性良好、适时浇水保持适宜湿度约 65%（手捏能成团，松开轻揉能散开）。夏季（5—9 月）温度较高，蒸发较快，每天浇 2 次水，早晚各 1 次，每次浇透即可，可采用喷淋装置进行淋水。7—8 月上海地区易出现连续高温，建议蚯蚓养殖尽量避开这段时间。其他季节温度低，蒸发慢，每隔 3~4 d 浇 1 次水，早上或傍晚均可。

（3）温度与光照控制　夏季应多层遮阳网覆盖，并采取浇水、覆盖稻草等方式来降低棚内温度，同时，应打开大棚两边的门以及四边的卷膜，以此增加空气流动，降低棚内温度。冬季低温时，压实四边卷膜，晚上关闭大棚两边的门，白天打开两边门，增加空气流通。整个养殖期间应保持蚯蚓适宜的生长温度。①覆盖遮阳网，蚯蚓喜欢阴暗的环境，养殖蚯蚓大棚必需遮盖遮阳网，创造阴暗环境并在夏季降低棚内温度。取遮阳网均匀盖在大棚顶膜上，四周固定，防止大风刮落，一般盖 1~2 层，以降低温度。养殖床上再遮盖一层遮阳网，创造阴暗潮湿的环境，以利于蚯蚓取食、活动。②覆盖干稻草或秸秆，在整个养殖过程中可以在养殖床上盖一层干稻草或秸秆厚度约 5 cm，夏天可以遮阴降低温度，冬天可以起到保温作用，还可以避免浇水时的直接冲刷。

（4）蚯蚓病虫害防治　①病害防治，蚯蚓的病害一般为生态性疾病，一是毒素或毒气中毒症，二是缺氧症。管理过程中应注意基料发酵的完全性、养殖床的透气性和蚯蚓养殖环境的通风性。②虫害防治，蚯蚓的虫害一般为捕食性天敌，如鼠、蛇、蛙、蚂蚁、蜈蚣、蝼蛄等。可根据其活动规律和生理习性，本着"防重于治"的原则，有针对性地防治，例如，堵塞漏洞，加设防护罩等，一旦发现可人工诱集捕杀。

（5）蚯蚓收获　整个养殖周期自蚯蚓投放后不少于 3 个月，冷凉季节应适当延长养殖时间。养殖满 3 个月左右可进行蚯蚓收获。蚯蚓收获方法为在蚯蚓养殖床表面或两边添加一层新饵料，1~2 d 后，将蚯蚓床表面 10 cm 或床边上的蚓料混合用叉子挑到之前铺好的塑料薄膜或地布上，利用蚯蚓的惧光性一层一层的将表面的基料剥离，最后可得到纯蚯蚓。

（6）蚓粪还田改土　一般每亩可收获蚯蚓粪 3 t 左右。养殖结束后一般可采用以下方法进行土壤改良：①使用旋耕机直接将蚯蚓和蚯蚓粪翻入土中，进行改良土壤，后茬种植蔬菜。②收获蚯蚓后再用旋耕机将蚓粪翻耕入土，进行改良土壤，后茬种植蔬菜。

（三）番茄—绿叶菜—蚯蚓绿色高效茬口

1. 茬口安排

（1）第一茬番茄　3 月上旬定植番茄。根据番茄长势于 5 月底开始采收，到 7 月中旬采收结束。番茄种植过程中，基肥使用 1 000 kg/亩的蚯蚓粪肥+30 kg/亩复合肥，较常规生产复合肥用量减少 40% 左右。在番茄生产过程中，采用比例注肥泵+滴灌的水肥一体化模式，根据长势，适当追施 4~6 次水溶肥，直至采收结束。生产过程中全程采用"防虫网+诱虫板"的绿色防控技术。

（2）第二茬绿叶菜　根据生产安排和市场需求，种植 1~2 茬绿叶菜。以青菜为例，第一茬青菜可于 8 月直播，9 月采收。种植前施入蚯蚓肥 500 kg/亩左右+15 kg 复合肥。第二茬青菜于 9 月定植，10 月采收。此茬青菜种植是只需施入 15~20 kg/亩的复合肥即可。生产过程中视蔬菜生长情况追施 1~2 次高氮型水溶肥料，采用比例注肥泵+喷灌的水肥一体化模式。栽培管理中采用"防虫网+诱虫板"的绿色防控技术，并推荐使用生物农药。

（3）第三茬养殖蚯蚓　11 月至翌年 2 月在大棚内养殖蚯蚓，沿着垂直于大棚长的方向铺设 2 条蚯蚓养殖床，每条宽度为 2~3 m，厚度为 10~20 cm，中间过道宽度为 1.5~2.0 m。为了保证蚯蚓养殖过程中的温湿度，大棚顶膜上需铺设一层遮阳网，棚内配备 2 条喷灌带。养殖床上投放蚯蚓种苗，每亩 100 kg。冬季养殖床面上要铺设一层稻壳或稻草以保温，蚯蚓饵料采用牛粪∶蔬菜废弃物秸秆=2∶1 的比例进行配置发并发酵 10~15 d，每亩用量在 15 t 以上。养殖 3~4 个月后每亩留 1 000 kg 左右的蚯蚓粪作为下茬作物的基肥，将蚯蚓及余下蚓粪转移到其他棚内进行土壤改良。

2. 化肥减量

蚯蚓养殖可降低蔬菜复种指数，减少一茬蔬菜种植。蚯蚓养殖改良土壤后，番茄基肥中化肥用量（30 kg/亩）较常规生产（50 kg/亩）减少 40%，追肥采用水肥一体化模式，可减少化肥用量 15%。青菜生产中基肥化肥用量（15 kg/亩）较常规生产（20 kg/亩）减少 25%，追肥化肥用量减少 10%。综合计算，该茬口模式较常规生产全年可减少化肥用量 54.5%。

四、效益分析

（一）经济效益分析

通过应用设施蔬菜—蚯蚓种养循环绿色高效生产技术，设施菜田土壤有机质含量提高 5% 以上，土壤容重下降 10%，化肥使用量减少 54.5%，亩均产量提高 15% 以上。按照棚室番茄生产平均收益计算每亩可增收 900 元，节省 6 个人工。养殖生产的蚯蚓可以加工成肥料、中药等，经济价值更高。

（二）生态效益、社会效益分析

通过设施番茄—蚯蚓种养循环绿色高效生产技术应用，土壤质量得到有效提升，生态环境得到有效改善，蔬菜产量、品质得到显著提高，有益于保障食品安全；减轻了农业生产过程中对自然环境的污染。该技术模式既解决了蔬菜废弃物对环境的污染问题，又实现了就地取材生产肥料，同时还可以改良土壤，达到土壤质量保育的目的，一举三得，社会、生态效益十分显著。

五、适宜区域

南方设施栽培番茄产区。

六、技术模式

见表 1-9。

七、技术依托单位

联系单位：上海市农业技术推广服务中心
联系地址：上海市吴中路 628 号
联系人：李建勇
电子邮箱：48685988@qq.com

表1-9　上海市设施番茄化肥农药减施增效栽培技术模式

项目		1月（旬）上 中 下	2月（旬）上 中 下	3月（旬）上 中 下	4月（旬）上 中 下	5月（旬）上 中 下	6月（旬）上 中 下	7月（旬）上 中 下	8月（旬）上 中 下	9月（旬）上 中 下	10月（旬）上 中 下	11月（旬）上 中 下	12月（旬）上 中 下
生育期	春茬	蚯蚓养殖		番茄定植栽培管理			收获期			绿叶菜		蚯蚓养殖	
措施		养殖管理			水肥一体化			水肥一体化	药剂防治	水肥一体化		饵料制备	养殖管理
									防虫网+色板				

技术路线：设施菜田蚯蚓养殖技术：包括饵料制备，养殖床铺设，种苗投放，养殖环境调控，蚯蚓采收及蚯蚓粪还田改良土壤等关键技术。水肥一体化技术：番茄采用比例注肥泵+滴灌水肥，视作物生长情况追肥4~8次，高氮、高钾型和高氮型水溶肥料，选用高氮型水溶肥料，采用比例注肥泵+喷灌的水肥一体化模式。绿叶菜类蔬菜根据生长需求追肥1~2次水溶肥料，在设施内放置黄板、蓝板，对害虫进行诱杀。②防虫网，棚室主要病虫害防治：①诱虫板，利用害虫对不同波长、颜色的趋性，门口及裙侧采用防虫网。

适用范围：南方设施栽培番茄产区

经济效益：通过应用设施番茄—蚯蚓种养循环绿色高效生产技术，设施菜田土壤有机质含量提高5%以上，土壤容重下降10%，化肥使用量减少54.5%。亩均产量提高15%以上。按照棚室番茄生产生平均收益计算每亩可增收900元，节省6个人工。

江苏省设施番茄化肥农药减施增效栽培技术模式

一、技术概况

在设施番茄绿色生产过程中，推广应用除湿、补光、水肥一体化、土壤（或基质）消毒、废弃物生物发酵，及物理防治、生物防治、农业防治等技术相结合的病虫害综合防治等技术，从而有效减少番茄生长过程中农药、化肥用量，保障番茄生产安全、农产品质量安全和农业生态环境安全，促进蔬菜可持续、绿色、高质量发展，促进农业增产增效，农民增收。

二、技术效果

通过推广应用臭氧防治、除湿、补光、水肥一体化、土壤（或基质）消毒、废弃物生物发酵等技术，番茄提早上市 7～10 d，产量提高 10% 以上，农药施用量减少 60% 以上，化肥施用量减少 20% 以上，减少投入和用工成本 30%，农产品合格率达 100%。

三、技术路线

选用优质、高产、抗病品种，培育壮苗，采取臭氧防治、除湿、补光、水肥一体化、土壤（或基质）消毒、废弃物生物发酵等技术措施，改善番茄的生长环境，提升番茄的丰产能力和品质，减少化肥、农药的使用量，减少废弃物对环境的污染。

（一）科学栽培

1. 品种选择

选用品质好、产量高、抗病性好、附加值高且适宜设施栽培的樱桃番茄品种。

2. 培育壮苗

培育小苗：可采用商品基质培育小苗，然后通过移栽培育大苗。基质堆放整平后播种，播种量 3 g/m²，成苗 800 株左右，播后覆盖一层基质，灌水，上覆湿报纸，27～30℃下经 5 d 左右出苗。出苗后宜保持床温 20～25℃，室温白天为 25～28℃、夜间为 15～16℃为宜。

育苗

移苗：在第一真叶期最适于移苗。采用水培的方法种植番茄的一般以岩棉块或聚氨酯泡沫育苗块进行育苗。采用基质培、土培种植番茄，可以采用营养钵或者穴盘育苗的方法进行。

3. 平衡施用基肥

通过测土配方施肥技术，实现番茄平衡、精确施用基肥，削减肥料用量。

4. 肥水管理

采用水肥一体化设备为植株供应水分和养分，根据番茄长势进行追肥。实现水与肥的同步管理和高效利用。

水肥一体化

5. 湿度调控

采用全自动除湿机调控棚内湿度，以适应番茄生长减少病害发生，为番茄生长创造良好的环境。

6. 光照调控

在阴雨天等太阳光照不足时，采用 LED 植物生长灯补光灯补足植物光合作用所需光照，促进植株生长、促进成熟提早上市、提高产量、提升口感和品质。

光照管理

7. 熊蜂授粉

改激素点花为熊蜂授粉，节约劳动成本，减少农药和化学激素使用，提高坐果率，改善外观品质，降低畸形果的发生。具体做法：当 25% 植株开花时放入蜂箱，离地面 0.5 m；保持合适的温度，避免阳光直射；设置防虫网，避免外逃；减少杀虫剂的使用，确需使用，应等安全间隔期过后再将蜂箱移进棚内。

除湿机

8. 清洁田园

及时中耕除草，收获后及时清理残株棚室，保持田园和周边环境清洁。

（二）主要病虫害防治

1. 臭氧发生机防治病虫害

通过臭氧发生机产生的低质量分数的臭氧能有效防治霜霉病、白粉病、炭疽病、蔓枯病、病毒病、灰霉病等病害和粉虱、蚜虫、红蜘蛛等小型害虫。

2. 防虫板诱杀害虫

利用害虫对不同颜色的趋性，在设施内放置黄板、蓝板，对蚜虫、蓟马等害虫进行诱杀。

熊峰授粉

3. 杀虫灯诱杀害虫

利用害虫对不同光波波长的趋性，安装太阳能杀虫灯，对害虫进行诱杀。

4. 性诱杀防治害虫

采用性信息素诱杀技术，对斜纹夜蛾、甜菜夜蛾进行诱杀。

5. 药剂防治

若通过上述措施仍有病虫害发生，可采取高效低毒低残留的生物农药进行防治。

（三）采后处理

1. 清洁田园

采收后，及时清理杂草、秸秆，保持田园清洁。

2. 废弃物生物发酵技术

将田间的杂草、出茬后的秸秆、尾菜等有机废

臭氧发生机

弃物运至废弃物处理中心集中处理，通过粉碎、添加厌氧菌发酵转变成有机肥，发酵液可以回收利用，也可以做叶面肥，实现蔬菜有机废弃物的资源化利用，减少污染、保护菜地环境，减少病害。

3. 土壤（或基质）消毒

出茬后，使用氰氨化钙、棉隆等消毒剂对土壤（或基质）进行消毒，可有效杀灭土壤（或基质）中的病原菌、地下害虫及杂草种子，从而达到清洁土壤的效果，有效防治土传病害。

4. 补充生物菌

消毒后，给土壤（或基质）补充有益生物菌，恢复土壤活力，减少土传病害发生。

四、效益分析

（一）经济效益分析

通过应用臭氧防治、除湿、补光、水肥一体化、土壤（或基质）消毒、废弃物生物发酵等技术，番茄提早上市 7~10 d，产量提高 10% 以上，农药施用量减少 60% 以上，化肥施用量减少 20% 以上，减少投入和用工成本 30%，农产品合格率达 100%。按照设施番茄生产平均收益计算，每亩可增收 2 000 元，节省农药肥料成本 300 元。

（二）生态效益、社会效益分析

通过设施番茄绿色生产技术的应用，可提高番茄产量和品质，减少农药、化肥用量，同时减轻农民的工作量，增产增收，给农民带来切实的效益；减少了农药的使用，降低产品农药残留，商品达到了绿色农产品要求，有利于保障食品安全；尤其是废弃物生物发酵技术的应用，减少了农业生产对自然环境的污染，环保意义重大。

五、适宜区域

南方设施栽培番茄产区。

六、技术模式

见表1-10。

七、技术依托单位

联系单位：无锡市惠山区蔬菜技术推广站、江阴市农业技术推广中心

联系人：卞晓东、张秋萍

电子邮箱：ddbxd@163.com，516189607@qq.com

表1-10 江苏省番茄化肥农药减施增效栽培技术模式

项目		11月(旬)			12月(旬)			1月(旬)			2月(旬)			3月(旬)			4月(旬)			5月(旬)			6月(旬)			7月(旬)			8月(旬)		
		上	中	下	上	中	下	上	中	下	上	中	下	上	中	下	上	中	下	上	中	下	上	中	下	上	中	下	上	中	下
生育期	春茬	育苗期						定植期、生长期						生长期						生长期、收获期											
措施		选用优良品种，培育壮苗。定植前根据种植区平衡施用基肥。						采用水肥一体化设备进行肥水管理，除湿机调控棚内湿度，LED补光灯补光（按需），臭氧发生机防治病虫害，防虫板诱杀。																		出苗后的废弃物生物发酵处理。					
														杀虫灯诱杀、性诱杀、药剂防治（按需）												土壤（或基质）消毒，补充生物菌。					

技术路线
选种：选用品质好、产量高、抗病性好、附加值高且适宜设施栽培的樱桃番茄品种。
培育壮苗：可采用商品基质育苗小苗，然后通过移栽培育大苗。
栽培管理：采取平衡施用基肥，水肥一体化设备进行肥水管理，减少化肥用量；采用LED补光灯补足植物光合作用所需光照，促进植株生长，减少病害发生；采用除湿机调控棚内湿度，减少病害发生；采用除湿机调控棚内湿度，促进成熟提早上市。
太阳光照不足时，采用LED补光灯补足植物光合作用所需光照，促进成熟提早上市。
病虫害防治：采取臭氧发生机防治病虫害，防虫板诱杀、杀虫灯诱杀、性诱杀，减少农药用量。
采后处理：及时清理杂草、桔秆，保持田园清洁，出苗后及时进行土壤（或基质）消毒，并补充有益生物菌。

适宜区域
南方设施栽培番茄产区

经济效益
通过应用臭氧防治、除湿、补光、水肥一体化，土壤（或基质）消毒，化肥施用量减少60%以上，农药施用量减少20%以上，化肥施用量减少60%以上，农药施用量减少20%以上，番茄提早上市7~10 d，产量提高10%以上，废弃物生物发酵等技术，番茄提早上市7~10 d，产量提高10%以上，废弃物生物发酵等技术，减少投入用工成本30%，农产品合格率达100%。按照设施番茄生产平均收益计算，每亩可增收2 000元，节省农药肥料成本300元。

安徽省设施番茄化肥农药减施
增效栽培技术模式

一、技术概况

在设施番茄绿色生产过程中，推广应用番茄+水稻水旱轮作、健康壮苗培育、多层覆盖、有机肥替代，及农业、物理、生物与化学防治相结合的病虫害综合防治等技术，从而有效缓解番茄生长过程中土壤连作障碍问题，减少化肥农药使用量，保障番茄生产安全、农产品质量安全和农业生态环境安全，促进产业增效、质量兴业、农民增收、农村繁荣。

二、技术效果

通过应用水旱轮作、优质多抗设施专用番茄品种以及健康壮苗培育等技术，从根源上大幅度降低了病害的发生；生物菌有机肥替代常规农家肥、专用配方肥替代常规复合肥技术、病虫害绿色综合防控技术能够改善生态环境，减少化肥农药的使用量；同时水旱轮作的茬口安排结合多层覆盖保温技术可使番茄产品提早上市，实现较高的市场经济效益；以上技术综合应用后，番茄提早上市 70~80 d，产量提高 15% 以上，化肥用量减少 15%~25%、农药施用量减少 30%~50%，减少投入和用工成本 25%，农产品合格率达 100%。

三、技术路线

（一）科学栽培

选用抗病、优质、高产的番茄品种，培育健康壮苗，开展配方施肥、有机肥替代、多层覆盖保温，及物理、生物与化学方法综合防治病虫等措施，提高番茄优质、早产、丰产能力，增强番茄对低温雪冻和病害、虫害、草害的抵抗力，改善番茄的生长环境，控制、避免、减轻番茄相关病虫害的发生和蔓延。

1. 品种选择

选用适合本地区栽培的抗病、优质、高产、耐低温高湿、耐弱光的品种。

2. 茬口安排

10 月中下旬播种，12 月中旬定植，4 月开始采果，5 月下旬采收结束。

前茬水稻

3. 健康壮苗培育

（1）种子消毒处理　①阳光晒种 将番茄种子在阳光下晾晒 5~8 h；②温汤浸种 将番茄种子放入 50℃的温水中不断搅拌，期间保持水温在 50℃左右，15~20 min 后捞出种子，放入常温水中浸泡 4~5 h。

（2）播种育苗　采用小棚冷床蔬菜育苗基质穴盘育苗，苗床搭设 60 目防虫网阻隔蚜虫、白粉虱等害虫侵入，以防虫传病毒病等；苗龄 50~60 d，壮苗标准：7~9 片真叶，带花蕾，子叶完整，叶肥厚、浓绿，根系发达，无病虫害。

4. 定植

（1）整地做畦及定植密度　6 m 宽中棚整两大畦，每畦栽 4 纵行；8 m 大棚整 4 畦，2 大畦，2 小畦，大畦栽 4 纵行，小畦栽 2 纵行，亩栽植密度为 2 600 株左右。

（2）肥水管理　基肥根据土壤养分条件及番茄需肥特点，进行平衡配方施肥。每亩基施无害化处理的商品有机肥 3 000 kg，生物菌肥 200~300 kg，配合施用蔬菜专用复合肥，每亩用量 50 kg；结合整地做畦，铺设水肥一体化滴灌系统及覆盖地膜。

定植后及时浇 1 次透水，3~5 d 后浇缓苗水。在开花盛果期，视墒情及时浇水。在第一穗果乒乓球大小时进行第一次追肥，以后每隔 15 d 左右进行一次追肥，留 5 穗果的情况下一个生长季节追肥 4 次，每亩用量为蔬菜专用肥 10~15 kg。

（3）多层覆盖管理　定植前覆地膜、大棚膜、棚内二道膜、定植后架设畦面小拱架，并适时覆盖小拱架上薄膜，保温被；2 月下旬揭除小拱架上覆盖的薄膜及保温被，3 月上中旬去除二道膜。

采用透光性好的高保温膜，保持膜面清洁，白天揭开保温覆盖物，尽量增加光照强度和时间。

生育初期保温降湿，生育中后期通风排湿，防止叶面结露。中午高温要注意放风。

（4）植株调整及蔬花保果　采用单蔓整枝，抹去所有的侧蔓，用细竹竿插架或采用吊蔓方式，即用尼龙绳或专用的吊蔓绳将植株缠绕垂直吊起，栓在墒面小拱架上纵向拉设的绳子上。待第五穗花现蕾后，在其花后留 2 片叶打顶。在整个生长季节注意及时整枝，及时摘除下部老叶，以改善植株的通风透光性。一般每穗选留 3~5 个健壮的果。

水稻收获后番茄定植前搭建大棚

基质育苗

棚内定植番茄

吊蔓

（二）主要病虫害防治

1. 物理防治

揭除小拱架上覆盖的薄膜及保温被后，棚内可悬挂黄板、性诱剂装置等防治粉虱、夜蛾等害虫，减少病害的传播以及蛀果害虫的危害。每亩悬挂黄板 30~40 块。地膜覆盖可选用灰色地膜驱避蚜虫。

2. 生物防治

采用 Bt 苦参碱等植物源农药和齐墩螨素等生物源农药防治病虫害。有计划地开展天敌保护工作，增加天敌种群和数量。

3. 化学防治

高效施药器械利用技术：采用弥散喷粉机、静电喷雾器等高效施药器械。弥散喷粉机配合专用粉剂通过弥散微粒粉尘的方式高效利用药剂，降低棚内湿度，使用快速便捷，喷施速度时候较传统喷施速度的 10 倍以上；静电喷雾器因静电作用，叶片吸附效果好，可提高农药利用率，减少化学农药用量 30% 以上。

冬春棚室番茄常见病害有灰霉病、叶霉病、晚疫病等。

（1）灰霉病防治　利用弥散机喷施灰霉型专用高效粉尘剂，每 7 d 一次，与喷雾交替使用，主要防治位置在花、幼果、中下部叶片。

（2）叶霉病防治　常用药剂有 250 g/L 悬浮剂 3 000 倍液喷雾，或用 4% 可湿性粉剂春雷霉素、10% 可湿性粉剂多抗霉素 800 倍液喷雾防治，关键部位是中下部叶片的正面与背面。

（3）晚疫病防治　关键在发病早期防治，可用霜脲锰锌 72% 可湿性粉剂 800 倍液或 50% 可湿性粉剂烯酰吗啉 1 500 倍液喷雾防治。主要防治位置在中下部叶片。

科学使用化学药剂，严守农药安全间隔期，并注意药剂的交替使用，以免产生抗药性。

四、效益分析

（一）经济效益分析

通过应用番茄+水稻水旱轮作、健康壮苗培育、多层覆盖、有机肥替代及农业、物理、生物与化学防治相结合的病虫害综合防治等技术，可使番茄较常规栽培模式提早上市 7~8 d，产量提高 15% 以上，化肥使用量减少 15%~25%，农药施用量减少 30%~50%，减少投入和用工成本 25%，农产品合格率达 100%，同时降低农药与化肥的使用次数、使用量，节约农药使用成本和人力成本。按照番茄棚室生产平均收益计算，每亩可节本增收 2 000~3 000 元。

（二）生态效益、社会效益分析

设施番茄绿色高效栽培技术的应用，提高番茄的产量，降低化肥、农药的的使用次数与使用量，同时也减轻了农民的工作量、节约人力，既实现了产业增产增效，农民增收致富；又促进了标准化栽培技术、绿色栽培技术的集成应用，减少了化肥与农药的使用，降低了农业生产对周围环境的面源污染，保障了农产品质量安全，促进了绿色兴农、质量兴农、品牌强农，对助力农村区域特色主导产业的兴旺繁荣，推进乡村振兴战略的实施，意义重大深远。

五、适宜区域

江淮之间采用大棚春早熟番茄绿色高效栽培+中籼杂交水稻绿色高效栽培（水旱轮作）地区。

六、技术模式

见表1-11。

七、技术依托单位

联系单位：安徽省农业科学院园艺研究所、巢湖市农业技术推广中心

联系地址：巢湖市巢湖南路22号巢湖农业大厦

联系人：周维平

电子邮箱：757754711@qq.com

表1-11　安徽省设施番茄化肥农药减施增效栽培技术模式

项目		10月(旬) 中 下	11月(旬) 上 中 下	12月(旬) 上 中 下	1月(旬) 上 中 下	2月(旬) 上 中 下	3月(旬) 上 中 下	4月(旬) 上 中 下	5月(旬) 上 中 下
生育期	春茬	育苗期		定植	大田管理			收获期	
措施		选择优良品种、壮苗培育；种子处理		施足基肥、定植；整地做畦、定植	采用多层覆盖保温、配方施肥			植株整理	
		病虫害绿色综合防治							

技术路线：

选种：适合本地区栽培的抗病、优质、高产、耐低温高湿、耐弱光的品种。

茬口安排：10月中下旬播种，12月中旬定植，4月开始采果，5月下旬采收结束。

培育壮苗：苗床搭设防虫网，种子消毒处理后采用小棚冷床育苗，大棚营养钵分苗的育苗方式，营养土用工厂化生产的蔬菜育苗基质代替。

多层覆盖管理：定植前覆地膜、设施棚膜、定植后覆盖小拱架畦面小拱架，并适时覆盖小拱架上薄膜及保温被，2月下旬揭除小拱架上覆盖的薄膜及保温被，3月上、中旬去除二道膜，期间做到晴好天气，早揭晚盖保温材料；阴雨雪天气和低温保被。

配方施肥：根据大田土壤养分含量和番茄目标产量，长势和天气情况合理施肥。

植株调整及蔬花果：及时打叉理蔓，单蔓整枝，抹去所有的侧蔓，用细竹竿插架或采用吊蔓方式，待第五穗花现蕾后，在其花后留2片叶打顶。在整个生长季节注意及时打叉理蔓，及时摘除下部老叶。每穗选留3~5个健壮的果。

主要病害防治：①物理防治：棚内可悬挂黄板，性诱剂装置等防治粉虱，夜蛾等害虫。采用弥散喷粉机，静电喷雾器等高效施药机械与安全的化学药剂防治；②生物防治：植物源农药、生物源农药以及天敌，严守农药安全间隔期，并注意药剂的交替使用。③高效施药机械与安全的化学药剂防治：科学使用化学药剂，晚疫病，叶霉病，重点防治灰霉病等，严守农药安全间隔期，严控使用化学药剂。

适用范围： 江淮之间采用大棚春季早熟番茄绿色高效栽培+中稻杂交水稻绿色高效栽培（水旱轮作）地区。

经济效益： 通过应用番茄+水稻水旱轮作，健康壮苗培育，健康壮苗培育模式栽培常规栽培模式提早上市，多层覆盖，有机肥替代，及农业、物理、生物与化学防治相结合的病虫害综合防治技术，可使番茄常规较易提早上市70~80 d，产量提高15%以上，化肥使用量减少30%~50%，减少人和用工成本25%，农产品合格率达100%，同时降低农药与化肥的使用次数，使用量，节约农药生产成本和人力成本。按照番茄生产棚室平均产值收益计算，每亩可节本增收2 000~3 000元。

湖北省设施番茄化肥农药
减施增效栽培技术模式

一、技术概况

在设施番茄绿色生产过程中，推广应用新优品种、穴盘嫁接育苗、土壤改良调理、增施有机肥及有机肥替代化肥、水肥一体化、病虫草害绿色综合防控、轻简化机械化生产等技术，从而实现设施番茄减肥减药节本增效，实现绿色优质高效，保障产品质量安全。

二、技术效果

通过推广应用新优品种、嫁接育苗，结合土壤调理改良、增施有机肥、有机肥替代化肥、水肥一体化、轻简化机械化，以及病虫草害的绿色防控等技术，实现设施番茄产量提高 5%～10%，农药、化肥施用量减少 15%～20%，减少投入和用工成本 20%～30%，农产品安全检测合格率达 100%。

三、技术路线

选用高产、优质、抗病品种，采取嫁接穴盘育苗培育健康壮苗，利用土壤改良调理剂改良修复土壤，增施有机肥及有机肥替代化肥，并采取水肥一体化、机械化等实现轻简栽培，同时采取综合措施防治病虫草害实现绿色防控等，提高番茄丰产能力，增强番茄对病虫草害的抵抗力，改善番茄的生长发育环境，控制、避免、减轻番茄相关病虫害的发生和蔓延，实现设施番茄减肥减药优质高效栽培。

（一）科学栽培

1. 品种选择

选用适合本地区栽培的高产、优质、抗病品种，如设施番茄越冬、极早熟和春季栽培宜选择耐低温弱光、早熟、中熟、熟品种；秋延栽培宜选择耐高温、高抗病毒病、转色快的品种。

2. 采取嫁接穴盘育苗培育健康壮苗

嫁接换根是提高蔬菜对土传病害和非生物逆境抗性的有效手段。砧木应具备与接穗亲和力高、抗病抗逆性强的特性。

采用 50 孔或 72 孔穴盘育苗，育苗基质要求疏松通透，营养齐全，酸碱度中性到微酸性，不能含有对秧苗有害的物质（如除草剂等），以及病原菌和害虫，建议使用商品育苗基质。

番茄嫁接育苗，劈接是番茄嫁接采用的主要方法。番茄劈接时砧木提早 5~7 d 播种，砧木和接穗约 5 片真叶时嫁接。

砧木、接穗 1 片真叶时进行第一次分苗，3 片真叶前后进行第二次分苗，此时可将其栽入营养钵中。嫁接前 5~6 d 适当控水促使砧穗粗壮，接前 2 d 一次性浇足水分。

嫁接方法是保留砧木基部第一片真叶切除上部茎，从切口中央向下垂直纵切一刀，深 1.0~1.5 cm；接穗于第二片真叶处切断，并将基部削成楔形，切口长度与砧木切缝深度相同。最后将削好的接穗插入砧木切缝中，并使两者密接，用嫁接夹固定或用塑料带活结绑缚加以固定。砧木苗较小时可于子叶节以上切断，然后纵切。

劈接法砧穗苗龄均较大，操作简便，容易掌握，嫁接成活率也较高。

嫁接后放入苗床，并覆盖薄膜，保温保湿，适宜温度 25~30℃，最低温不低于 15℃，最高温不高于 33℃。晴天时遮阴，避免阳光直射。嫁接后第二天开始揭膜通风晾苗，上午、下午各一次，晾苗时间以嫁接苗不萎蔫为宜，逐渐增加晾苗时间。5~7 d 后，晾苗不萎蔫时可完全揭掉薄膜，逐渐增加光照。待苗完全成活后，浇施三元复合肥 250~300 倍液提苗 1~2 次，育苗基质应经常保持湿润，缺水时要及时补充。嫁接苗成活后每 5~7 d 用噁霉灵等内吸性杀菌剂预防苗期病害。定植前 7~10 d，逐渐撤去保温或遮阳设施，适当控制水分，炼苗。

3. 利用土壤改良调理剂改良修复土壤

土壤改良产品种类繁多，如增肥剂、消毒剂、降酸碱剂、土壤改良调节剂等统称为土壤改良剂。可用于防治土壤连作障碍的土壤改良剂有动物的粪肥、堆肥和绿肥、饼肥、生物炭及矿物质肥料，以及动物废弃物、植物残体、加工废料等。

施用石灰等碱性物质可有效改良酸性土壤。常用的碱性物质有石灰石粉、生石灰、熟石灰、碳酸石灰、粉煤灰、碱渣、磷石膏等。使用时，将土壤改良剂均匀撒施于棚室，然后结合耕翻将这些土壤改良剂与土壤混匀，起到调酸补钙的作用。生石灰的用量为 80~100 kg/亩。

4. 增施有机肥及有机肥替代化肥技术

栽培蔬菜以施用有机肥为主。大多数有机肥是迟效性完全肥，不仅供给蔬菜所需要的氮、磷、钾、钙等元素，还含有微量元素及有机质。有机肥，如人畜粪尿、堆肥、饼肥等，使用时需充分腐熟，多用作基肥，也可作追肥。近年来有些菜田由于施用无机肥增多，有机肥减少，加之耕作不善等原因，土壤结构日益变劣，蔬菜病害，特别是缺钙症、缺硼症等生理病害日趋严重。

有机肥料施用量应根据蔬菜对土壤有机质含量的要求，土壤有机质矿化率和肥料有机质含量等因素决定。据测定 1 亩地土壤重量为 200 t，含 5% 的有机质，其重量为 10 t，每年矿质化率约为 2%，其数量为 0.2 t，若施用含有机质 10% 的农家肥，则应补充有机肥量 2 t。

建议基肥使用牛粪、鸡粪、猪粪等经过充分腐熟的农家肥每亩用量 4~8 m³，或用商品有机肥每亩用量 1 000 kg 左右，或用豆粕、豆饼类每亩用量 300~400 kg，或用生物有机肥每亩用量 400~500 kg。

5. 水肥一体化技术

水肥一体化系统设备主要有蓄水池、管道、储肥罐、压力泵、过滤器、控制仪、滴灌带、阀门（电磁阀）等。大棚灌溉用水以机井水为佳，应用水库水、河水、池塘水等需建蓄水池。水肥一体化技术注意事项：

（1）科学选用肥料品种　按土壤检测化验数据、种植品种、生育阶段等调配肥料种类及营养配方，适当添加腐植酸类、氨基酸类肥料有利调节蔬菜生长。目前市场上有许多水溶性复合肥，但成本高，因此推荐施用单元素速溶肥料。

（2）制定灌溉施肥次数　应综合考虑土壤肥力、生育期、蔬菜生长营养状况、天气等决定灌溉施肥次数的综合因素。以薄肥勤施为原则，视天气情况，观察土壤含水量，一般 7~12 d 灌水、追肥 1 次。滴肥液前先滴 5~10 min 清水，然后打开肥料母液贮存罐的控制开关使肥料进入灌溉系统，通过调节施肥装置的水肥混合比例或调节肥料母液流量的阀门开关，使肥料母液以一定比例与灌溉水混合后施入田间。肥液滴完后再滴 10~15 min 清水，以延长设备使用寿命，防止肥液结晶堵塞滴灌孔。发现滴灌孔堵塞时可打开滴灌带末端的封口，用水流冲刷滴灌带内杂物，可使滴灌孔畅通。

（3）制定营养元素比例与浓度　施用氮素考虑调配氨态氮和硝态氮的比例。化肥不可任意混合，防止混后沉淀引起养分损失或堵塞管道。肥料母液浓度要小于其饱和浓度。水肥混合后浓度以检测电导率（EC）为准，一般设施黄瓜、番茄栽培的 EC 值调配 1.5~2.5 mS/cm，不宜超过 3 mS/cm。

6. 机械化轻简化栽培技术

近年来，蔬菜生产成本逐年攀升，雇工成本几乎占到蔬菜生产总成本的一半，用工难、用工贵的形势越来越严峻。为此，武汉市针对蔬菜生产全程机械化中的育苗移栽、精量播种、收获等薄弱环节，引进、示范了整地作畦机、多功能田园管理机、撒肥机、气吸式育苗播种机和播种流水线、移栽机、精量播种机、收获机械、产后处理机械以及秸秆还田和有机肥生产机械，初步形成了较完备的蔬菜生产中土地耕整、种植、收获、植保及产后处理全程机械化配套技术体系及技术路线，示范辐射面积超过 10 万亩。未来蔬菜生产中的耕整、播种、育苗、移栽、田间管理、采收、采后处理、病虫害防治等农事作业可全面机械化，并通过发展物联网、信息化技术，逐步实现无人驾驶农机和农用无人机作业。

目前，武汉市设施番茄生产中土地耕整、精量播种、嫁接育苗、幼苗移栽、喷肥喷药、绑蔓吊蔓、清洗包装、秸秆粉碎等环节均可实现机械化。

（二）主要病虫害防治

设施番茄主要病害有猝倒病、立枯病、早疫病、晚疫病、灰霉病、青枯病等，主要虫害有蚜虫、烟粉虱、棉铃虫、斜纹夜蛾、甜菜夜蛾等。

应按照"预防为主、综合防治"的植保方针，坚持以农业防治和物理防治为主、化学防治为辅的防治原则。

（1）轮作换茬　蔬菜地连作多会产生障碍，加剧病虫害发生，主要是由于长期在同一块菜田上连续种植一种蔬菜，病菌虫卵会在土壤中逐年繁殖和累积，易导致病虫害周而复始地并逐年加重的感染为害，如瓜类枯萎病等。设施番茄栽培要实行 2~3 年的轮作。

（2）清洁田园 一是在蔬菜发病初期将病叶、病果甚至病株及时摘除和清理，防止病原物在田间扩大蔓延；二是在蔬菜特别是果菜生长的中后期及时进行植株调整，如支架、绑蔓、摘心、打老叶等，以改善植株间的通风透光条件，预防病菌虫卵孳生和蔓延；三是在蔬菜收获后，及时清理病株残茬并全部运出基地外集中烧毁或深埋，以减少病虫害基数；四是及时消灭菜地周边及田间的杂草，可采用不利于杂草植株生长发育的措施如水旱轮作、种植绿肥等来控制杂草生长，还可地面覆盖黑色塑料地膜创造黑暗环境抑制杂草生长。

（3）高温闷棚 高温闷棚是根据病虫对高温的致死敏感程度，利用温室或大棚在密闭条件下持续保持特定范围高温来杀灭不同种类的病菌或害虫。晴朗天气早晨浇透水，封闭大棚，温度达到 48~50℃ 后保持设施密闭 2 h，能有效防止设施黄瓜霜霉病、黑星病等病害。

（4）诱杀害虫 ①驱避蚜虫，银灰色可驱避蚜虫，因此地面覆盖银灰色地膜或在温室内张挂银灰色膜条可有效驱避蚜虫。在夏秋季节育苗时用银灰色遮阳网覆盖苗床，即可达到防雨降温的效果，还可以有效驱避蚜虫减少病毒病的发生。②黄板诱杀，蚜虫、白粉虱、美洲斑潜蝇等具有很强的趋黄性，因此可用黄板诱杀，黄板大小 20 cm× 20 cm 为宜，外面包一层无色农膜，膜外两面涂机油，设置于田间或温室、大棚内，高度不超过 1 m，略高于蔬菜植株，约 50 m² 设 1 块，农膜要经常更换。此法不但能有效防治害虫，并且还能减轻病毒病的发生。③灯光诱杀，利用昆虫成虫夜间活动的趋光性诱杀蔬菜害虫的成虫，如利用频振式杀虫灯、黑光灯等可有效诱杀螟蛾、夜蛾、菜蛾、蝼蛄等多种蔬菜害虫。大面积有机菜田 2~3 hm² 设置一盏杀虫灯，呈棋盘状分布，安装高度 1.3~1.5 m。频振式杀虫灯幅射半径 120 m 左右，使用时要注意及时清理虫袋，处理的虫体可结合作为养鸡、养鱼的饲料。④性诱剂诱杀，主要是利用昆虫成虫性成熟时释放性信息素引诱异性成虫的原理，将有机合成的昆虫性信息素化合物（简称性诱剂）用释放器释放到田间，通过干扰雌雄交配，减少受精卵数量，达到控制靶标害虫的目的。斜纹夜蛾、甜菜夜蛾、小菜蛾、斑潜蝇、烟粉虱等，都可以用性诱剂诱杀。

（5）生物防治 应用性诱剂诱杀斜纹夜蛾、甜菜夜蛾、棉铃虫等害虫；应用赤眼蜂以及瓢虫、草蛉等天敌杀灭害虫；使用苏云金杆菌、木霉菌、苦参碱、印楝素、新植霉素等生物农药防治病虫害。

（6）化学防治 设施番茄早疫病、晚疫病发病初期可用 70%丙森锌可湿性粉剂 700 倍液，或用 10%苯醚甲环唑水分散粒剂 1 000 倍液，或用 50%烯酰吗啉可湿性粉剂 1 000 倍液喷雾防治。

灰霉病发病初期可用 50%腐霉利可湿性粉剂 2 000 倍液，或用 40%嘧霉胺悬浮剂 1 000 倍液喷雾，或用百菌清烟熏剂 200 g/亩，或用腐霉利烟熏剂 200 g/亩烟熏防治。

蚜虫为害初期可用 1.5%苦参碱可溶液剂 6.75~9 mg/kg，或用 10%溴氰虫酰胺可分散油悬浮剂 3.33 g/亩，或用 50%抗蚜威可湿性粉剂 2 000 倍液喷雾防治。

烟粉虱为害初期可用 5%高氯·啶虫脒可湿性粉剂 1.25 g/亩，或用 25%噻嗪酮可湿性粉剂 2 000 倍液喷雾防治，或用 35%异丙威·哒螨灵烟熏剂 300 g/亩烟熏防治。

棉铃虫、斜纹夜蛾、甜菜夜蛾卵孵化盛期至 2 龄盛期可用 10%溴氰虫酰胺可分散油悬浮剂 1.4 g/亩，或用 2%甲氨基阿维菌素苯甲酸盐乳油 1 500 倍液，或用 5%氟虫脲乳油 2 000 倍液，或用 15%茚虫威乳油 2 500 倍液喷雾防治。

四、效益分析

（一）经济效益分析

通过应用新优品种、嫁接育苗技术，结合土壤调理改良、增施有机肥、有机肥替代化肥、水肥一体化、轻简化机械化以及病虫草害的绿色防控等技术，实现设施番茄产量提高 5%~10%，农药、化肥施用量减少 15%~20%，减少投入和用工成本 20%~30%，农产品安全检测合格率达 100%。按照设施番茄生产平均收益计算每亩可增收 1 000~2 000 元，节省农药及人工成本 800~1 200 元，增加肥料成本 500 元，实际增收 1 300~2 700 元。

（二）生态效益、社会效益分析

设施番茄减肥减药优质高效栽培技术的应用，可提高产量，降低农药的用量，同时也减轻农民的工作量，增产增收，给农民带来切实的效益；减少了农药的使用，降低了产品农药残留，商品百分之百达到绿色产品要求，有利于保障食品安全；还可减轻农业生产过程中对自然环境的污染，生态环保效益显著。

五、适宜区域

湖北及长江流域设施栽培黄瓜产区。

六、技术模式

见表 1-12。

七、技术依托单位

联系单位：华中农业大学园林学院

联系人：汪李平

电子邮箱：hzauwang@163.com

表1-12 湖北省设施番茄化肥农药减施增效栽培技术模式

项目		11月(旬) 上中下	12月(旬) 上中下	1月(旬) 上中下	2月(旬) 上中下	3月(旬) 上中下	4月(旬) 上中下	5月(旬) 上中下	6月(旬) 上中下	7月(旬) 上中下	8月(旬) 上中下	9月(旬) 上中下	10月(旬) 上中下
生育期	春提早	播种期	收获期			定植期		收获期					
	秋延迟									播种期	定植期		
措施		选优良品种、嫁接 健康种苗技术		"三棚四膜"增温壮苗	土壤修复改良技术		水肥一体化技术		病虫草害的绿色防控技术	高温闷棚	选优良品种、嫁接 健康种苗技术 土壤修复改良技术	水肥一体化技术		

技术路线：

选种：可选用选择耐低温弱光、早、中、熟品种，秋延栽培宜选择耐高温、高抗病毒病、转色快的品种。

蔬菜健康种苗技术：采取六盘嫁接育苗，早春大棚中棚小拱棚及围膜"三棚四膜"多层覆盖增温保壮苗，增强抗性。

土壤酸化治理技术：生石灰的用量为80~100 kg/亩调酸补钙。增施有机肥及有机肥替代化肥技术，水肥一体化技术减小化肥的使用量，提高化肥的利用率，有利环境保护。

机械化轻简化栽培技术：蔬菜生产作畦、撒肥、播种，移栽等采用机械化，减少用工，提高效率。

病虫草害的绿色防控技术：①轮作换茬；②清洁田园；③高温闷棚；④黄板、灯光、性诱剂诱杀害虫；⑤生物防治替代生物措施防治病虫害；⑥采用高效低毒低残留化学农药。

适用范围： 湖北及长江流域设施黄瓜产区

经济效益： 通过应用新优品种、嫁接育苗技术，结合土壤调理改良、增施有机肥，有机肥替代化肥、水肥一体化、轻简化机械化，以及病虫草害的绿色防控技术，实现设施番茄产量提高5%~10%，农药、化肥施用量减少15%~20%，减少投入和用工成本20%~30%，农产品安全检测合格率达100%。按照设施番茄生产平均收益计算每亩可增收1000~2000元，实际增收1300~2700元，增加肥料成本500元~1200元，节省农药及人工成本800~1200元。

福建省设施番茄化肥农药减施增效栽培技术模式

一、技术概况

在设施番茄绿色生产过程中，推广应用嫁接（劈接）、物理与化学防治结合的病虫害综合防治等技术，从而有效缓解番茄生长过程土壤连作障碍、农药残留的问题，保障番茄生产安全、农产品质量安全和农业生态环境安全，促进农业增产增效，农民增收。

二、技术效果

通过应用嫁接（劈接）、物理与化学防治结合的病虫害综合防治等技术，可提高番茄产量30%以上，肥料用量降低22.9%，同时降低农药的使用次数，农药用量降低29.9%，节约农药使用成本和人力成本。

三、技术路线

选用高产、优质、抗病品种，培育健康壮苗，采取嫁接、土壤改良、物理防治和化学防治结合的综合防治等措施，提高番茄丰产能力，增强番茄对病虫害的抵抗力，改善番茄的生长环境，控制、避免、减轻番茄相关病虫害的发生和蔓延。

（一）科学栽培

1. 品种选择

选择抗逆抗病能力强、耐储运的品种。

2. 培育壮苗

8—9月播种，嫁接用的砧木比接穗早播5~7 d。砧木4~6片真叶、接穗4~5片真叶时进行嫁接。

壮苗标准：生理苗龄4叶1心或5叶1心，株高12~15 cm，茎粗0.3~0.4 cm，粗度上下基本一致，节间短，叶片深绿且舒展，无病虫害。根系发达，呈白色。

3. 定植

在8月中下旬，泡水闭棚，高温消毒田块，后犁地晾干、深翻，再次闭棚高温消毒，20 d后开棚晒干。根据土壤情况每亩均匀撒施1 000 kg有机肥，撒施贝壳灰100 kg，中微量元素25 kg，微生物菌有机肥（有效活菌数≥10亿/g）300 kg，复合肥75 kg。深翻30 cm。

（1）平整土地 做包沟150 cm、沟深35 cm，宽25 cm的小高畦。铺设滴灌带，距边沟250 cm处拉好滴口向上的滴灌带，两头用竹片固定，使两条滴灌带平行。

（2）盖地膜　先将地膜两端拉紧压实，将中部地膜均匀拉平，每 80~100 cm 用泥土压实。

（3）定植密度　定植密度为 1 800~2 000 株/亩。

（4）定植时间　定植时间 10 月。选择晴天定植。用打孔器挖好栽植穴，将嫁接苗按技术要求竖直定植在穴口中央，使嫁接口与土层有 5 cm 的距离，防止上部气生根扎入土中。封口盖土。幼苗定植后及时用小铁铲铲土压在种植穴边缘，防止热气蒸发伤苗。

4. 定植后管理

定植后灌溉 1 次，7~10 d 后，选晴天浇第 2 水，随水施入 10 亿活菌 2.5 kg/亩。当植株长到 30 cm 高度时，在钢架横杆上方拉 14 号铁线 2 条，并在铁线上每株用尼龙绳将主茎绑缚上，以后随着植株的不断生长将茎秆缠绕在尼龙绳上。

整枝打杈是调整植株营养生长和生殖生长、提高产量的重要措施。采用单杆整枝，即除主枝外把其他的侧枝全部摘除，掌握在侧芽长到 5~7 cm 摘除，并在晴天进行以利于伤口愈合，这样可促进根系和植株的协调发展。

植株长到 6~7 个花序时打顶（摘心），封顶时应保留顶部两片功能叶，供给下层果实养分。开始采收后及时摘除下部老叶，利于通风透气，减少养分消耗，降低湿度和病害发生。

5. 保果疏果

在不适宜番茄坐果的季节，使用防落素等植物生长调节剂处理花序。为保障产品质量，大果型品种每穗选留 3~4 果；中果型品种每穗留 4~6 果。

6. 肥水管理

定植前 4~5 d，将垄内水分滴足。定植后灌溉清水 1 次，7~10 d 后，选晴天浇第 2 次水，随水施入 10 亿活菌 2.5 kg/亩和水溶肥 2.5~5 kg/亩。晚秋大棚内温度还较高，植株开始旺盛生长，此时应适当控水，防止幼苗徒长，影响坐果。为避免徒长，坐果前不追施氮肥。第 1 穗果坐住，并有核桃大小时，开始追肥浇水，每亩施微生物菌剂 2.5 kg/亩和水溶肥 10 kg/亩，以后每隔 15~20 d 追肥 1 次，每次施水溶肥 10 kg/亩，至最后一穗果膨大后，逐步减少水肥施用，防止裂果。追肥利用滴灌系统进行。

7. 采收

番茄从开花到果实成熟 60~70 d，成熟过程要经过绿熟、变色、红熟、完熟等 4 个时期，为减轻多层花序开花结果对茎叶的负担，延缓衰老、提高产量，保证质量，应在九成熟采收。

8. 清洁田园

采收后，应及时清园，连同大棚内的残枝败叶、落花落果一起运出棚外深埋，保持棚内清洁，为下一茬作物的丰产打下基础。

（二）主要病虫害防治

1. 农业防治

前茬作物收获后及时翻耕晒垡，清除残株和落叶，保持田园清洁，减少病菌及虫口基数。加强通风透光，控制温室内温度和湿度，补充微量元素，提高作物的抗逆性。

增施微生物有机肥，改良土壤，提高作物的抗逆性。通过有益菌群的大量繁殖，在作物根部形成优势菌群，抑制其他有害病菌的生长，促进土壤团粒结构的形成，达到疏松土壤、保肥、保水的目的。同时，微生物有固氮、解磷和解钾的功能。通过有益菌群固定空气当中的氮元素，分解土壤当中的磷、钾，从而成为作物能够吸收的肥料，减少对化肥的使用量。

2. 物理防治

在通风口处加盖40目防虫网。利用黄板（规格40 cm×25 cm）诱杀蚜虫或粉虱。将黄版挂在株间，高出植株顶部5 cm，随植株生长调整悬挂高度，悬挂25~40块/亩，粘满蚜虫和粉虱后更换新的黄板。

3. 化学防治

（1）叶霉病用哈茨木霉菌500倍液或47%春雷霉素600倍液等交替喷施防治。

（2）晚疫病用72%霜脲氰·锰锌600~800倍液或60%吡唑醚菌酯1 000~1 500倍液喷雾防治，交替用药，每隔5~7 d施药1次，连续防治3次。

（3）灰霉病用40%嘧霉胺悬浮剂800~1 200倍液或50%异菌脲1 000~1 500倍液喷雾防治，交替用药，每隔5~7 d施药1次，连续防治3次。

（4）细菌性髓部坏死病47%春雷·王铜600~800倍液、50%琥胶肥酸铜400倍液灌根防治，交替用药，每隔5~7 d施药1次，连续防治3次。

（5）粉虱用1.8%阿维菌素2 000~3 000倍液或15%阿维·螺虫乙酯2 000倍液叶面喷雾防治交替用药，每隔5~7 d施药1次，连续防治3次。

四、效益分析

（一）经济效益分析

通过应用嫁接（劈接）、物理与化学防治结合的病虫害综合防治等技术，可提高番茄产量30%以上，肥料用量降低22.9%，同时降低农药的使用次数，农药用量降低29.9%，节约农药使用成本和人力成本。亩成本降低310元。

（二）生态效益、社会效益分析

设施番茄高效栽培技术的应用，提高了番茄的产量，降低农药的用量，也减轻农民的工作量，增产增收，给农民带来切实的效益；同时，减少了农药的使用，降低商品农药残留，商品百分之百达到绿色农产品要求，有益于保障食品安全。绿色栽培技术的应用，减轻了农业生产过程中对自然环境的污染，环保意义重大。

五、适宜区域

南方设施栽培番茄产区。

六、技术模式

见表1-13。

七、技术依托单位

联系单位：福建省意达科技股份有限公司
联系地址：福建省仙游县赖店镇南丰中街 518 号
联系人：林仲

表1-13 福建省设施番茄化肥农药减施增效栽培技术模式

项目		7月（旬）			8月（旬）			9月（旬）			10月（旬）			11月（旬）			12月（旬）			1月（旬）			2月（旬）			3月（旬）		
		上	中	下	上	中	下	上	中	下	上	中	下	上	中	下	上	中	下	上	中	下	上	中	下	上	中	下
生育期	春茬					育苗期						定植							收获期								清园
措施		高温闷棚			选择优良品种			嫁接			定植							肥水管理										
									药剂防治			物流防治																
															黄色粘板												

选种：选择抗逆抗病能力强，耐储运的品种。

培育壮苗：砧木4~6片真叶，接穗4~5片真叶时进行嫁接。

定植：先泡水闷棚，高温消毒素25 kg，中微量元素25 kg，微生物菌有机肥（有效活菌数≥10亿个/g）300 kg，复合肥75 kg。定植30 cm。定植密度为1 800~2 000株/亩。

肥水管理：定植前4~5 d，将垄内水分滴足。定植后灌溉清水1次，7~10 d后，选晴天浇第2次水，随水施入10亿活菌2.5 kg/亩微生物菌2.5~5.0 kg。晚秋大棚内温度还较高，植株开始旺盛生长，防止幼苗徒长，影响坐果。为避免徒长，坐果前不追施氮肥。第1穗果坐住，并有核桃大小时，开始追肥浇水，每亩施微生物菌剂2.5 kg和水溶肥10 kg，以后每隔15~20 d追肥1次，每次施水溶肥10 kg，至最后一盘果膨大后，逐步减少水肥使用。追肥利用滴灌系统进行。

主要病虫害防治：①农业防治。前茬作物收获后及时翻耕晒垄，清除残株和落叶，减少病菌及虫口基数。保持田园清洁。②物理防治。在通风口处加盖40目防虫网。加强通风室内温度和湿度，补充微量元素，提高作物的抗逆性。利用黄板（规格40 cm×25 cm）诱杀蚜虫或粉虱，将黄板挂在植株顶部5 cm，随植株生长调整悬挂高度。悬挂25~40块/亩。③防治叶霉病。用哈茨木霉菌500倍或47%春雷菌素600倍液交替喷施，用72%霜霉威，每隔5~7 d施药1次，连续防治3次。④晚疫病。用40%蜜霉悬浮剂800~1 200倍液或50%异菌脲1 000~1 500倍菌剂，交替用药，每隔5~7 d施药1次，连续防治3次。⑤灰霉病。用锰锌600~800倍液+王铜600~800倍液，交替用药，连续防治。⑥细菌性髓部坏死病。王铜600~800倍+47%春雷·王铜，50%琥胶肥酸铜400倍液灌根防治，每隔5~7 d交替防治。⑦粉虱。1.8%阿维菌素2 000~3 000倍液或15%阿维·螺虫乙酯2 000倍液面喷雾防治交替防治，连续防治3次。

适用范围：南方设施栽培番茄产区

经济效益：通过应用嫁接（劈接）、物理与化学防治结合的病虫害综合防治等技术，可提高番茄产量30%以上，肥料用量降低22.9%，同时降低农药的使用次数29.9%，农药用量降低29.9%，节约农药使用成本和人力成本。苗成本降低310元。

辽宁省日光温室冬春茬番茄化肥农药减施增效技术模式

一、技术概况

在设施番茄绿色生产过程中，推广应用土壤消毒、有机肥与秸秆等有机物料部分替代化肥、高畦高垄、膜下滴灌、水肥一体化、环境调控、植株管理、有机与无机水溶肥综合应用，以及物理、生物和化学等病虫害综合防控技术，解决了土壤障碍、化肥过量使用、农药残留等问题，保障了番茄的绿色高效生产、农产品质量安全和生态环境保护，对促进日光温室蔬菜生产节本、提质和增效具有重要意义。

二、技术效果

通过推广应用辽沈Ⅳ型高效节能日光温室及其配套环境调控技术、温室和土壤消毒技术、有机物料部分替代化肥技术、增地温促根状秧土壤管理技术、水肥一体化技术、优质高效水溶肥应用技术、病虫害物理与生态等综合防控技术，2018~2019年番茄亩增产780 kg，达8.27%以上，化肥使用量减施36.3%以上，农药使用量降低37.4%以上，亩增效益5 700元，增收11.6%以上，农产品合格率达到100%。

三、技术路线

（一）科学栽培

1. 定植前准备

（1）土壤及温室消毒　定植前15~20 d，用硫磺熏蒸或辣根素进行温室和土壤消毒。①硫磺熏蒸温室消毒：每亩使用80%的敌敌畏乳油250 mL、3~4 kg硫磺粉和适量锯末混合，每隔10 m放一堆，从里向外逐渐引燃，熏蒸1昼夜，放风至无味后定植。②辣根素土壤消毒：清除温室病残叶，旋地起垄，消毒前一天浇透水，覆盖地膜（留小的进水口），次日随水冲施辣根素，用量为6~8 L/亩，将膜四周压严实。15 d后揭膜散气，3 d以上使气体完全挥发，即可定植。

（2）施基肥　亩施充分腐熟优质农家肥10 m³，复合肥20~30 kg。

（3）整地作垄　①单垄单行：作业道40 cm，畦宽100 cm，畦高15~20 cm，株距25~30 cm，每行设置一条滴灌带。②大垄双行：作业道50 cm，畦宽120 cm，株距30 cm，每垄定植两行，两行内侧各铺设1条滴灌带。采用比例吸肥器或文丘里式吸肥器、膜下滴灌的方式，实现水肥一体化技术。

2. 品种选择

选择耐低温弱光、长势中等、不易早衰、连续结果能力高、抗逆性强、抗多种病害能力强、商品性好的品种。

3. 秧苗定植

（1）秧苗蘸根　定植前用 1 500 倍液的 30%氯虫·噻虫嗪（或 35%噻虫嗪）＋ 62.5g/L 的精甲霜灵·咯菌腈，或 2 500 倍液的 25%嘧菌酯悬浮剂 2 500 倍液，浸根 3~5s。

（2）定植方法　根据品种特性和温室气候条件，亩定植 1 800~2 200 株。双行栽培即大行距 95（80）cm，小行距 75（70）cm 开沟，沟深 10 cm，株距 30~35 cm（40~42 cm）。单行栽培即在畦中央开沟，沟深 10 cm，株距 20~25 cm。定植深度以营养坨面与畦面相平为宜。

4. 田间管理

（1）温度管理　缓苗期（12 月）：昼温保持在 30~32℃，夜温保持 18~20℃。

苗期：（12 月）：昼温保持在 26~30℃，夜温保持 14~17℃。

初果期（1~2 月）：适当降温，昼温 23~28℃，夜温 12~15℃左右。

盛果期（3~5 月）：白天 22~27℃，夜温 12~13℃，促进果实膨大，提高产量和品质。

（2）光照管理　9 月末或 10 月初，日光温室更换老化棚膜。在冬季寒冷季节，温室棚膜表面悬挂布条，在风力作用下自动清洗薄膜上的灰尘，提高棚膜的透光率；在后墙和山墙上张挂反光膜，改善温室北侧的光照；根据温室内温度，尽量早揭和晚盖保温被等覆盖物，延长光照时间。

（3）湿度管理　空气相对湿度控制在 65%~80%。

（4）水肥一体化管理　缓苗期，结合缓苗水每亩追施 1 次 3~5 L 腐殖酸、氨基酸和海藻肥等有机型水溶肥；若苗期植株长势正常，可不追肥。第 1 穗果鸡蛋大小时，灌溉 1 次，灌水量 15 m³ 左右；追肥以有机型水溶肥为主，每次 10~15 L/亩，若植株长势弱，可配施无机型平衡水溶肥 3~5 kg/亩。第 2~3 穗果，间隔 5~7 d 灌溉 1 次，每次灌水 10 m³ 左右；追肥间隔 7~10 d，每次施用有机型水溶肥 5~8 L/亩，无机水溶肥 5~7 kg/亩。第 4 穗果，间隔 5~7 d 灌水 1 次，每次 10 m³ 左右；间隔 7~10 d 追肥 1 次，每次施用无机水溶肥 8~10 kg/亩，有机水溶肥 5~8 L/亩。第 5 穗果，间隔 5~7 d 灌水 1 次，每次灌水 10 m³ 左右；间隔 7~10 d 追肥 1 次，每次施用无机水溶肥 6~8 kg/亩，有机水溶肥 3~5L/亩。第 6~7 穗果，间隔 5~7 d 灌水 1 次，每次灌水 10 m³ 左右，间隔 7~10 d 追肥 1 次，每次施用无机水溶肥 5~7 kg/亩，有机水溶肥 3~5 L/亩。

（5）植株管理 植株长到 6 片叶左右，用吊绳吊蔓，每株或每杆一绳。不断落蔓调整植株高度，保持植株高度在 1.8~2 m，且各个植株生长点高度尽量控制在一个平面上。一般单干整枝，不留侧枝，留 6~8 穗果掐尖。优先采取人工辅助授粉、熊蜂授粉或番茄震荡授粉器授粉的方法辅助授粉。上午用增强花器官养分竞争能力的外源植物生长调节剂进行蘸花或喷花，克服冬春季节室内湿度大、温度低、花粉发育不良、不易受精坐果的问题。

（二）常见病虫害防治

1. 农艺方法

使用高产抗病耐低温品种；与非寄主作物进行轮作倒茬；实行高畦高垄栽培；合理稀植、科学疏枝疏叶，保持通风透光；选在晴天上午进行浇水或追施水溶肥，采取膜下微喷（滴灌或喷灌）；及时清除病残枝叶。

2. 物理方法

播种前温汤浸种（或结合药剂）进行种子消毒，或选用无病虫壮苗；放风口处张挂防虫网，温室内悬挂黄、蓝板，或挂杀虫灯诱杀害虫。

3. 生态方法

夏季高温强光对棚进行太阳能高温闷棚消毒；冬季保持棚膜清洁、增加棚膜透光性；加强保温，有条件的温室可通过加温降低棚内湿度；揭苫后和摆苫前根据外界气温适当放风排湿。

4. 生物方法

用生物制剂、植物源农药（如辣根素、苦参碱等）、捕食螨等生防昆虫，进行预防。

5. 化学方法

日光温室番茄主要病虫害的防治药剂见下表。

表 日光温室番茄常见病虫害防治药剂

病虫害	常用药剂
晚疫病	甲霜灵锰锌、霜霉威、氟菌·霜霉威、烯酰吗啉、氰霜唑、唑醚·代森联、霜脲氰·锰锌、噁唑·霜尿氰、氟噻唑吡乙酮等喷雾，也可用百菌清烟剂熏蒸防治。
灰霉病	百乙霉威、异菌脲、腐霉利、乙烯菌核利、咯菌腈、嘧霉胺、啶酰菌胺、唑醚·啶酰菌、啶菌恶唑等喷雾，也可用腐霉利烟剂熏蒸防治。
叶霉病	苯醚甲环唑、氟硅唑、咪鲜胺、苯甲·咪鲜胺、春雷·王铜等喷雾。
灰叶斑病	咪鲜胺、苯醚甲环唑、异菌脲、百菌清。
枯萎病	多菌灵、甲基硫菌灵、春雷·王铜、恶霉灵、咯菌腈等灌根。
病毒病	氨基寡唐素、宁南霉素、三氮唑核苷等，喷雾防治。
白粉虱、烟粉虱	吡虫啉、啶虫脒、噻嗪酮、噻虫嗪、氯虫·噻虫嗪、螺虫·噻虫啉、氟虫·乙多素等喷雾防治。
潜叶蝇	在产卵盛期至幼虫孵化初期，用阿维菌素、灭蝇胺、阿维·灭蝇胺、阿维菌素苯甲酸盐等喷雾；或用异丙威烟剂熏蒸防治。

四、效益分析

（一）经济效益分析

通过推广应用环境调控技术、温室和土壤消毒、有机物料部分替代化肥、增地温促根状秧土壤管理、水肥一体化、优质高效水溶肥、病虫害物理与生态等综合防控技术，2018~2019 年番茄亩增产 780 kg，达 8.27% 以上，化肥使用量减施 36.3% 以上，农药使用量降低 37.4% 以上，亩增效益 5 700 元，增收 11.6% 以上，农产品合格率达到 100%。

（二）生态、社会效益分析

通过推广应用新品种、新技术，减少了农药化肥等使用及投入，降低了番茄农药残留，有效提高蔬菜产品质量，使蔬菜达到绿色标准，并促进农民增产增收。

五、适宜区域

辽宁省及其周边省市日光温室栽培番茄产区。

六、技术模式

见表 1-14。

七、技术依托单位

联系单位：沈阳农业大学园艺学院
联系人：孙周平
电子邮箱：sunzp@ syau. edu. cn

表 1-14　辽宁省日光温室番茄化肥农药减施增效栽培技术模式

项目		11月（旬）			12月（旬）			1月（旬）			2月（旬）			3月（旬）			4月（旬）			5月（旬）		
		上	中	下	上	中	下	上	中	下	上	中	下	上	中	下	上	中	下	上	中	下
生长期	冬春茬	育苗			定植			苗期									收获期					
措施		选择优良品种			高畦高垄，膜下滴灌			先定植，后覆盖地膜，促根壮秧									三段式放风降湿控病					
		温室与土壤消毒			秧苗药剂蘸根定植			以有机型水溶肥为主									以无机型水溶肥为主，有机型水溶肥为辅					
		土壤施肥整地起垄			冬季栽培宜稀植			植物生长调节剂									病害综合防控					

技术路线

选种：选耐低温、耐弱光、抗性强、坐果性好的品种。
温室消毒：硫磺熏蒸法，80%敌敌畏乳油250 mL/亩、3~4 kg/亩硫磺粉和适量锯末混合，每隔10 m放一堆，从里向外逐渐引燃，熏蒸1昼夜，放风至无味后定植。
土壤消毒：辣根素生物药剂消毒法，前茬拉秧后清洁温室病残叶，旋地起垄，辣根素消毒前一天浇透水，覆盖地膜，次日随水冲施辣根素，用量为6~8 L/亩，将膜四周压严实。15 d后揭膜散气，3 d以上使气体完全挥发，即可种植。
秧苗药剂蘸根：秧苗定植前，用1 500倍液的30%氯虫·噻虫嗪（或35%噻虫嗪）+ 62.5 g/L的精甲霜灵·咯菌腈，或2 500倍液的25%嘧菌酯悬浮剂2 500倍液，浸根3~5 s，定植，消除根际病害对秧苗影响。
促根壮秧：先定植后覆膜，秧苗缓苗后，中耕2次，定植后15~20 d覆盖地膜，提高抗逆能力。
植物生长调节剂：冬春季节上午，采用具有增强花器养分竞争能力的外源植物生长调节剂进行蘸花或喷花。
有机型水溶肥：冬季低温弱光逆境下，植株生长缓慢，以腐殖酸、氨基酸和海藻肥等有机型水溶肥为主进行施肥。
非化学药剂防治病虫害：①选用优良品种，轮作倒茬，合理稀植，及时清除病残枝叶。②种子消毒，张挂防虫网，悬挂黄、蓝板，或挂杀虫灯诱杀害虫。③夏季太阳能高温闷棚消毒，冬季保持棚膜清洁，加强保温，降低棚内湿度。④使用生物制剂、植物源农药、捕食螨或生防昆虫（如丽蚜小蜂）进行预防。
化学药剂防治病虫害：①晚疫病：甲霜灵锰锌、霜霉威、氟菌·霜霉威、烯酰吗啉、氰霜唑等喷雾，也可用百菌清烟剂熏蒸防治；②灰霉病：百乙霉威、异菌脲、腐霉利、乙烯菌核利、咯菌腈、唑醚·啶酰菌等喷雾，也可用腐霉利烟剂熏蒸防治；③叶霉病：苯醚甲环唑、氟硅唑、咪鲜胺、苯甲·咪鲜胺、春雷·王铜等喷雾；④灰叶斑病：咪鲜胺、苯醚甲环唑、异菌脲、百菌清；⑤白粉虱、烟粉虱：吡虫啉、啶虫脒、噻嗪酮、噻虫嗪、氯虫·噻虫嗪、螺虫·噻虫啉、氟虫·乙多素等喷雾防治。

适用范围　辽宁省及其周边省市日光温室栽培番茄产区

经济效益　日光温室冬春茬番茄亩增产780 kg，增产8.27%以上，化肥使用量减施36.3%以上，农药使用量降低37.4%以上，亩增加效益5 700元，增收11.6%以上，农产品合格率达到100%，效果显著。

第二部分

设施黄瓜化肥农药减施增效栽培技术模式

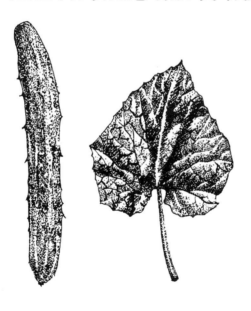

黑龙江省塑料大棚黄瓜化肥农药减施增效栽培技术模式

一、技术概况

在设施黄瓜绿色栽培生产过程中，推广应用黄豆发酵的有机肥和野生灵芝素生物肥替代部分化肥的技术，减少黄瓜生长期化肥用量，降低农药用量及残留，保障黄瓜生产质量安全和农业生态环境安全，促进农业增产增效、农民增收。

二、技术效果

通过集成黄豆发酵的有机肥料、野生灵芝素生物肥技术改良土壤，减少化学农药用量，可以提早 7 d 下瓜，提高 5%产量，减少 15%农药用量，减少 15%投入和用工成本，农产品合格率达 100%。

黄瓜育苗

三、技术路线

选用高产、优质、抗病品种，培育健康壮苗进行科学管理，保障植株健壮生长，增强黄瓜植株对病害、虫害、草害的抵抗力。应用空气消毒片化学防治病害方法，改善黄瓜生长环境，减轻霜霉病害发生和蔓延，提高黄瓜品质。

（一）科学栽培

1. 品种选择

选用适合本地栽培的优良抗病品种。

2. 培育壮苗

床土选用富含营养、通性良好、无病虫害、中性土壤。播种床：40%田园土、40%腐熟粪肥或草炭，20%细沙或细炉渣；移植床：40%田园土，50%腐熟粪肥或草炭，10%细沙或细炉渣。每立方米加入 1 kg 磷酸二

野生灵芝素生物肥料

铵。田园土从葱蒜类土壤中选取，播种时浇透底水，播种后覆土，覆盖地膜。

出苗前保持高温以利出苗，白天为 25~28℃。出苗 50%后揭膜降温防止徒长，白天为 20~25℃，夜间为 16~18℃。第二片真叶雌雄开始分化，白天为 25℃，上半夜为 16℃，下半夜为 12℃，发现缺水晴天上午浇水，定植前 5~7 d 通风炼苗，苗龄 30 d。

3. 生物肥料

黄瓜定植后使用野生灵芝素既能增产，又可有效提高作物品质。

4. 定植及收获

每亩施用 3 000 kg 农家肥，定植后 5~7 d 内，白天 25~28℃，夜间 18~20℃以利缓苗，缓苗后白天 20~25℃，夜晚 13~15℃。缓苗后浇 1 次缓苗水，然后进行蹲苗，待根瓜 3~4 寸（1 寸≈0.033m。全书同）时结束蹲苗，浇水，施肥，亩用 100 kg 发酵好的黄豆肥料。定植后及时搭架和绑蔓，及时打叉，以蔓长至 25 片叶时摘心。然后喷 0.2%尿素和 0.1%~0.3%磷酸二氢钾促进回头瓜形成。

（二）主要病虫害防治

1. 杀菌、高温闷棚

在 7 月收获后在土壤表面喷施石硫合剂，然后闷棚，能有效杀死病菌。

2. 空气消毒片

每亩使用控菌一号空气消毒片 30 片，可以防治霜霉病，成本低，省工省时又无污染和残留。

3. 其他病虫害防治常规进行

空气消毒片

四、效益分析

（一）经济效益分析

施用农家肥、黄豆肥和野生灵芝素提高了产量，亩产达 5 250 kg，比常规增产 5%。由于品质佳，棚室黄瓜每千克达 4 元，按照棚室黄瓜生产平均增产 250 kg，每亩可增收 1 200 元。

（二）生态效益、社会效益分析

应用农家肥、黄豆发酵的有机肥和生物肥减少了化学肥料在土壤中重金属的残留，促进黄瓜生长，不但提高产量，也改善了品质。绿色栽培技术的应用，减轻了农业生产过程中对自然环境的污染，对于保护生态意义重大。

五、适宜区域

黑龙江省塑料大棚栽培黄瓜产区。

六、技术模式

见表 2-1。

七、技术依托单位

联系单位：桦川县农业技术推广中心、黑龙江省农业技术推广站

联系人：孙伟波、赵勇

电子邮箱：hcjzz@163.com

表2-1 黑龙江省塑料大棚黄瓜化肥农药减施增效栽培技术模式

项目		2月(旬)		3月(旬)			4月(旬)			5月(旬)			6月(旬)			7月(旬)			8月(旬)			9月(旬)			10月(旬)		
		中	下	上	中	下	上	中	下	上	中	下	上	中	下	上	中	下	上	中	下	上	中	下	上	中	下
生育期	春茬					育苗期3月20日			定植4月20日，收获期5月20日																		
措施						选择优良品种		4月25日野生灵芝素生物肥料		5月8日黄豆肥 药剂防治5月15日沃亿佳控菌一号空气消毒片						7月10日石硫合剂											

技术路线

选种：选择优良品种。

肥料：定植后，应用野生灵芝素生物肥料，使用黄豆发酵的有机肥料。

主要病害防治：高温闷棚。7月收获后用石硫合剂喷土壤，然后闷棚，能有效杀死病菌。

适用范围

黑龙江省设施栽培黄瓜产区

经济效益

通过应用黄豆发酵的有机肥料，野生灵芝素生物肥，农产品合格率达100%，亩产量5 250 kg，比常规增产5%，苗室约农药使用成本和人力成本200元，每亩可增收1 200元。可以提早7 d下瓜，减少15%农药用量，降低15%投入利用工成本，棚室黄瓜品质佳，平均每千克达4元，按照棚室栽培黄瓜生产产平均增产250 kg。

吉林省塑料大棚黄瓜化肥农药减施增效栽培技术模式

一、技术概况

在设施黄瓜绿色生产过程中，采用嫁接技术，增强植株自身抗性；在病害易发时期，物理防治与化学防治结合，提前预防病害发生。重点推广应用黄瓜贴接嫁接技术、物理和低残留化学农药结合防治技术，从而有效调控黄瓜生长过程，防控土壤连作障碍，降低农药残留，保障黄瓜生产安全、农产品质量安全和农业生态环境安全，促进农业增产增效，农民增收。

二、技术效果

通过推广应用黄瓜嫁接（贴接）技术，喷施植物生长调节剂，结合物理+喷施低毒农药等绿色生产、防控技术，黄瓜提早下瓜5~7 d，产量提高8%以上，农药施用量减少30%~50%，减少投入和用工成本30%，农产品合格率达100%。

三、技术路线

选用高产、优质、抗病品种，培育健康壮苗，采取嫁接、土壤改良、物理防治和化学防治结合的综合防治等措施，提高黄瓜丰产能力，增强黄瓜对病害、虫害、草害的抵抗力，改善黄瓜生长环境，控制、避免、减轻黄瓜相关病虫害的发生和蔓延。

（一）科学栽培

1. 品种选择

选用适合吉林地区栽培的优良、抗病黄瓜品种。

2. 培育壮苗

采用营养钵或穴盘育苗，营养土要求疏松通透、营养齐全、土壤酸碱度中性到微酸性，不能含有对秧苗有害的物质（如除草剂等），及病原菌和害虫。建议使用工厂化生产的配方营养土。

苗期保证土温在18~25℃，气温保持在12~24℃，定植前幼苗低温锻炼，大通风，气温保持在10~18℃。

3. 黄瓜嫁接

早春黄瓜嫁接，增强黄瓜抗逆能力，提高吸肥量，减轻土传病害发生，延长生育期。推广应用贴接法，操作简便、高效，成活率高。需要准备的设施、工具及药品：小拱棚、遮阳网、地膜、嫁接夹子、薄刀片、酒精棉、镊子、喷壶、百菌清。

砧木长出第 1 片真叶，接穗子叶展开时为嫁接最适时期。嫁接前一天对小拱棚地面喷水，百菌清消毒。用刀片削去砧木 1 片子叶和生长点，椭圆形切口长 0.5 cm，切面角度 45°。接穗在子叶下 1~1.5 cm 处向下斜切 1 刀，切口为 45°斜面，切口大小应和砧木斜面一致，然后将接穗的斜面紧贴在砧木的切口上，并用嫁接夹固定。

嫁接完成后将嫁接苗放入小拱棚内，喷施百菌清药水，苗上覆盖地膜，小拱棚覆盖遮阳网。前 3 d 小拱棚内湿度保持 100%，白天温度保持在 25~30℃，夜间温度保持在 18~22℃。第 4 d 开始早晚可少量见光，同时可通过在小拱棚塑料薄膜上少量开孔的方式进行通风，之后逐渐加大通风量。嫁接苗成活后降低温度以防止徒长，白天温度控制在 20~25℃，夜间温度 15~20℃。

4. 赤·吲乙·芸薹素内酯调节黄瓜生长

定植后，20 000 倍液喷施。结果前，20 000 倍液喷施。盛果期，20 000 倍液喷施。

5. 及时中耕除草，清洁田园

（二）主要病虫害防治

1. 防虫板诱杀害虫

利用害虫对不同波长、颜色的趋性，在设施内放置黄板、蓝板，对害虫进行诱杀。

2. 高温闷棚

晴朗天气早晨浇透水，封闭大棚，温度达到 48~50℃后保持设施密闭 2 h，能有效防治霜霉病等病害。

3. 防治黄瓜霜霉病

采用氟菌·霜霉威 800 倍液 2~3 次喷淋，间隔期 7~14 d。

4. 防治黄瓜白粉病

发病初期，选择晴天早晨，采用氟菌·肟菌酯 3 000 倍液喷淋，至叶片滴水；病情较重时，采用氟菌·肟菌酯 1 000 倍液 2~3 次喷淋，间隔期 7~14 d。

四、效益分析

（一）经济效益分析

通过应用黄瓜嫁接（贴接）技术，喷施植物生长调节剂，结合物理+喷施低毒农药等绿色生产、防控技术，黄瓜提早下瓜 5~7 d，产量提高 8%以上，农药施用量减少

30%～50%，减少投入和用工成本 30%，农产品合格率达 100%。按照棚室黄瓜生产平均收益计算，每亩可增收 1 200 元，节省农药成本 180 元。

（二）生态效益、社会效益分析

设施黄瓜绿色高效栽培技术的应用可提高黄瓜产量，降低农药用量，减轻农民工作量，增产增收，给农民带来切实的效益；农药的减少使用，降低了商品农药残留，商品100%达到绿色农产品要求，有益于保障食品安全；减轻了农业生产过程中对自然环境的污染，环保意义重大。

五、适宜区域

吉林省设施栽培黄瓜产区。

六、技术模式

见表 2-2。

七、技术依托单位

联系单位：吉林省蔬菜花卉科学研究院
联系地址：吉林省长春市净月区千朋路 555 号
联系人：赵福顺
电子邮箱：zhfs1963@ 163. com

表 2-2　吉林省塑料大棚瓜黄瓜化肥农药减施增地增效栽培技术模式

项目		2月（旬）上 中 下	3月（旬）上 中 下	4月（旬）上 中 下	5月（旬）上 中 下	6月（旬）上 中 下	7月（旬）上 中 下	8月（旬）上 中 下	9月（旬）上 中 下	10月（旬）上 中 下
生育期	春茬									
措施		育苗期（选择优良品种、嫁接）	嫁接	定植 → 植物生长调节 →	收获期 →	→	→ 高温闷棚	→	→	→
				药剂防治			杀虫灯			

技术路线：
选种：选用适合吉林地区栽培的优良、抗病黄瓜品种。
嫁接：贴接法，用刀片削去砧木1片子叶和生长点，切口大小应和砧木斜切面一致，斜面呈45°角。接穗在子叶下1~1.5cm处向下斜切1刀，切口为斜面45°角，切口长0.5cm，椭圆形切口切面。接穗切面长0.5cm。用刀在砧木斜切45°角，切口长0.5cm，然后施百菌清药水，苗上覆盖地膜，小拱棚覆盖遮阳网。接后将嫁接苗放入小拱棚内，白天温度保持在25~30℃，夜间温度保持在18~22℃。第4d始早晚可少量见光，白天温度控制在20~25℃，夜间温度15~20℃。嫁接后将斜面接穗紧贴在砧木的斜切口上，并用嫁接夹固定。前3d小拱棚内湿度保持100%，同时可通过在小拱棚覆盖地膜少量开孔。成活后温度逐渐加大通风，之后逐渐加大通风，定植后进行通风。
植物生长调节：定植后，定植后方式以防治徒长，白天温度以防治徒长。成活后降低温度以防治徒长。
主要病虫害防治：①防虫板诱杀害虫，20000倍液喷施，利用大棚，封闭大棚，温度达到48~50℃后保持设施密闭2h。②高温闷棚，晴朗天气早晨浇透水，至叶片喷淋，精霉威800倍液浇水，病情较重，氟菌·霜霉病，氟菌·霜菌酯3000倍液喷淋。③防治黄瓜白粉病，发病初期，选择晴天早晨，黄瓜·霜霉病、氟菌·霜菌酯1000倍菌酯1000倍液2~3次，间隔期7~14d。④防治黄瓜白粉病，发病初期，选择晴天早晨，间隔期7~14d。设施内放置黄板、蓝板，能有效防治霜霉病等病害。③防治黄瓜白粉病，发病初期，选择晴天早晨，间隔期7~14d。对害虫进行诱杀，颜色的趋性，盛果期，20000倍液喷施。

适用范围：吉林省设施栽培黄瓜产区。

经济效益：通过应用黄瓜设施嫁接（贴接）技术，结合物理+喷施低毒农药等绿色生产、防控技术，黄瓜提早成熟5~7d，产量提高8%以上，农药施用量减少30%~50%，减少投入利用工成本30%，农产品合格率达100%，按照棚室黄瓜生产平均收益计算，每亩可增收1200元，节省农药成本180元。

河北省塑料大棚春黄瓜—秋番茄—越冬菠菜化肥农药减施增效栽培技术模式

一、技术概况

在设施蔬菜绿色生产过程中，推广应用嫁接、集约化育苗、水肥一体化、高温闷棚、熊蜂授粉、防虫网、诱杀虫板等技术，同时在普通塑料大棚一年种植 2 茬蔬菜的基础上，增加 1 茬叶菜，从而有效缓解设施蔬菜生长过程土壤连作障碍、农药残留的问题，保障蔬菜生产安全、农产品质量安全和农业生态环境安全，促进农业增产增效，农民增收。

二、技术效果

通过应用嫁接、集约化育苗、水肥一体化、高温闷棚、熊蜂授粉、防虫网、诱杀虫板等技术，产品产量可比传统技术提高 10% 以上，节水 30% 以上，节肥、节药 10% 以上，农产品合格率达 100%。

三、技术路线

选用高产、优质、抗病品种，培育优质壮苗，采取嫁接、集约化育苗、水肥一体化、高温闷棚、熊蜂授粉、防虫网、诱杀虫板等措施，减轻病虫害发生，调控土壤环境，增加产品产量，改善产品品质。

(一) 春茬黄瓜绿色高效栽培技术

春茬黄瓜一般 1 月中旬育苗，3 月初定植，6 月底拉秧。

1. 品种选择

选择优质、高产、抗病、抗逆性强的黄瓜品种。

2. 育苗

（1）营养土配制　将非瓜类地块田园土和充分腐熟的有机肥过筛，按腐熟鸡粪、田园土、草炭比例 1∶1∶3 配制营养土，为防治苗期病害，每立方米加入 68% 的精甲霜灵·代森锰锌可分散粒剂 100 g 拌匀。推荐购买正规厂家优良基质。

（2）种子选择　符合 GB 167151—2010《瓜菜种子》要求。

（3）浸种催芽　黄瓜种子放入 55℃温水中浸泡 10~15 min，不断搅拌使水温下降到 30~35℃时，继续浸泡 4 h 后清水淘洗干净，沥去水分，用干净的湿布包好，在 28~30℃温度条件下催芽。黑籽南瓜砧木放入 65~70℃温水中，不断搅拌，待水温下降到30℃时，搓洗掉种皮上的黏液，再用 30℃温水浸泡 10~12 h，用干净的湿布包好，在 25~30℃温度条件下催芽。

（4）播种　当 70% 种子露白后选择晴天在温室内播种。用插接法嫁接的南瓜比黄瓜早播 3~4 d。

（5）穴盘育苗　将配制好的营养土装入 50 孔或 72 孔穴盘中，充分浇水，水渗后撒一层过筛细潮土，将种子播于穴盘内，每穴 1 粒，上覆 15 cm 厚细潮土，整齐码放在育苗床内。

（6）苗期管理　播后苗床上覆盖薄膜。苗出土前苗床气温白天 25~30℃、夜间 16~20℃，地温 20~25℃；幼苗出土时，揭去床面薄膜，出苗后白天 25~28℃、夜间 15~18℃。苗期不旱不浇，如旱可在晴天中午洒水，严禁浇大水，浇水后注意放风排湿。苗期一般不追肥，后期可用 0.2% 磷酸二氢钾溶液进行叶面喷施，促进幼苗苗壮生长。

（7）嫁接　黄瓜幼苗子叶展平、砧木幼苗第一片真叶初露时，采用顶芽插接法嫁接育苗。

（8）嫁接后管理　嫁接后扣小拱棚遮阴，小拱棚内相对湿度为 100%，白天温度为 30℃，夜间为 18~20℃，嫁接后 3 d 逐渐撤去遮阴物，白天温度为 25~30℃，夜间为 15~18℃，7 d 后伤口愈合，不再遮阴。

（9）壮苗标准　子叶完好，叶色浓绿，株高 10~13 cm，茎粗 0.6~0.7 cm，4 叶 1 心，苗龄 30~40 d，根系发达，无病虫害。

3. 定植前准备

（1）整地施肥　结合整地每亩施优质腐熟有机肥 5 000 kg 以上，氮磷钾三元复合肥 50 kg，然后深翻土地 30 cm。采用膜下滴灌，耕翻后的土地平整后起垄，垄宽 60 cm、垄高 6~10 cm、垄与垄之间 90 cm，用小锄在垄边开小沟覆膜。

（2）定植前棚室消毒　定植前 7~10 d，每立方米使用 25% 百菌清 1 g、锯末 8 g 混匀，点燃熏烟消毒，密闭棚室一昼夜，经放风无味时再定植。

4. 定植

3 月初选晴天上午定植，每垄两行，在膜上按 30~35 cm 挖穴，每亩定植 2 500~3 000 株。

5. 田间管理

（1）温度　定植后根据天气情况及时锄划松土、促增地温，缓苗期白天为 25~28℃，夜间以 13~15℃为宜。初花期白天超过 30℃放风，午后降到 20℃关闭风口。结果期白天保持在 25~28℃，夜间在 15~17℃。

（2）光照　采用透光性好的功能膜，保持膜面清洁。

（3）水肥　定植后及时浇水，根瓜坐住以前，一般不旱不浇，如旱可浇少量水。坐住瓜后增加浇水次数。结合浇水每 7~10 d 冲施一次氮磷钾三元水溶肥 5~10 kg/亩。拉秧前 10~15 d 停止浇水施肥。

（4）植株调整　当植株高 25~30 cm，拉绳绕蔓。根瓜及时采摘，去掉下部黄化老叶、病叶、病瓜。

（二）秋茬番茄绿色高效栽培技术

秋茬番茄一般 6 月上旬育苗，7 月上中旬定植，11 月初拉秧。

1. 品种选择

选用抗黄化曲叶病毒、耐热、优质、高产、商品性好的品种。

2. 育苗

（1）穴盘育苗　按草炭：蛭石为 2：1 或草炭：蛭石：废菇料为 1：1：1 配置基质，每立方米基质加入（N-P$_2$O$_5$-K$_2$O＝15-15-15）复合肥 2 kg，结合加入 68% 精甲霜灵·代森锰锌可分散粒剂 100 g、2.5% 咯菌腈悬浮剂 100 mL 水解后喷拌基质，拌匀后装入穴盘中，码放在苗床内。

（2）种子处理　将种子在 55℃ 温水中浸泡 10~15 min，不断搅拌使水温下降到 30℃ 时，继续浸泡 6~8 h，再用清水洗净黏液后播种（防叶霉病、溃疡病、早疫病）。

（3）播种　6 月上旬在温室或大棚内采用防虫网、遮阳网保护育苗。浇足底水，水渗后播种，播种深度 1~1.2 cm。

（4）苗期管理　白天 25~28℃，夜间 15~18℃。视墒情适当浇水，保持湿润，定植前 7 d 适当控制水分，培育壮苗。

（5）壮苗标准　株高 15 cm 左右，茎粗 0.4 cm 左右，4 叶一心，叶色浓绿，根系发达，无病虫害。

3. 定植前准备

（1）整理大棚　清除棚内前茬蔬菜的枯枝残叶及大棚周围杂草。同时清理好塑料大棚四周排灌沟。

（2）整地施肥　根据土壤肥力和上茬蔬菜的施肥量，亩施腐熟有机肥 5 000 kg、磷酸二铵 30 kg、硫酸钾 20 kg、生物菌肥 5 kg，深翻整地起垄。

（3）棚室消毒　定植前利用太阳能高温闷棚，即大棚施肥后中耕深翻、浇透水、用废旧膜盖严，晴天保持 15 d 闷棚。

4. 定植

7 月上中旬定植，高垄栽培，垄高 15~25 cm，一般采用大小行种植。大行行距 80 cm、小行行距 40 cm，株距 40~50 cm，亩种植密度 2 000~2 500 株，17 时左右定植。坐水栽苗，覆土不超过子叶。

5. 定植后管理

（1）温光管理　前期，高温、强光环境下用遮阳网遮盖，温度降至 28℃ 时，揭开遮阳网；后期，晚间温度低于 16℃ 时，及时加盖围裙膜，关闭放风口；白天温度超过 32℃ 时通风，夜间注意防寒保温。

（2）肥水管理　秋茬番茄切忌施氮肥过多，追肥以复合肥为主。第一穗果长至核桃大小时，开始第一次追肥，每亩追施（N-P$_2$O$_5$-K$_2$O＝15-15-15）复合肥 15~20 kg。以后每形成一穗果追一次肥，一般追肥 3~4 次，后期随着气温降低，根系吸收能力弱，可叶面喷施 0.2% 磷酸二氢钾；定植 3 d 后适度浇水，浇水时避开高温高湿天气。当第一穗果长至核桃大小，结合第一次追肥开始浇水，保持土壤润而不湿、不开裂、无渍水，以后随着气温下降减少浇水次数。

（3）植株调整　采用单干整枝，及时去除侧枝。保留 4~5 穗果后打顶，及时摘除下部老叶。

（4）保花保果　采用熊蜂授粉，第一穗花开放时，将蜂箱置于棚室中部距地面 1 m 左右的地方，蜂箱上面 20~30 cm 处搭遮阳篷。秋季栽培一箱蜂通常可用到授粉结束。

6. 适时采收

果实自然转色成熟后，及时采收上市。

（三）越冬菠菜绿色高效栽培技术

越冬菠菜 11 月上旬直播，翌年 1 月下旬至 2 月中旬为收获期。

1. 品种选择

选用抗病、耐寒、优质、高产、商品性好的品种。

2. 整地施肥

番茄拉秧后迅速整地施肥，每亩施入 5 000 kg 优质腐熟有机肥、30 kg 氮磷钾三元复合肥。

3. 种子处理

播种前 1 d 用 30℃ 的水浸泡种子 12 h 左右，搓去黏液、捞出沥干。

4. 播种

11 月上旬播种，亩用菠菜种子 3~5 kg。采用开沟播种，行距 10~15 cm，沟深 3~4 cm，顺沟撒籽，播后覆土 2~3 cm，浇明水。

5. 播后管理

（1）温度管理　白天保持 15~20℃，夜间 13~15℃。

（2）肥水管理　出苗后到 2~3 片真叶时，一般不旱不浇水，3~4 片真叶后，加强水肥管理，5~7 d 浇一水，结合浇水每亩追施尿素 10~15 kg，1 月下旬至 2 月中旬根据市场行情及时收获。

（四）病虫害防治

1. 物理防治

（1）挂黄板　每 20 m² 悬挂 25 cm×30 cm 黄板一块，诱杀粉虱和蚜虫。

（2）设防虫网　大棚放风口处铺设规格为 40 目异型防虫网。

（3）趋避　用 10 cm 宽的银灰色地膜条，挂在棚室风口处及棚室内支架上驱避蚜虫。

2. 化学防治

（1）黄瓜霜霉病　每亩使用 5% 百菌清粉尘 1 kg 喷粉，7 d 喷 1 次；或用 72% 霜脲·锰锌可湿性粉剂 40~60 倍液、72% 霜霉威盐酸盐水剂 800 倍液喷雾，药后短时间闷棚升温抑菌。

（2）黄瓜白粉病　采用 25% 的三唑酮可湿性粉剂 2 000 倍液喷雾。

（3）番茄病毒病　苗期重点防治蚜虫，切断病毒传播途径，苗床消毒，出苗后 5 d 喷 1 次吡虫啉，隔天亩用 20 mL 吗胍·乙酮喷雾 1 次，发病初期用 20% 盐酸吗啉胍铜 500 倍液喷施。

（4）溃疡病　每亩使用硫酸铜 3~4 kg 撒施浇水处理土壤可有效预防溃疡病；发病

时用 77% 氢氧化铜可湿性粉剂 500 倍液喷雾防治。

四、效益分析

（一）经济效益分析

通过应用嫁接、集约化育苗、水肥一体化、高温闷棚、熊蜂授粉、防虫网、诱杀虫板等技术，产品产量可比传统技术提高 10% 以上，节水 30% 以上，节肥、节药 10% 以上，农产品合格率达 100%。亩节本增效 2 000 元以上。

（二）生态效益、社会效益分析

通过选用新优品种，应用嫁接、集约化育苗、水肥一体化、熊蜂授粉、防虫网、诱杀虫板等绿色高效栽培管理技术，平均可节水 30% 以上，节肥、节药 10% 以上，产品达到无公害标准以上，确保了产品质量安全，满足了人们对优质安全农产品需求，同时降低了面源污染，为保护生态环境意义重大。

五、适宜区域

河北省南部设施栽培蔬菜产区。

六、技术模式

见表 2-3。

七、技术依托单位

联系单位：河北省农业技术推广总站
联系地址：石家庄市富强大街 6 号
联系人：狄政敏
电子邮箱：jszsck@sina.com

表2-3 河北省塑料大棚春黄瓜—秋番茄—越冬菠菜化肥农药减施增效栽培技术模式

项目		1月(旬)			2月(旬)			3月(旬)			4月(旬)			5月(旬)			6月(旬)			7月(旬)			8月(旬)			9月(旬)			10月(旬)			11月(旬)			12月(旬)		
		上	中	下	上	中	下	上	中	下	上	中	下	上	中	下	上	中	下	上	中	下	上	中	下	上	中	下	上	中	下	上	中	下	上	中	下
生育期	春茬		育苗						定植								采收																					
	秋茬																			定植						育苗				采收期							
	越冬			采收																																播种	

措施

根据作物生育期，选用新优品种，应用嫁接，水肥一体化，集约化育苗，熊蜂授粉等绿色高效栽培技术，防虫网、诱杀虫板从苗期开始到采收结束，全程应用。

技术路线

选种：选择优质、高产、抗病、抗逆性强的品种。

育苗：营养土配制，浸种催芽、穴盘育苗，嫁接。

栽培管理：棚室消毒（高温闷棚），播种、定植，温光水肥管理，植株调整，保花保果，适时采收。

病虫害防治：①物理防治：棚室内挂黄板一块，诱杀粉虱和蚜虫。设防虫网。大棚放风口处铺设规格为40目异型防虫网。趋避。用10 cm宽的银灰色地膜条，挂在棚室风口处及棚室内40~60倍液喷雾。设防虫网。②化学防治：黄瓜霜霉病：黄瓜精甲霜水剂800倍液喷雾，药用5%百菌清粉主1 kg喷施，7 d喷1次；或用72%霜脲·锰锌可湿性粉剂2 000倍液，72%霜霉威盐酸盐水剂40~60倍液，挂在棚室风口处及棚室内可湿性粉剂2 000倍液喷雾。黄瓜白粉病用25%的三唑酮可湿性粉剂2 000倍液喷雾，番茄病毒病，苗期重点防治蚜虫，药剂用25%吡虫啉，隔天用20 mL吡蚜·乙酮喷雾1次，番茄初期用20%盐酸吗啉胍500倍液喷雾防治。出苗后5 d喷1次吡虫啉，发病初期用77%氢氧化铜可湿性粉剂500倍液喷雾防治。播途径，苗床消毒用硫酸铜3~4 kg撒施浇水处理土壤可有效预防溃疡病；溃疡病每苗用硫酸铜，发病时用77%氢氧化铜可湿性粉剂500倍液喷雾防治。

适用范围

河北省南部设施栽培蔬菜产区

经济效益

通过应用嫁接、集约化育苗、水肥一体化、高温闷棚、熊蜂授粉、防虫网、诱杀虫板等技术，节水30%以上，节肥10%以上，节药10%以上，农产品合格率达100%，产品产量可比传统技术提高10%以上，亩节本增效2 000元以上。

山东省日光温室黄瓜化肥农药减施增效栽培技术模式

一、技术概况

在日光温室黄瓜绿色生产过程中，通过优化日光温室结构，推广优质抗逆高产黄瓜品种，白籽南瓜嫁接培育壮苗，底肥减少化肥、增施有机肥和生物菌肥，高畦密植，科学调控温室内温湿度，应用植物补光灯、水肥一体化、生物刺激素诱导抗逆性、病虫害绿色综合防控等技术，促进黄瓜植株健壮生长，增加产量，提高抗逆性，减少病害发生和农药施用，达到减肥减药的目的，保障黄瓜产品质量安全，促进农业增效、农民增收。

二、技术效果

通过应用品种优选、嫁接、重施有机肥和生物菌肥、高畦密植、植物补光灯、水肥一体化、生物刺激素诱导抗逆性、病虫害绿色综合防控等技术，日光温室黄瓜平均亩产达 30 000 kg 以上，亩产量提高 6 000 kg，增产 25%，化肥施用量减少 20% 以上，农药施用量减少 30% 以上，黄瓜产品达绿色食品标准。

三、技术路线

选用优质抗逆高产温室黄瓜专用品种，白籽南瓜嫁接培育健康壮苗，底肥减少化肥、增施有机肥和生物菌肥，科学调控温室内温湿度，喷施生物刺激素提高黄瓜抗逆性，结合物理、农业和喷施高效低毒农药等绿色生产、防控技术，提高黄瓜长势和丰产能力，增强黄瓜对病虫害抵抗力，减轻病害发生。

（一）优化日光温室结构

日光温室适宜墙体厚度为 1 m，可采用两层空心砖中间填土或土堆墙体，适宜后墙高度为 3.8 m，脊高为 4.8 m，跨度为 12 m。棚内可适当下挖，下挖深度为 0.5～0.8 m，应用保温、透光、流滴性好的 PO 薄膜和保温防雨泡沫保温被，配套卷帘机、自动放风机，减轻劳动强度。保证冬季棚内最低气温在 15℃ 以上，确保温室黄瓜深冬季节正常生长需求。

（二）科学栽培

1. 品种选择

选择前期耐低温弱光，叶片中等偏小且上冲，连续结瓜能力强，不歇秧，瓜条短把、密刺、色泽好，长在36 cm左右，抗病能力强，后期抗热能力好的品种。

2. 合理确定播期

11月上旬播种，12月上中旬定植，1月中下旬上市，2—4月为结瓜盛期，产量高，价格好，经济效益最高。

3. 培育健康壮苗

（1）营养土配制　大田土与腐熟好的有机肥按6∶4比例混匀，过筛，每立方米营养土中加入25 kg生物菌肥，拌匀装钵；或者施用基质穴盘育苗。

（2）砧木选择　黑籽南瓜嫁接的黄瓜表面有白霜，现多选用白籽南瓜嫁接。白籽南瓜嫁接的前期长势较弱，晚上市10 d左右，但中后期产量高，瓜条色泽好。

（3）嫁接　播种前将黄瓜种子在阳光下曝晒几小时并精选。将种子投入50~55℃的温水中，不断搅拌，待水温降至30℃时停止搅拌，浸泡3~4 h。浸种后将种子从水中捞出，摊开晾10 min，再用洁净湿布包好，置于28~30℃下催芽，经1~2 d可出芽。白籽南瓜种子投入到60~70℃的热水中，来回搅拌，当水温降至30℃时，搓洗掉种皮上的粘液，于30℃温水中浸泡20~24 h，捞出沥净水，在25~30℃下催芽，经1~2 d可出芽。

嫁接方法主要有靠接、插接和贴接，靠接成活率高，但后期嫁接口容易长出不定根，造成瓜条亮度差，发生枯萎病，也容易感染病菌。现在多采用贴接法，切去南瓜一个子叶，把黄瓜苗斜切一刀，然后接到南瓜上，夹子固定。穴盘基质育苗都采用插接法。嫁接要在晴天进行，避开阴雨天。嫁接前黄瓜、南瓜苗都喷施1次生物刺激素，能促进嫁接愈合。

嫁接好的苗要及时栽到营养钵内，摆放到苗床上，浇水，盖上新地膜，穴盘基质育苗插接好后，把穴盘摆到苗床上，盖上新地膜，保温保湿，苗床上搭小拱棚，盖上薄膜，夜间再盖上草苫，嫁接后苗床气温白天保持在25~28℃，夜间18~20℃；空气湿度保持90%~95%。嫁接后第2 d开始，每天揭开地膜进行短时间晾晒，防止因地膜下高温高湿，引起南瓜子叶腐烂，4 d后可以揭去地膜，喷1次生物刺激素，促进嫁接愈合和根系生长，瓜苗健壮，提高抗病和抗低温的能力，促进雌花分化。一周后接口愈合，靠接的要在嫁接后10 d左右切黄瓜根。

（4）苗期管理　苗期要求低温，尤其是夜间温度，以12~15℃为宜，以促进雌花分化，要求每5 d长一片叶。黄瓜苗3叶1心，穴盘育苗一般2叶1心，苗龄35 d左右就要定植，苗龄太长就形成老化苗，影响前期产量。定植前一周，要进行炼苗，把夜间温度降到10℃左右。

（5）整地施肥起高畦　定植前15~20 d，每亩施用腐熟农家肥5 000 kg，复合肥100 kg，生态有机肥200 kg，生物菌肥200 kg，均匀撒施后深翻耙平，浇水造墒。

选用温室品种叶小且上冲，可适当密植，增加栽培密度来提高产量，做成1.3 m的高畦，定植两行，株距25 cm，亩定植密度为4 100株，定植前4~5 d做好高畦，提高地温。

(6) 定植　选择晴天上午定植，定植时先在畦内开沟，把黄瓜苗去掉营养钵或从穴盘中拔出按株距定植在沟内，培好土，土坨与地面持平，最后在畦内浇大水。

(7) 定植后结瓜前管理　①养根壮棵，定植后多划锄，促进根系生长，定植后2~3 d 小水冲施能促根壮苗的碳肥或海藻肥、甲壳素等。②盖地膜，定植后10~15 d 盖地膜，要先在垄上插上小弓子，然后盖上地膜，瓜秧放在地膜上，浇水施肥在地膜下面，肥水不浸泡瓜秧，能有效预防化肥腐烂瓜秧。建议采用水肥一体化技术，盖地膜前铺好微滴灌管，每行黄瓜一根管，然后盖地膜，为提高地温，最好盖白色地膜。③适时绑蔓、吊秧，温室黄瓜吊秧适宜时间为黄瓜6片叶，开始趴地生长，吊秧太早瓜秧长得细，可使用吊秧夹，省工省力。④适时留瓜，温室黄瓜留瓜不能太早，要根据植株长势合理留瓜，一般在8~10片叶开始留瓜，之前的瓜要全部掐去。⑤预防病害，缓苗后结瓜前各喷1次生物刺激素阿尔比特、阿米西达或达克宁和中生菌素，预防病害，提高黄瓜抗病抗寒能力。

(8) 严冬季节管理　每年小寒到大寒这段时间，温度低、阴雨雪天多，光照弱，对温室黄瓜生长极为不利，管理上要想法增加温室内光照和温度，确保黄瓜安全越冬。①光照管理，冬季光照时间短，光照弱，再加上阴天、雾霾天多，光照不能满足黄瓜生长需求，容易造成植株长势弱，抗病性差，产量低，生产中要科学管理光照。合理揭盖保温被。为保证棚内温度，可适当"晚揭早盖"，早晨阳光晒满棚时揭开保温被，15时左右盖上，保温被上面再覆盖一层黑色防雨布。经常清扫棚膜上的灰尘和杂草，可在棚膜上挂布条，利用风吹布条来擦拭棚膜，保持薄膜干净，增加透光。在后墙内侧挂宽2 m 的白色薄膜，能反射光线，增加棚内光照。黄瓜要及时整枝打杈，打掉下部老叶、病叶，通风透光。阴天用植物补光灯进行补光。植物补光灯能在光照不

足的情况下，有效补充光照，保证黄瓜正常生长，定植前安装好补光灯，阴天时打开补光灯全天补光，一般为7—19时。晴天在晚上补光，盖保温被前打开灯，补到22时，延长光照时间，提前结果，增产20%以上，还能减轻病害发生。②温度管理，采用"四膜一被"多层保温措施，"四膜一被"指地膜、棚内前脸的防寒膜、大棚膜、保温被、保温被外防雨膜。棚前沿用保温被再挡一层防寒裙。高温养瓜，采取"高温养瓜"措施，白天

温度保持在 30~33℃，以增加棚内热量积累，下午 22℃时盖保温被。行间盖草，行间盖 10 cm 厚的稻壳、麦秸、花生壳等，能减少水分蒸发和热量散失，维持较高地温。临时加温，连续阴雨雪天，温室内白天温度低于 15℃，晚上低于 10℃就要进行临时加温，中午维持在 15~18℃，到 20℃停止加温，下午温度降低到 12℃时再开始加温到 20℃，保证第二天早晨棚温在 10℃左右，能使黄瓜缓慢生长。③水肥管理，深冬季节要减少浇水追肥，每 10~15 d 浇 1 次水，随水冲 1 次肥，浇水要浇小沟，不要大水漫灌，防止地温大幅下降，引起死棵，最好用使微滴灌，化肥选用全营养水溶肥，每次每亩 10 kg，配合能生根的碳肥、海藻肥、甲壳素类肥料。冲 2 次后冲 1 次硝酸钙，每次每亩 20 kg，定期叶面喷施硼钙肥。④及时掐叶落秧，黄瓜叶片在长到 10 d，完全展开时，制造养分的能力最强，可维持一个月。壮龄叶是光合作用的中心叶，要格外保护，叶片老化后就要及时掐去，并把秧子落下来，一般应保持 13~15 片完全展开的叶，株高 1.4 m 左右，掐叶、落秧要在晴天中午露水干了之后进行，一次不要太重。⑤合理揭开保温被，连续阴雨天后的第一个晴天不要一下把保温被全拉开，要先拉到一半，让棚温缓慢升高，防止叶面蒸发水分过多，而根系因地温低，吸水供不上引起植株萎蔫，待植株不萎蔫后再全拉开保温被。⑥持续适量留瓜，持续适量留瓜，稳产才能高产，一般 2~3 叶一瓜，或者连续结 2~3 个瓜，歇几节，再留瓜。⑦病害预防，严冬季节容易发生细菌性病害，主要有角斑病、茎软腐病等，茎和瓜上会留胶状物，要做好预防，可选用中生菌素、春雷霉素、可杀得等喷雾防治。

（9）结瓜中后期管理　进入 4 月后，气温升高，光照增强，植株开始衰弱，病害增多，要加强管理。①温度光照管理，保温被早揭晚盖，勤擦棚膜，争取最多光照。中午温度在 30℃以上，下午为 20~25℃，夜间在 15℃左右。②加强肥水，每 6 d 冲施 1 次肥料，肥料依然选择全营养水溶肥，每次每亩 10 kg，6 d 中间浇 1 次小水，促进肥料更多吸收。

（三）病虫害防控

结瓜中后期病虫害发生较多，一般每 5 d 喷施 1 次防治真细菌杀菌剂，可以结合夜间用烟雾剂熏棚，预防病害发生，发现病害及时对症喷药治疗，病害主要有霜霉病、褐斑病、细菌病害等，虫害主要是白粉虱、蓟马和蚜虫。

1. 霜霉病

（1）减小棚内湿度，提高棚内温度预防霜霉病发生　全棚盖地膜，浇水时在膜下暗浇，浇水选在晴天早晨，浇水后关闭通风口，使棚温升至 33℃，持续 1~1.5 h，然后放风排湿，等温度降至 25℃时，再关闭通风口升温至 33℃；持续 1 h，再放风，以此降低空气湿度，防止夜间叶面结露。晴天上午棚温为 28~32℃，超过 32℃适当放风，下午为 20~25℃，20℃时盖苫子。

（2）喷施生物刺激素，提高黄瓜抗病性　定期喷施 25%嘧菌酯悬浮剂、75%百菌清可湿性粉剂、50%噁唑菌酮水分散粒剂等保护性杀菌剂，预防霜霉病的发生。

（3）发病初期及时用药防治　选择的药剂有 68%精甲霜灵·锰锌水分散粒剂、72%露可湿性粉剂、687.5 g/L 氟菌·霜霉威、10%氟噻唑吡乙酮可分散油悬浮剂、31%氟噻唑吡乙酮·噁唑菌酮悬浮剂等，每 3 d 喷施 1 次。

2. 褐斑病

定期喷 25% 嘧菌酯悬浮剂、75% 百菌清可湿性粉剂等预防。防治可选用 42.8% 氟菌·肟菌酯、250 g/L 吡唑醚菌酯等喷雾防治。

3. 细菌性病害

阴天、低温、湿度大易发生细菌性病害，要做好预防，防治可选用荧光假单胞杆、46.1% 氢氧化铜水分散颗粒剂、47% 春雷·王铜可湿性粉剂、3% 中生菌素可湿性粉剂、2% 春雷霉素水剂等。

4. 蚜虫、白粉虱

在放风口安装 60 目的防虫网，能防止蚜虫、白粉虱进入棚内，大棚内挂黄板，能诱杀蚜虫、白粉虱。防治白粉虱用 25% 噻虫嗪水分散粒剂。

5. 蓟马

在放风口安装 60 目的防虫网，能防止蓟马进入棚内，大棚内挂蓝板，能诱杀蓟马。用 60 g/L 乙基多杀菌素悬乳剂防治。

四、效益分析

（一）经济效益分析

通过应用品种优选、嫁接、重施有机肥和生物菌肥、高畦密植、植物补光灯、水肥一体化、生物刺激素诱导抗逆性、病虫害绿色综合防控等技术，化肥施用量减少 20% 以上，农药施用量减少 30% 以上，黄瓜产品达绿色以上标准。日光温室黄瓜平均亩产达 30 000 kg 以上，亩产量提高 6 000 kg，增产 25%，亩增收 1.5 万元，经济效益显著。

（二）生态效益、社会效益分析

应用设施黄瓜化肥农药减施增效栽培技术模式，减轻了对环境的污染，保护生态环境。种植温室黄瓜经济效益的增加，带动了更多的农户开始种植温室黄瓜，每年推广 10 万亩，增收 1.2 亿元，实现农业增效、农民增收，带动更多的农民参入温室黄瓜销售流通等环节，每年可提供就业岗位 8 000 多个，年收入 2 万多元。

五、适宜区域

北方设施栽培黄瓜产区。

六、技术模式

见表 2-4。

七、技术依托单位

联系单位：沂南县生态农业发展服务中心

联系人：吕慎宝

电子信箱：ynscj2005@163.com

表 2-4　山东省日光温室黄瓜化肥农药减施增效栽培技术模式

项目		11月（旬）			12月（旬）			1月（旬）			2月（旬）			3月（旬）			4月（旬）			5月（旬）			6月（旬）			7月（旬）		
		上	中	下	上	中	下	上	中	下	上	中	下	上	中	下	上	中	下	上	中	下	上	中	下	上	中	下
生育期	越冬茬	育苗期				定植		收获期																				

技术路线

选种：选择优质抗逆高产品种。
嫁接：采用白籽南瓜嫁接育苗。
底肥施用：减少化肥，增施农家肥，有机肥，生物菌肥。
生长调节剂：定期施用：定植后，结瓜前，盛果期施用微生物生长刺激素阿尔比特，提高黄瓜抗寒，抗病能力。
主要病虫害防治：覆盖地膜，使用微滴灌，行间盖苫，降低温室内湿度；使用防虫网，黄篮板防治害虫；防治霜霉病，使用银发利 800 倍液 2~3 次，防治麦秸，稻壳，防治褐斑病，使用露娜森 1 000 倍液 2~3 次，同隔露地 7~10 d，防治霜霉，同隔 7~10 d。

适用范围

北方日光温室栽培黄瓜产区

经济效益

通过应用品种优选，嫁接，重施有机肥和生物菌肥，高畦密植，植物补光灯，水肥一体化，生物刺激素诱导抗逆性 病虫害绿色综合防控等技术，化肥施用量减少 20% 以上，农药施用量减少 30% 以上，黄瓜产品达绿色以上标准，日光温室黄瓜平均亩产达 30 000 kg 以上，亩产量提高 6 000 kg，增产 25%，亩增收 1.5 万元，经济效益显著。

河南省日光温室秋冬茬黄瓜化肥农药减施增效栽培技术模式

一、技术概况

在日光温室秋冬茬黄瓜绿色生产过程中，推广应用规范化建棚、小白籽南瓜嫁接换根、肥水一体化、植株调整、农业及物理与化学综合防治病虫害等技术，从而有效缓解连作障碍问题，实现化肥农药减施增效、生态环保可持续，保障设施黄瓜安全、优质、高效生产，有利于农民增收。

二、技术效果

通过应用规范化建棚、小白籽南瓜嫁接换根、肥水一体化、植株调整、农业及物理与化学综合防治病虫害等技术，减少化肥用量30%~40%、农药用量40%~50%，黄瓜产品合格率100%，节水40%~50%，节省人工成本30%以上，产量提高20%~30%，经济效益提高30%~40%。

三、技术路线

指导示范区规范建造日光温室，小白籽南瓜种子作砧木，插接耐热黄瓜品种，增施土壤有机肥，肥水一体化，高温闷棚，应用物理与生物和低毒低残留化学农药综合防治病虫害等，实现降低人工成本、改善设施内黄瓜的生长发育环境，减轻病虫危害，减少生物农药及低毒低残留化学农药的使用，实现绿色、优质、高效的生产目标。

（一）科学栽培

1. 品种选择

根据本地区气候条件，秋冬茬栽培选用耐高温、丰产性好的品种。

2. 壮苗培育

（1）播种时间　夏季插接黄瓜育苗苗龄30 d，如8月10日定植，播种时间为7月10日左右，小籽白南瓜种子作砧木可较黄瓜早播4~5 d，即小籽白南瓜种子出苗后再播黄瓜种子。

（2）配制穴盘育苗基质　基质配制以草炭：蛭石：珍珠岩=2：1：1，并加入少量三元复合肥或腐熟的鸡粪，喷施适量的苗菌敌，配制好后装入育苗盘和穴盘等待播种，或使用黄瓜育苗专用商品基质。

（3）砧木选择　砧木分为两大类，即黑籽南瓜和白籽南瓜，其中白籽南瓜又分为小白籽和大白籽两个品系。小白籽南瓜和黑籽南瓜相比，除了抗根部病害能力比黑籽南瓜强之外，嫁接后的瓜条商品性好，售价高。

（4）种子处理　黄瓜和南瓜种子均采用温汤浸种法。将种子倒入 55℃ 温水（2 份开水对凉水 1 份）中不停搅拌，15~20 min 后捞出，搓洗干净后放入 25~30℃ 水中浸泡 4~6 h，捞出后用清水洗净种子表面的黏液，再用湿毛巾包好种子，放入 28~30℃ 的芽箱内催芽，24 h 后待种子露白时播种。

（5）播种及苗床管理　将出芽后的小白籽南瓜按穴播种在 50 孔的育苗穴盘中，一穴一粒种子，然后覆盖基质；将出芽后的黄瓜种子均匀撒播在育苗平盘中，一个平盘可播种 700~800 粒种子。浇透水后覆盖 1 cm 的基质。播种后要注意覆盖地膜保湿，同时遮阳降温；出苗后要及时撤去地膜并喷施普力克防病。

（6）壮苗标准　三叶一心或四叶一心，茎粗 0.3~0.4 cm，株高 10 cm 以内。一般日历苗龄 30~40 d。叶片浓绿，无病虫为害。

3. 黄瓜嫁接

（1）嫁接技术　需要准备的设施、工具及药品有工作台、细竹竿（插小拱棚用）、薄膜、遮阳网、托盘、喷壶、锋利刀片、插接针、清水、消毒药剂等。

小白籽南瓜两片子叶完全展开，黄瓜接穗子叶展开 90~120° 为嫁接适期。嫁接前 1 天，将砧木苗浇透水（渗水的办法），并用 75% 百菌清可湿性粉剂 800 倍液对砧木和接穗均匀喷雾，一是起到预防病害的作用，二是将幼苗冲洗干净，以免影响嫁接成活率。

选择大小适宜的砧木，用刀片或竹签剔除生长点，用插接针由中心部成 45° 插入形成斜楔形孔，斜面向下，针尖刚露出茎秆为止，注意不要插入茎空心处，插接针不拔出，取接穗苗，在子叶节下 1.5 cm 处，用刀片切一楔形面，长度 1 cm 或大致与砧木插孔深相同，用左手捏住砧木，右手取出插接针，随即把接穗斜面向下插入砧木插孔中，稍微露出砧木茎为止。

（2）嫁接苗管理　温度管理，黄瓜嫁接苗愈合的适宜温度，白天为 25~30℃，夜间 20~22℃，温度低于 20℃ 或高于 30℃ 均不利于接口愈合。湿度管理，嫁接后前 3 d 小拱棚内的相对湿度要达到 95% 以上，但不宜过大，已看到嫁接苗出现生理性细胞充水症状时，一定要适量通风降低湿度。光照管理，嫁接后需短时间遮光，防止引起接穗过度失水萎蔫。遮光的方法是在塑料小拱棚外面覆盖草帘或遮阳网，嫁接后 3~4 d 内要全部遮光，以后半遮光，直至逐渐撤掉遮阳物及小拱棚塑料膜。

4. 设施要求

日光温室秋冬茬肥药双减绿色高效黄瓜栽培，定植时间在立秋以后，拉秧时间在 12 月上旬，由于 11 月上旬立冬以后，气温迅速下降，个别年份 11 月中旬即有大雪，最低气温 -9℃，因此，日光温室棚内气温应在 15℃ 以上才能确保黄瓜的正常生长。跨度 10 m 的日光温室，脊高应在 5 m 左右，跨度 12 m 日光温室脊高应在 6 m 左右，保温被厚度为 5 cm，10 月 30 日以前保温被、防雨膜、卷苫机等保温设施要全部安装调试完毕。

5. 清洁田园

7 月上中旬，把上茬种植的蔬菜拉秧，注意要把根部拔出，地膜捡拾干净，杂草一并清除，然后在棚内通过一周的高温杀死病菌。此时，白天把保温被卷起，夜晚放下，提高棚室温度，有利于提高杀菌效果，1 周后，将秸秆移出棚室并粉碎，添加秸秆腐熟剂，制成有机肥还田；地膜回收后整理出售。为便于地膜回收，建议采用厚 0.01 mm 以上的新国标地膜。

6. 定植

（1）施肥整地　8 月上中旬闷棚结束后，揭掉封闭的农膜，翻地后打通风口 5~7 d 排出有害气体，以豆饼为原料的生物有机肥 500 kg/亩，N、P_2O_5、K_2O 含量各为 20% 的复合肥 50 kg/亩，撒施后先犁后耙，整平后南北向打畦，畦高为 15~20 cm，宽行为 80 cm，窄行为 50 cm，一畦双行，每行铺上滴灌管。

（2）定植密度　一般立秋后即可定植，通常在 8 月中旬或下旬，株距 35 cm，亩定植 3200 株左右；定植时要先确定位置，然后挖直径 7 cm、深 5 cm 的定植穴，放入穴盘苗后封土 3 cm 后浇定植水，定植水下渗后把定植穴用土封平，育苗基质可高出地面 1~2 cm，可有效预防茎基腐病的发生。

7. 水肥一体化

通过滴灌浇水可节水 50% 以上，同时有利于降低棚室空气湿度，减少病害发生，减少浇水用工 90%。定植 3 d 后可结合浇缓苗水随水冲施生根水溶肥 3~5 kg/亩，定植 15 d 左右根瓜坐住以后，结合第三次浇水可冲施 3~5 kg/亩 N、P_2O_5、K_2O 含量各 20% 的平衡水溶肥，根瓜采收以后结合浇水冲施 3~5 kg/亩 N、P_2O_5、K_2O 含量 16%、8%、43% 高钾水溶肥，11 月上旬冲施 1 次生根水溶肥 3~5 kg/亩，结瓜盛期高钾水溶肥与平衡水溶肥每 5~7 d 随水冲施 1 次，每次 3~5 kg/亩。水溶肥效利用率一般在 80%~90%，随水冲施有利于充分吸收和利用，减少了流失及对地下水的污染，可较一般复合肥的施用节约 30% 以上。

8. 植株调整

定植 3 d 以后已发新根，定植 7~10 d 植株成活后，盖上部银灰色下部黑色厚 0.012 mm，宽 1.2 m 地膜，逐棵把黄瓜苗从地膜下掏出，用细土及时封严，避免地膜下的热蒸汽对幼苗造成伤害，覆盖地膜后浇缓苗水，植株 25 cm 高时吊蔓，吊蔓时选用黄瓜专用吊蔓夹，离地面 10 cm 处用吊蔓夹夹住黄瓜蔓，吊绳选用白色的塑料绳，高 1.7~1.8 m。黄瓜株高一般控制在 1.5 m 左右，高于 1.5 m 不利于管理，要及时落蔓，落蔓时要首先摘去衰老的叶片，然后移动黄瓜吊蔓专用夹即可，落蔓后黄瓜夹距地面 30~50 cm；植株 60 cm 高时叶面喷施控制旺长的药剂，有利于控制旺长，提高坐果率 30%~50%。

9. 设施栽培管理技术

黄瓜生长的适宜温度白天为 25~30℃，夜晚 15~20℃，日光温室秋冬茬黄瓜在 8 月中下旬定植，此时，一般白天温度 30℃ 左右，有利于黄瓜生长，夜晚温度在 20~25℃，较黄瓜生长夜间需要的温度略高，因此要做好昼夜通风工作，顶风及棚室南边地角要在张挂防虫网的基础上，风口要昼夜打开；9 月上旬至 10 月下旬温度有利于黄瓜生长，要根据天气变化，及时调整风口大小；10 月 30 日前要做好保温被及防雨膜、卷苫机的调试工作，11 月上旬立冬后，部分年份 11 月中旬有大雪，极端低温在 -10℃ 左右，因此，要做好防灾和保温工作。

8月中旬至10月下旬光照可满足黄瓜生长发育的需要，11月上旬至12月上旬覆盖保温被以后，晴天要早揭晚盖，使黄瓜多见光；阴天也要及时揭苫，使黄瓜见到散射光，同时也有利于提高棚室温度；11月至12月上旬要注意雨雪及雾霾天气的影响，加挂补光灯，夜间补光5~6 h，可提高棚室气温1~2℃，降低棚室空气湿度，叶片不结露，有利于减少霜霉病、灰霉病、白粉病等病害大发生，从而减少农药的投入，提高黄瓜植株的抗逆能力。

湿度调控包括土壤湿度和空气湿度两个方面。适宜的黄瓜田间持水量70%~90%为宜，苗期低，结瓜期高；棚内空气相对湿度应控制在60%~90%，其中，苗期60%~70%，结瓜期白天70%~90%，夜间60%~70%。高畦栽培有利于调控黄瓜根系的土壤湿度，地膜覆盖有利于控制土壤水分向棚室内散发，利于棚室内空气湿度的调控；日光温室秋冬茬黄瓜栽培要注意9—10月连阴雨天气棚室周边的排水工作，避免雨水渗到棚内增加棚内土壤湿度和空气湿度；雨雪天，要及时清扫棚室积雪，避免压塌棚室，白天要在中午，即13—14时揭苫并打开顶部通风口排湿0.5 h左右。

10. 采收与销售

黄瓜从开花到采收一般15 d左右，植株生长健壮，肥水充足，气温适宜，8~10 d也可长成，可隔一天一采，或一天一采，要根据结瓜情况而定，瓜条嫩绿、顶花带刺最受欢迎。

（二）病虫害防治

1. 高温闷棚

7月中下旬在清洁田园的基础上，收起滴灌管，亩施腐熟有机肥15 m³，然后把棚室的地翻一遍，耙平以后，在翻耕后的田地上开沟，土壤含水量70%左右为宜，沟深15~20 cm，沟距20~25 cm。将威百亩按亩用药量适量兑水（一般80倍左右，现用现兑），均匀施到沟内，施药后立即覆土、覆盖塑料薄膜，防止药气挥发。闷棚10 d，然后揭膜通风散气5~7 d。

2. 农业防治

采取嫁接换根、清洁田园、高温闷棚、高畦栽培、肥水一体化应用，叶面喷施复合型的植物生长激素控制旺长；适时揭盖保温被，增加见光时间；及时通风排湿，减少病害发生。

3. 物理防治

安装防虫网、棚室内张挂黏虫板、地面铺正面银灰色背面黑色地膜、安装补光灯等。

4. 化学防治

灭蚜烟雾剂熏蒸防治蚜虫、白粉虱，预防病毒病的发生；速克灵烟雾剂熏蒸防治灰霉病、菌核病等，百菌清烟雾剂熏蒸防治霜霉病、黄瓜疫病、白粉病、灰霉病、炭疽病、叶斑病等；防治黄瓜白粉病叶面喷施 25%阿米西达悬浮剂 1 500 倍液或 56%阿米多彩悬浮剂 800 倍液；防治细菌性角斑病可选用 47%加瑞农可湿性粉剂 800 倍液或 77%可杀得可湿性粉剂 500 倍液。

四、效益分析

（一）经济效益分析

通过应用规范化建棚、小白籽南瓜嫁接换根、肥水一体化、植株调整、农业及物理与化学综合防治病虫害等技术，减少化肥用量 30%~40%、农药用量 40%~50%，黄瓜产品合格率 100%，节水 40%~50%，节省人工成本 30%以上。黄瓜亩产 13 000 kg，增产 20%以上。实现亩增收 6 000 元以上，经济效益提高 30%~40%。

（二）生态效益、社会效益分析

应用高温闷棚、增施有机肥、生物肥、节水滴灌采用水溶肥、补光灯等新技术，提高了肥料利用率，减轻了病虫害的发生，黄瓜产量和质量均得到提高，减少了化肥、农药、地膜等对环境的污染，推动了种养业的有机结合，有利于循环、绿色、高效现代设施农业的发展。

发展肥药双减绿色高效设施农业是产业扶贫、乡村振兴的一个重要抓手，露地黄瓜生产由于受外部环境条件的影响，一般适宜采收期较短，亩产量 3 000~4 000 kg，亩产值 5 000~6 000 元，而日光温室秋冬茬黄瓜肥药双减绿色高效栽培，亩产在 10 000 kg 以上，亩产值在 20 000 元以上，产量是露地栽培的 1.5~2.0 倍，产值是露地栽培的 3~4 倍，在带动农民增收，实施产业扶贫和乡村振兴等方面具有重要作用。

五、适宜区域

黄淮流域设施栽培黄瓜产区。

六、技术模式

见表 2-5。

七、技术依托单位

联系单位：河南省驻马店市蔬菜办公室
联系人：苗保朝
电子邮箱：zmdscb@ 163. com

表 2-5　河南省日光温室秋冬茬黄瓜黄化肥农药减施增效栽培技术模式

项目	7月（旬）上 中 下	8月（旬）上 中 下	9月（旬）上 中 下	10月（旬）上 中 下	11月（旬）上 中 下	12月（旬）上 中 下
生育期	育苗期	定植	苗期	收获期	收获期	施肥整地
措施	选用耐高温品种 嫁接育苗	肥水一体化；定植后结合浇定植水，冲施生根水溶肥；根瓜坐住后冲施第二次冲施高钾水溶肥。 （N-P₂O₅-K₂O=16-8-43）；根瓜采收后冲施平衡水溶肥（N-P₂O₅-K₂O=20-20-20）；3~5 kg/亩。 通风口及进出口加挂60目防虫网				施肥整地。每次

措施（续）：肥水一体化；定植后结合浇定植水，冲施生根水溶肥；根瓜坐住后第二次冲施高钾水溶肥。（N-P₂O₅-K₂O=16-8-43）；根瓜采收后冲施平衡水溶肥（N-P₂O₅-K₂O=20-20-20）；3~5 kg/亩。通风口及进出口加挂60目防虫网。

技术路线

规范化建造日光温室：南北净跨12.5 m，脊高6 m，土墙底宽4 m，顶宽1.5 m，自动卷苫，保温被外覆盖防雨膜。

选种：黄瓜选用耐热、抗病品种，砧木选用小白籽南瓜。

嫁接育苗：选用插接技术，白籽南瓜砧木可直接播种到50孔的穴盘内，夏秋季节白籽南瓜播种4~5 d出齐苗后，把接穗播到平底育苗盘内，每个平底育苗盘可播种黄瓜接穗700~800粒，黄瓜子叶展平，真叶未露，苗高3~5 cm，南瓜子叶充分展开，苗高4~5 cm时，是插接的最佳时期；当黄瓜苗龄25~30 d，嫁接后15 d即可定植。

施肥整地：苗床施腐熟牛粪15 m³，以豆饼为主要原料制成的生物有机肥500 kg，撒施后先耕后耙。

高畦栽培：畦高20~25 cm，50 cm×70 cm，株距35 cm，3 100~3 200株/亩。

肥水一体化：定植前每行铺一条滴灌管，定植后覆盖上面灰色下面为黑色，厚0.012 mm地膜；定植后浇定植水时苗冲施生根肥3~5 kg，根瓜坐住后第二次冲施平衡肥或冲施高钾肥，每亩3~5 kg；根瓜采收以后第三次冲施高钾肥，以后每5~7 d根据植株长势随水冲施一次高钾肥或冲施平衡肥，11月上旬冲施一次生根肥。

植株调整：定植后2叶一心叶叶展后冲施乙烯利400 mg/kg，有利于雌花形成；13~14片叶（株高60 cm）叶面喷施控制旺长的药剂，可提高坐瓜率50%以上。

综合防治病虫害：高温闷棚，可有效防治黄瓜霜霉病、白粉病及病毒病危害；放风口加挂60目防虫网，棚室内植株生长点上方15~20 cm每亩地加挂粘虫板30~40张，防治蚜虫，烟雾熏蒸，防病治虫。

适用范围

黄淮流域日光温室秋冬茬黄瓜产区

经济效益

通过应用规范化建棚，小白籽南瓜嫁接换根，肥水一体化，植株调整，农业及物理与化学综合防治病虫害等技术，植株调整，减少化肥用量30%~40%，农药用量40%~50%，黄瓜生产合格率100%，节水40%~50%，节省人工成本30%以上，黄瓜亩产13 000 kg。实现亩增收6 000元以上，增产20%以上，经济效益提高30%~40%。

上海市设施黄瓜化肥农药减施增效栽培技术模式

一、技术概况

在设施黄瓜绿色生产过程中，采用设施菜田蚯蚓养殖改良土壤技术，通过合理的茬口搭配（蚯蚓—黄瓜—绿叶菜茬口），达到土壤绿色可持续生产和黄瓜品质效益双提升的目的，可有效降低黄瓜复种指数，缓解设施黄瓜长期连作造成的连作障碍、次生盐渍化、土传病虫害以及土壤质量退化等问题，保障蔬菜生产安全、农产品质量安全和农业生态环境安全，促进农业增产增效，农民增收。

二、技术效果

通过应用设施黄瓜—蚯蚓种养循环绿色高效生产技术，设施菜田土壤有机质含量提高5%以上，土壤容重下降10%，化肥使用量减少54.5%，增产15%以上，土壤质量得到有效提升，生态环境得到有效改善，蔬菜品质得到显著提高。该技术模式既解决了蔬菜废弃物对环境的污染问题，又实现了就地取材生产有机肥，同时还可改良土壤，达到土壤质量保育的目的。

三、技术路线

选用高产、优质、抗病品种，培育健康壮苗，采取绿色防控综合防治措施，提高蔬菜丰产能力，增强对病害、虫害、草害的抵抗力，改善蔬菜的生长环境。科学合理搭配蚯蚓养殖改良土壤技术，选择春秋季进行2~3个月的蚯蚓养殖，注意饵料制备、养殖床铺设、种苗投放、环境调控、蚯蚓收获及蚓粪还田改良土壤等关键技术步骤。

（一）科学栽培

1. 品种选择

选用适合本地区栽培的优良、抗病品种，绿叶菜可根据季节和生产需要选择油菜、小白菜、芹菜或者菜心等。

2. 培育壮苗

采用营养钵或穴盘育苗，营养土要求疏松通透，营养齐全，土壤酸碱度中性到微酸性，不能含有对秧苗有害的物质（如除草剂等）以及病原菌和害虫。建议使用工厂化生产的配方营养土。苗期保证土温在18~25℃，气温保持在12~24℃，定植前幼苗低温锻炼，大通风，气温保持在10~18℃。

3. 水肥一体化技术

茄果类、瓜类等长周期作物采用比例注肥泵+滴灌水肥一体化模式，选用高氮型和高钾型水溶肥料，视作物生长情况追肥 4~8 次，高氮、高钾肥料交替使用。绿叶菜类蔬菜根据生长情况追施 1~2 次高氮型水溶肥料，采用比例注肥泵+喷灌的水肥一体化模式。

4. 清洁田园

及时中耕除草，保持田园清洁。蔬菜废弃物进行好氧堆肥资源化利用。

（二）设施菜田蚯蚓养殖技术

可参考"上海市设施番茄化肥农药减施增效栽培技术模式"中相关部分。

（三）蚯蚓—黄瓜—绿叶菜绿色高效茬口

1. 茬口安排

（1）第一茬：养殖蚯蚓　1~4 月在大棚内养殖蚯蚓，沿着垂直于大棚长的方向铺设 2 条蚯蚓养殖床，每条宽度 2~3 m，厚度 10~20 cm，中间过道宽度 1.5~2.0 m。大棚顶膜上铺设一层遮阳网，棚内配备 2 条喷灌带。养殖床上投放蚯蚓种苗，每亩 100 kg。冬季养殖床面上要铺设一层稻壳或稻草以保温，蚯蚓饵料采用牛粪：蔬菜废弃物秸秆=2：1 的比例进行配置发并发酵 10~15 d，每亩用量 15 t 以上。养殖 3~4 个月后每亩留 1 000 kg 左右的蚯蚓粪作为下茬作物的基肥，将蚯蚓及余下蚓粪转移到其他棚内进行土壤改良。

（2）第二茬：种植黄瓜　5 月在养殖过蚯蚓的棚内定植黄瓜。根据黄瓜长势于 6 月底开始采收，到 8 月中旬采收结束。黄瓜种植过程中，基肥使用 1 000 kg/亩的蚯蚓粪肥+30 kg/亩复合肥，可以较常规化肥用量（50 kg/亩）减少 40%左右。在黄瓜后续生长过程中，采用比例式注肥泵+滴灌的水肥一体化模式，根据长势，适当追施 4~8 次水溶肥，直至采收结束。生产过程中采用"防虫网+诱虫板"的绿色防控技术。

（3）第三茬：种植绿叶菜　根据生产安排和市场需求，种植 1~2 茬绿叶菜。以青菜为例，第一茬青菜可于 9 月定植，10 月底采收。种植前施入蚯蚓肥 500 kg/亩左右+15 kg/亩复合肥。第二茬青菜于 10 月底定植，11 月底至 12 月上旬采收。此茬青菜种植是只需施入 15~20 kg/亩的复合肥即可。生产过程中视蔬菜生长情况追施 1~2 次高氮型水溶肥料，采用比例注肥泵+喷灌的水肥一体化模式。栽培管理中采用"防虫网+诱虫板"的绿色防控技术，并推荐使用生物农药。

2. 化肥减量

蚯蚓养殖可降低蔬菜复种指数，减少一茬蔬菜种植。蚯蚓养殖改良土然后，黄瓜基肥中化肥用量（30 kg/亩）较常规生产（50 kg/亩）减少 40%，追采用水肥一体化模式，可减少化肥用量 15%。青菜生产中基肥化肥用量（15 kg/亩）较常规生产（20 kg/亩）减少 25%，追肥化肥用量减少 10%。综合计算，该茬口模式较常规生产全年可减少化肥用量 54.5%。

四、效益分析

（一）经济效益分析

通过应用设施黄瓜—蚯蚓种养循环绿色高效生产技术，设施菜田土壤有机质含量提高 5% 以上，土壤容重下降 10%，化肥使用量减少 54.5%，亩均产量提高 15% 以上。按照棚室黄瓜生产平均收益计算每亩可增收 900 元，节省 6 个人工。养殖生产的蚯蚓可以加工成肥料、中药等，经济价值更高。

（二）生态效益、社会效益分析

通过应用设施黄瓜—蚯蚓种养循环绿色高效生产技术，土壤质量得到有效提升，生态环境得到有效改善，黄瓜产量、品质得到显著提高，有益于保障食品安全；减轻了农业生产过程中对自然环境的污染。该技术模式既解决了蔬菜废弃物对环境的污染问题，又实现了就地取材生产肥料，同时还可以改良土壤，达到土壤质量保育的目的，一举三得，社会、生态效益十分显著。

五、适宜区域

南方设施栽培黄瓜产区。

六、技术模式

见表 2-6。

七、技术依托单位

联系单位：上海市农业技术推广服务中心
联系地址：上海市吴中路 628 号
联系人：李建勇
电子邮箱：48685988@ qq. com

表 2-6　上海市设施黄瓜化肥农药减施增效栽培技术模式

项目		1月(旬)	2月(旬)	3月(旬)	4月(旬)	5月(旬)	6月(旬)	7月(旬)	8月(旬)	9月(旬)	10月(旬)	11月(旬)	12月(旬)
		上 中 下	上 中 下	上 中 下	上 中 下	上 中 下	上 中 下	上 中 下	上 中 下	上 中 下	上 中 下	上 中 下	上 中 下
生育期	春茬	蚯蚓养殖				黄瓜定植		收获期				绿叶菜	
措施		饵料制备		养殖管理		选择优良品种		水肥一体化		优良品种		水肥一体化	
										防虫网+色板	药剂防治		

技术路线	设施菜田蚯蚓养殖技术：包括饵料制备、养殖床铺设、种苗投放、养殖环境调控、蚯蚓采收及蚓粪还田改良土壤等关键技术。 选种：选择优质高产优良品种。 水肥一体化技术：黄瓜采用比例注肥泵+滴灌水肥一体化技术模式，选用高氮型和高钾型水溶肥料，视作物生长情况追肥4~8次，高氮、高钾肥料交替使用。绿叶菜类蔬菜根据生长情况追施1~2次高氮型水溶肥料，采用比例注肥泵+喷灌的水肥一体化模式。 主要病虫害防治：诱虫板、利用害虫对不同波长、颜色的趋性，在设施内放置黄板、蓝板，对害虫进行诱杀。防虫网、棚室门口及精侧采用防虫网。
适用范围	南方设施栽培黄瓜产区
经济效益	通过应用设施黄瓜—蚯蚓种养循环绿色高效生产技术，设施菜田土壤有机质含量提高5%以上，设施菜田土壤生产平均收益计算黄瓜每亩可增收900元，化肥使用量减少54.5%，苗均产量提高15%以上。按照棚室黄瓜生产每亩平均收益计算黄瓜生产每亩可增收900元，土壤容重下降10%，化肥使用量减少10%，节省6个人工。

江苏省设施黄瓜化肥农药减施增效栽培技术模式

一、技术概况

在设施黄瓜绿色生产过程中，推广应用性信息素诱杀、病虫害物理防治、无土栽培等技术，从而有效减少黄瓜生长过程中农药、化肥用量，保障黄瓜生产安全、农产品质量安全和农业生态环境安全，促进蔬菜可持续、绿色、高质量发展，促进农业增产增效，农民增收。

二、技术效果

通过应用性信息素诱杀、病虫害物理防治、无土栽培等技术，可以提高产量10%以上，减少农药施用量80%以上，减少农药投入和用工成本33%，农产品合格率达100%。

三、技术路线

选用黄瓜嫁接新品种，采用设施黄瓜全程绿色高效栽培关键技术能够有效解决化肥农药超量使用导致的土壤酸化盐渍化、病虫害加剧的问题，提高黄瓜产量和品质，减少黄瓜相关病害的产生。

（一）科学栽培

1. 品种选择

选用适合本地区栽培的优质、高产、抗病、商品性好的品种。

2. 工厂化培育壮苗

容器选用育苗盘、育苗钵，基质采用椰糠、草炭、珍珠岩、蛭石、食用菌培养料等进行合理配比，使得容重 0.7~1 g/cm³，总孔隙度 60%~80%，酸碱适中，理化性质好。无土栽培育苗可避免苗期土传病虫害及连作障碍，预防苗期猝倒病、立枯病、黑星病，营养液成分可根据苗生长情况进行调整，减少徒长情况，生长整齐，便于培育壮苗，缩短苗龄，一般育苗期比有土育苗缩短 7~10 d。出苗前白天温度保持在 25~30℃，夜间温度 20~22℃，基质温度 20~26℃。苗期白天温度保持在 22~28℃，夜间温度 17~18℃，基质温度 18~25℃，夏秋育苗要注意遮阳降温。

3. 黄瓜嫁接

黑籽南瓜苗生长速度比黄瓜苗快，因此嫁接方法不同，要求的适宜苗龄也不同。嫁接方法主要有劈接法、插接法、靠接法。插接法一般南瓜提前 2~3 d 或与黄瓜同期播种，黄瓜播种 7~8 d 后，就可以进行嫁接。靠接法一般黄瓜播种 5~7 d 后，再播种南瓜，在黄瓜播后 10~12 d，就可以进行嫁接。嫁接前苗需充分浇水，适当降低温度，进行低温锻炼。刚嫁接好的苗，应置于棚内，温度在 25℃ 左右，遮光管理，避免曝晒，进行闷棚，使棚内空气湿度达到饱和状态。嫁接 3~4 d 开始逐渐早晚通风换气和适当见光，10 d 后恢复常温管理。

4. 定植

定植时期在 8 月中下旬至 9 月下旬，当幼苗株高 8~10 cm，2~3 片真叶时定植，株距 30~40 cm，定植密度为 2 000~3 000 株/亩。

5. 植株调整

株高 20 cm 时及时吊蔓，6 节以上留瓜，打掉侧枝，摘除卷须，及时去除畸形瓜和老叶病叶。

6. 肥水管理

定植后立即浇水缓苗。7~10 d 后浇 1 次定植水，中耕蹲苗，浇 1 次催瓜水，以后每隔 10 d 浇 1 次水，盛瓜期 5~6 d 浇 1 次水。前期可短期蹲苗，促进根系和地上部强壮。施用足量基肥，可每亩施用商品有机肥 300 kg，配合施用 15~20 kg 生物菌肥。追肥少量多次，前期少，结瓜盛期随水施用日本园试配方标准浓度营养液。

臭氧发生机

7. 栽培方式

采用有机生态型基质栽培。

（二）主要病虫害防治

1. 臭氧发生机杀菌

臭氧发生机通过制取臭氧，臭氧以氧原子的氧化作用破坏微生物膜的结构，以实现杀菌作用。臭氧发生机对黄瓜霜霉病、黄瓜灰霉病、粉虱等一些病虫害有较好的预防控制效果。

2. 除湿机降低棚内湿度

南方降水多，设施内湿度大，除湿机可以降低棚内空气湿度，提高植物蒸腾作用，避免高湿环境下大量病害发生和快速蔓延。除湿机可设定自动除湿，使用方便，动态湿度即时显示，通过内置水箱或外接软管排水，排出的水可回收利用。

3. 性信息素诱杀

作用对象为斜纹夜蛾、甜菜夜蛾、斑潜蝇、烟粉虱等多种常见害虫。在斜纹夜蛾、甜菜夜蛾等越冬代成虫的始见期安装诱捕器，在田间布置，效果最佳。性信息素产品是专一性的，安装不同种类诱芯时，要用清水洗手，防止交叉污染。为避免互相干扰，不同种类诱芯不宜相隔太近。

除湿机

4. 防虫网隔绝害虫

利用防虫网进行全程覆盖封闭栽培，可以有效防止黄瓜害虫侵入。防虫网网眼小，一般密度为 24~30目，孔径在 0.85~1.06 mm，小于害虫体长，可以防治菜青虫、小菜蛾、斜纹夜蛾、甘蓝夜蛾、甜菜蛾、蚜虫等大部分害虫，同时，可以有效控制蚜虫传播的病毒病。夏秋季台风、暴雨多发季节，采用防虫网覆盖还可以减轻暴雨对叶片的机械损伤，大幅度减少各种从叶片伤口侵入的病害，抗灾增产效果显著，提高了蔬菜产量和商品率。

5. 杀虫灯灭虫

利用害虫的趋光、趋波特性引诱害虫飞蛾扑灯，灯外配以频振高压电网触杀，诱杀害虫种类多、数量大。太阳能杀虫灯操作简易，环保节能，省工省时且杀虫效果好。每 3.33 hm² 设置一盏杀虫灯，每天清理 1 次。

6. 色板诱杀

诱杀蚜虫、白粉虱、飞虱、叶蝉、斑潜蝇、蓟马等小型昆虫，防治黄瓜病毒病。不同蔬菜害虫对色彩的敏感性不同，同翅目的蚜虫、粉虱、叶蝉等，双翅目的斑潜蝇、种蝇等，缨翅目的蓟马等多种害虫成虫可以通过悬挂黄（蓝）色诱虫板进行诱杀，黄曲条跳甲对黄色和白色的趋性强，小菜蛾成虫对绿色的敏感性强。从苗期和定植期起使用，用铁丝或绳子穿过诱虫板的两个悬挂孔，将诱虫板两端拉紧垂直悬挂在设施上部。

性信息素诱杀

防虫网

色板诱杀

四、效益分析

（一）经济效益分析

通过应用性信息素诱杀、病虫害物理防治、无土栽培等技术，可以减少农药施用量 80% 以上，减少农药投入和用工成本 33%，农产品合格率达 100%。提高产量 10% 以上，节约农药使用成本 300 元，人力成本 1 200 元，按照南方黄瓜设施生产平均收益计算，每亩可增收 5 000 元左右。

（二）生态效益、社会效益分析

设施黄瓜绿色高效栽培关键技术的应用，能有效控制农业面源污染，促进蔬菜产业可持续发展，保护农村生态环境，提高黄瓜质量和产量，降低用肥用药成本，提高农民收入。同时，能将新技术、新观念带到菜农群体当中，有利于提高农民素质。

五、适宜区域

南方设施栽培番茄产区。

六、技术模式

见表 2-7。

七、技术依托单位

联系单位：无锡市惠山区蔬菜技术推广站

联系人：许诺

电子邮箱：460759871@ qq. com

表2-7　江苏省设施黄瓜化肥农药减施增效栽培技术模式

项目		7月（旬）			8月（旬）			9月（旬）			10月（旬）			11月（旬）		
		上	中	下	上	中	下	上	中	下	上	中	下	上	中	下
生育期	春茬			育苗				定植				生长、收获期				
措施		选择优良品种、工厂化育苗、嫁接					无土栽培、抗病、商品性好的品种。			臭氧发生机杀菌、杀虫灯灭虫，除湿机降低湿度、色板诱杀			信息素诱杀、防虫网隔绝害			

选种：选用适合本地区栽培的优质、高产、抗病、商品性好的品种。

培育壮苗：工厂化育苗。

栽培方式：采用有机生态型基质栽培。

主要病虫害防治：①臭氧发生机杀菌。臭氧发生机通过制取臭氧，臭氧以氧原子的氧化作用破坏环境微生物膜的结构，以实现杀菌作用。臭氧发生机对黄瓜霜霉病、黄瓜灰霉病、粉霉病等其他一些病虫害有较好的预防控制效果。②除湿机降低棚内湿度。南方降水多，设施内湿度大。臭氧发生机可以降低棚内空气湿度，提高植物蒸腾作用，避免高湿环境下大量病虫害发生和快速蔓延。③性信息素诱杀。将有机合成的昆虫性信息素化合物（简称性诱剂）用释放器释放到田间，干扰雌雄交配，控制靶标害虫。作用对象为斜纹夜蛾、甜菜夜蛾、斑潜蝇、烟粉虱、小菜蛾、甘蓝夜蛾等多种常见害虫。④防虫网隔绝害虫。利用防虫网进行全程覆盖封闭栽培，可以有效防止黄瓜害虫侵入。⑤杀虫灯灭虫。利用害虫的趋光、趋波特性引诱害虫扑灯，灯外配以频振高压电网触杀，蚜虫等大部分害虫，诱杀害虫种类多、数量大。太阳能杀虫灯能耗低，保节能，省工省时日杀虫效果好。太阳能杀虫灯操作简易，防治黄瓜病。⑥色板诱杀。诱杀蚜虫、飞虱、白粉虱、斑潜蝇、蓟马等小型昆虫，防治黄瓜病毒病。

适用范围　南方设施栽培黄瓜产区

经济效益　通过应用性信息素诱杀、病虫害物理防治、无土栽培等技术，可以减少农药施用量80%以上，减少农药投入和用工成本33%，农产品合格率达100%，提高产量10%以上，节约农药使用成本300元，人力成本1 200元，按照南方黄瓜设施生产平均收益计算，每亩可收5 000元左右。

湖北省设施黄瓜化肥农药减施增效栽培技术模式

一、技术概况

在设施黄瓜绿色生产过程中，推广应用新优品种、蔬菜健康种苗、土壤调理改良、增施有机肥及有机肥替代化肥、水肥一体化、病虫草害绿色综合防控等技术，从而有效调控设施黄瓜生长过程土壤连作障碍、减少化肥和化学农药使用，保障黄瓜农产品质量安全和农业生态环境安全，促进农业增产增效，农民增收。

二、技术效果

通过应用新优品种、嫁接育苗，结合土壤调理改良、增施有机肥及有机肥、生物菌肥替代化肥、水肥一体化，以及病虫草害绿色防控等技术，实现设施黄瓜产量提高5%~10%，农药、化肥施用量减少15%~20%，减少投入和用工成本20%~30%，农产品安全检测合格率达100%。

三、技术路线

采用土壤酸化改良技术、增施有机肥及有机肥替代部分化肥、推广"水肥药一体化"高效管理技术，提高肥料利用率和减少化肥的使用。通过选用高产、优质、抗病品种，培育健康壮苗，采取农业、生物、物理和化学农药综合防治病虫害综合措施，提高黄瓜丰产能力，增强黄瓜对病害、虫害、草害的抵抗力，改善黄瓜的生长环境，控制、避免、减轻黄瓜相关病虫害的发生和蔓延，从而减少化学农药的使用，提高产品质量安全和农业生态环境安全，实现设施黄瓜减肥减药优质高效栽培。

（一）科学栽培

1. 品种选择

选用适合本地区栽培的抗病、抗逆性强、耐低温、耐弱光，主蔓结瓜为主，单性结实能力强、商品性好、产量高的黄瓜品种。

2. 蔬菜健康种苗技术

（1）温汤浸种、催芽 干种投入55~60℃的温水中，不断搅拌约10 min，温度降低到28~30℃后继续浸种5 h，捞出甩干水分，在25~30℃的条件下催芽，经24~36 h即可出芽。

（2）穴盘育苗 采用50或72孔穴盘育苗，育苗基质要求疏松通透，营养齐全，酸碱度中性到微酸性，不能含有对秧苗有害的物质（如除草剂等），以及病原菌和害虫，建议使用商品育苗基质。单粒播种，播种后覆盖 1 cm 基质，土表喷洒 50% 多菌灵可湿性粉剂 1 000 倍液后盖膜。

（3）嫁接　嫁接换根是提高蔬菜对土传病害和非生物逆境抗性的有效手段。砧木应具备与接穗亲和力高、抗病抗逆性强的特性。推广应用插接法，操作简便、高效，成活率高。接穗子叶全展，砧木子叶展平、第一片真叶显露至初展为嫁接适宜时期。根据育苗季节与环境，南瓜砧木比黄瓜早播 2~5 d，黄瓜播种后 7~8 d 嫁接，具体育苗过程中可根据砧穗生长状况调节苗床温度，促使幼茎粗壮，砧穗同时达到嫁接适期。砧木胚轴过细时可提前 2~3 d 摘除其生长点，促其增粗。

嫁接时首先喷湿接穗、砧木苗盘内基质，取出接穗苗，用水洗净根部放入白瓷盘，湿布覆盖保湿。砧木苗无需挖出，直接摆放在操作台上，用竹签剔除其真叶和生长点。去除真叶和生长点要求干净彻底，减少再次萌发，并注意不要损伤子叶。左手轻捏砧木苗子叶节，右手持一根宽度与接穗下胚轴粗细相近、前端削尖略扁的光滑竹签，紧贴砧木一片子叶基部内侧向另一片子叶下方斜插，深度 0.5~0.8 cm，竹签尖端在子叶下 0.3~0.5 cm 出现，但不要穿破胚轴表皮，以手指能感觉到其尖端压力为度。插孔时要避开砧木胚轴的中心空腔，插入迅速准确，竹签暂不拔出。然后用左手拇指和无名指将接穗 2 片子叶合拢捏住，食指和中指夹住其根部，右手持刀片在子叶节以下 0.5 cm 处成 30° 角向前斜切，切口长度 0.5~0.8 cm，接着从背面再切一刀，角度小于前者，以划破胚轴表皮、切除根部为目的，使下胚轴呈不对称楔形。切削接穗时速度要快，刀口要平、直，并且切口方向与子叶伸展方向平行。拔出砧木上的竹签，将削好的接穗插入砧木小孔中，使两者密接。砧穗子叶伸展方向呈"十"字形，利于见光。插入接穗后用手稍晃动，以感觉比较紧实为宜。

插接法砧木苗无需取出，减少嫁接苗栽植和嫁接夹使用等工序，也不用断茎去根，嫁接速度快，操作方便，省工省力；嫁接部位紧靠子叶节，细胞分裂旺盛，维管束集中，愈合速度快，接口牢固，砧穗不易脱裂折断，成活率高；接口位置高，不易再度污染和感染，防病效果好。但插接对嫁接操作熟练程度、嫁接苗龄、成活期管理水平要求严格，技术不熟练时嫁接成活率低，后期生长不良。

嫁接完成后将嫁接苗放入小拱棚内，小拱棚覆盖薄膜及遮阳网。前 3 d 小拱棚内湿度保持 100%，白天温度保持在 25~30℃，夜间温度保持在 18~22℃。第 4 d 始早晚可少量见光，同时可通过在小拱棚塑料薄膜上少量开孔的方式进行通风，之后逐渐加大通风量。成活后降低温度以防止徒长，白天温度控制在 20~25℃，夜间温度 15~20℃。

（4）早春"三棚四膜"多层覆盖+地热线增温保壮苗促早栽培　早春育苗采用大棚中棚小拱棚及围膜"三棚四膜"多层覆盖+地热线增温保壮苗。播种后用地膜密封 2~3 d，当有 2/3 的种子子叶出土及时揭掉地膜。苗期尽量少浇水，防止高湿出现高脚苗，及时揭草苫增加光照。一般白天温度应控制在 25~30℃，夜温控制在 10~15℃，最宜为12℃。定植前 7~10 d 进行炼苗，减少浇水，增加通风量和时间，白天保持 20~25℃，夜间保持 8~10℃。初夏气温回升后，保留大棚顶膜，将裙膜卷起、棚门打开，通风避雨降湿，预防和减轻病害发生。

3. 土壤调理改良

（1）土壤酸化治理　施用石灰等碱性物质可有效改良酸性土壤。常用的碱性物质有石灰石粉、生石灰、熟石灰、碳酸石灰、粉煤灰、碱渣、磷石膏等。使用时，将土壤改良剂均匀撒施于棚室，然后结合耕翻将这些土壤改良剂与土壤混匀，起到调酸补钙的作用。根据种植区域土壤的酸碱性，每亩撒施生石灰 60~100 kg。施用石灰调节土壤酸度具有一定后效，隔年施用，通常每隔年施用量减少 1/2，直至改造为中性或微酸性土壤。在施用石灰改良的同时，调整施肥结构，施用碱性肥料、中微量元素和施足农家肥，避免土壤板结。降低致酸肥料的施用，不用硫酸钾和普钙等生理酸性肥料，改用硫酸钾镁肥、钙镁磷肥、硅钙钾镁肥、草木灰、硼泥制取的有机—无机生态肥等碱性肥料，增加复合中微量元素肥（硼镁铁锌钙）。

（2）"棉隆"土壤熏蒸消毒微生物修复　采用棉隆土壤消毒技术能有效杀灭土壤中有害的微生物。一般每亩施棉隆 20~30 kg 均匀撒施在大田土壤表层，然后旋耕，使消毒剂与表层 10 cm 土壤均匀混合消毒，施药旋耕后立即采用内侧压膜法覆盖塑料薄膜。塑料薄膜采用大于 0.03 mm 的原生膜。覆膜前，如果土壤较干，应及时向土壤表面浇水，确保土壤表面 5 cm 土层湿润。用地膜覆盖 20 d 后揭膜敞气 7 d 后方可播种或移栽作物。消毒后土壤接种对特定病原菌有颉颃作用的有益微生物制剂，优化重建土壤微生物菌群，改善土壤生态环境。采用生防真菌哈茨木霉对至少 18 个属 29 种植物病原真菌有颉颃作用。淡紫拟青霉能有效防治根结线虫和胞囊线虫。

4. 增施有机肥及有机肥、生物菌肥替代化肥技术

蔬菜生产上推行增施有机肥及有机肥替代化肥技术，优化了土壤理化性状。大多数有机肥是迟效性完全肥，不仅供给蔬菜所需的氮、磷、钾、钙等元素，还含有微量元素及有机质。有机肥，如人畜粪尿、堆肥、饼肥等，使用时需充分腐熟，多用作基肥，也可作追肥。有机肥料施用量应根据蔬菜对土壤有机质含量的要求，土壤有机质矿化率和肥料有机质含量等因素决定。据测定 1 亩土壤重量为 200 t，含 5% 的有机质，其重量为 10 t，每年矿质化率约为 2%，其数量为 0.2 t，若施用含有机质 10% 的农家肥，则应补充有机肥量 2 t。

建议基肥使用牛粪、鸡粪、猪粪等经过充分腐熟的农家肥每亩用量 4~8 m³，或用商品有机肥每亩用量 1 000 kg 左右，或用豆粕、豆饼类每亩用量 300~400 kg，或用生物有机肥每亩用量 400~500 kg。有机肥可替代 20%~70% 化肥。

生物菌肥替代部分化肥。每亩施用生物菌肥（有机质 45%，总养分 11%，有益菌 0.2 亿/g）60kg 左右，提高肥效利用率，改良土壤，替代 30%~50% 化学肥料，产量增加 6%~8%，采收期延长 10 d 左右。

5. 水肥一体化技术

水肥一体化系统设备主要有蓄水池、管道、储肥罐、压力泵、过滤器、控制仪、滴灌带、阀门（电磁阀）等。利用智能控制仪实现自动化管理，亦可手工操作。水泵可接电机驱动，也可应用其他动力带动。大棚灌溉用水以机井水为佳，应用水库水、河水、池塘水等需建蓄水池。水肥一体化技术注意事项：

（1）科学选用肥料品种　按土壤化验数据、种植品种、生育阶段等调配肥料种类

及营养配方，适当添加腐植酸类、氨基酸类肥料有利调节蔬菜生长。目前市场上有许多水溶性复合肥，但成本高，因此推荐施用单元素速溶肥料。

（2）制定灌溉施肥次数 应综合考虑土壤肥力、生育期、蔬菜生长营养状况、天气等决定灌溉施肥次数的综合因素。以薄肥勤施为原则，视天气情况，观察土壤含水量，一般 7~12 d 灌水、追肥 1 次。滴肥液前先滴 5~10 min 清水，然后打开肥料母液贮存罐的控制开关使肥料进入灌溉系统，通过调节施肥装置的水肥混合比例或调节肥料母液流量的阀门开关，使肥料母液以一定比例与灌溉水混合后施入田间。肥液滴完后再滴 10~15 min 清水，以延长设备使用寿命，防止肥液结晶堵塞滴灌孔。发现滴灌孔堵塞时可打开滴灌带末端的封口，用水流冲刷滴灌带内杂物，可使滴灌孔畅通。

（3）制定营养元素比例与浓度 施用氮素考虑调配氨态氮和硝态氮的比例。化肥不可任意混合，防止混后沉淀引起养分损失或堵塞管道。肥料母液浓度要小于其饱和浓度。水肥混合后浓度以检测电导率（EC）为准，一般设施黄瓜栽培的 EC 值调配 1.5~2.5 mS/cm，不宜超过 3 mS/cm。

（二）主要病虫害防治

设施黄瓜主要病害有霜霉病、细菌性角斑病、疫病、根腐病、灰霉病、白粉病，主要害虫有烟粉虱、蚜虫。

应按照"预防为主、综合防治"的植保方针，坚持以农业防治和物理防治为主、化学防治为辅的防治原则。

1. 轮作换茬

蔬菜地连作多会产生障碍，加剧病虫害发生，主要是由于长期在同一块菜田上连续种植一种蔬菜，病菌虫卵会在土壤中逐年繁殖和累积，易导致病虫害周而复始地并逐年加重的感染为害，如瓜类枯萎病等。设施黄瓜栽培要实行 2~3 年的轮作。

2. 清洁田园

一是在蔬菜发病初期将病叶、病果甚至病株及时摘除和清理，防止病原物在田间扩大蔓延；二是在蔬菜特别是果菜生长的中后期及时进行植株调整，如支架、绑蔓、摘心、打老叶等，以改善植株间的通风透光条件，预防病菌虫卵孳生和蔓延；三是在蔬菜收获后，及时清理病株残茬并全部运出基地外集中深埋，以减少病虫害基数；四是及时消灭菜地周边及田间的杂草，可采用不利于杂草植株生长发育的措施如水旱轮作、种植绿肥等来控制杂草生长，还可地面覆盖黑色塑料地膜创造黑暗环境抑制杂草生长。

3. 高温闷棚

高温闷棚是根据病虫对高温的致死敏感程度，利用温室或大棚在密闭条件下持续保持特定范围高温来杀灭不同种类的病菌或害虫。在高温空茬期，大棚通过施用未/半腐熟农家肥有机肥（鸡粪）（每亩 3~5 m³）、深耕开小畦（畦宽 20 cm）、灌水后铺地膜并密封整棚，20 cm 土壤温度达到 50℃后保持设施密闭 2 h，即可高温杀虫杀菌、灭杂草，改良土壤减轻重茬危害，又能快速腐熟有机肥料。

4. 诱杀驱避害虫

（1）驱避蚜虫 银灰色可驱避蚜虫，因此地面覆盖银灰色地膜或在温室内张挂银灰色膜条可有效驱避蚜虫。在夏秋季节育苗时用银灰色遮阳网覆盖苗床，即可达到防水降温的效果，还可以有效驱避蚜虫减少病毒病的发生。

（2）黄板诱杀 蚜虫、白粉虱、美洲斑潜蝇等具有很强的趋黄性，因此可用黄板诱杀。黄板大小 20 cm×20 cm 为宜，外面包一层无色农膜，膜外两面涂机油，设置于田间或温室、大棚内，高度不超过 1 m，略高于蔬菜植株，约 50 m² 设 1 块，要经常更换。此法不但能有效防治害虫，并且还能减轻病毒病的发生。

（3）灯光诱杀 利用昆虫成虫夜间活动的趋光性诱杀蔬菜害虫的成虫，如利用频振式杀虫灯、黑光灯等可有效诱杀螟蛾、夜蛾、菜蛾、蝼蛄等多种蔬菜害虫。大面积菜田 2~3 hm² 设置一盏杀虫灯，呈棋盘状分布，安装高度 1.3~1.5 m。频振式杀虫灯幅射半径 120 m 左右，使用时要注意及时清理虫袋，处理的虫体可结合作为养鸡、养鱼的饲料。

（4）性诱剂诱杀 主要是利用昆虫成虫性成熟时释放性信息素引诱异性成虫的原理，将有机合成的昆虫性信息素化合物（简称性诱剂）用释放器释放到田间，通过干扰雌雄交配，减少受精卵数量，达到控制靶标害虫的目的。目前，我国蔬菜害虫中为害最严重和范围最广的害虫主要有斜纹夜蛾、甜菜夜蛾、小菜蛾、斑潜蝇、烟粉虱等，都可以用性诱剂诱杀。

5. 生物防治

利用天敌和生物农药替代防治病虫害。

（1）天敌防治 害虫监测，定植后采用色板监测或目测害虫种群发生情况，发现害虫即可开始防治。①防治粉虱类害虫，如温室白粉虱、烟粉虱等。天敌品种为丽蚜小蜂、斯氏钝绥螨。释放技术是定植 7~10 d 后，加强监测，发现害虫即可释放天敌。丽蚜小蜂按 2 000 头/亩，隔 7~10 d 释放 1 次，连续释放 3~5 次；斯氏钝绥螨按10 000 头/亩，隔 20~30 d 释放 1 次，连续释放 3~4 次。②防治蓟马类害虫，如西花蓟马、皮蓟马、管蓟马、葱蓟马等。天敌品种为小花蝽、黄瓜新小绥螨、巴氏新小绥螨。释放技术是定植 7~10 d 后，加强监测，发现害虫即可释放天敌。小花蝽按 300~400头/亩，隔 7~10 d 释放 1 次，连续释放 2~4 次；黄瓜新小绥螨或巴氏新小绥螨按 5~10头/株释放 1 次，20 d 后按 20~30 头/株再释放 1 次。③防治害螨，如朱砂叶螨、截形叶螨、二斑叶螨等。天敌品种为黄瓜新小绥螨、巴氏新小绥螨、智利小植绥螨。释放技术是定植 10~15 d 后，加强监测，发现害螨即可释放捕食螨。黄瓜新小绥螨或巴氏新小绥螨按 5 000~10 000 头/亩，间隔 25~30 d 后再按 20 000~30 000 头/亩释放 1 次；智利小植绥螨按 3 000 头/亩，隔 15~20 d 释放 1 次，连续释放 2~3 次。④防治蚜虫类害虫，如桃蚜、豌豆蚜、萝卜蚜。天敌品种为食蚜瘿蚊、瓢虫、草蛉、蚜茧蜂。释放技术是定植 7~10 d 后，加强监测，发现害虫即可释放天敌。食蚜瘿蚊按 200~300 头/亩，隔 7~10 d 释放 1 次，连续释放 3~4 次；瓢虫（卵）按 1 000 头/亩，隔 7~10 d 释放 1次，连续释放 2~3 次；草蛉（茧）按 300~500 头/亩，隔 7~10 d 释放 1 次，连续释放 2~3 次；蚜茧蜂按 2 000~4 000 头/亩，隔 7~10 d 释放 1 次，连续释放 3 次。

（2）生物农药替代防治 生物农药防治技术作为天敌昆虫释放技术的补充，当保护地害虫发生量较多、天敌控制作用不足或失效时使用。使用时注意避免生物农药对天敌昆虫的杀伤作用。

在害虫点片发生或盛发初期施药，优选微生物源或植物源杀虫剂、杀螨剂。粉虱类可选用球孢白僵菌、矿物油和乙基多杀菌素等药剂；害螨类可选用矿物油、藜芦碱、浏阳霉素等药剂；蚜虫类可选用藜芦碱、鱼藤酮、除虫菊素、苦参碱等药剂；蓟马类可选用乙基多杀菌素、多杀菌素等药剂。

6. 化学防治

设施黄瓜霜霉病、疫病发病前可用10%氰霜唑2 000倍液喷雾进行预防，发病初期可用53%精甲霜灵锰锌500倍液或72.2%霜霉威800倍液喷雾防治。细菌性角斑病可用72%新植霉素或3%中生菌素可湿性粉剂800倍液喷雾防治，每隔7 d喷施1次，连续2~3次。根腐病可用99%恶霉灵3 000倍液或70%甲基硫菌灵可湿性粉剂700倍液灌根防治。灰霉病可用80%腐霉利可湿性粉剂1 500倍液，白粉病可用25%嘧菌酯悬浮剂1 500倍液，或用氟菌·肟菌酯1 000倍液2~3次，间隔期7~14 d。烟粉虱、蚜虫可用2.5%联苯菊酯800倍液喷雾防治。

7. 精量电动弥粉机病害粉尘法防治技术

采用精量电动弥粉机，供试药剂为格瑞烟粉2、3号，以作物为单位做整棚处理，每个大棚喷粉量35 g，所需时间3 min，每亩喷粉量100 g，在病虫害发生前或发生初期开始施药，每隔7 d喷1次，连喷2次，整个生长季共喷6次左右。每亩化学农药制剂总用量约600 g。可有效防控黄瓜灰霉病和微小害虫的发生，不影响商品性；每亩减少化学农药使用量79.3%，大大节约劳动力和用工成本。

四、效益分析

（一）经济效益分析

通过应用新优品种、嫁接育苗，结合土壤调理改良、增施有机肥及有机肥、生物菌肥替代化肥、水肥一体化，以及病虫草害的绿色防控等技术，设施黄瓜产量提高5%~10%，农药、化肥施用量减少15%~20%，减少投入和用工成本20%~30%，农产品安全检测合格率达100%。每亩增收节支700~1 100元。

（二）生态效益、社会效益分析

设施黄瓜减肥减药优质高效栽培技术的应用，可提高产量，降低农药的用量，同时也减轻农民的工作量，增产增收，给农民带来切实的效益；设施黄瓜减肥减药优质高效栽培技术的应用，减少了农药的使用，降低了产品农药残留，商品百分之百达到绿色农产品要求，有利于保障食品安全；减轻农业生产过程中对自然环境的污染，生态环保效益显著。

五、适宜区域

湖北及长江流域设施栽培黄瓜产区。

六、技术模式

见表 2-8。

七、技术依托单位

联系单位：华中农业大学园林学院、荆州农业科学院蔬菜所
联系人：汪李平、李平
电子邮箱：zfjdajie@ 163. com

表2-8 湖北省设施黄瓜化肥农药减施增效栽培技术模式

项目		1月(旬)			2月			3月(旬)			4月(旬)			5月(旬)			6月(旬)			7月(旬)			8月(旬)			9月(旬)			10月(旬)			11月(旬)			12月(旬)		
		上	中	下	上	中	下	上	中	下	上	中	下	上	中	下	上	中	下	上	中	下	上	中	下	上	中	下	上	中	下	上	中	下	上	中	下
生育期	春提早	育苗期						定植期			收获期																										
	秋延迟																			高温闷棚			育苗期			定植期			收获期								

措施（春提早）：
- 选优良品种，嫁接
- 健康种苗技术
- "三棚四膜"+地热线增温壮苗
- 土壤修复改良技术
- 水肥一体化技术

措施（秋延迟）：
- 选优良品种，嫁接
- 健康种苗技术
- 土壤修复改良技术
- 水肥一体化技术

病虫草害的绿色防控技术

技术路线：选种：适合本地区栽培的抗病、抗逆性强、耐低温、耐弱光、主蔓结瓜为主、单性结实能力强、商品性好、产量高的黄瓜品种。蔬菜健康种苗技术：采取温汤浸种催芽、穴盘嫁接育苗、早春大棚中棚小拱棚增温及围膜"三棚四膜"多层覆盖+地热线增温保壮苗。土壤调理改良技术：土壤酸化治理技术、"棉隆"土壤熏蒸消毒微生物修复土壤，改善土壤生态环境，优化重建土壤微生物菌群，增施有机肥及有机肥，生物菌肥替代化肥技术，水肥一体化技术减少化肥的使用量、提高化肥的利用率、有利环境保护。病虫草害的绿色防控技术：①轮作换茬；②清洁田园；③高温闷棚；④黄板、灯光、性诱剂诱杀害虫；⑤利用天敌和生物农药替代高效低毒低残留化学农药；⑥采用高效低毒低残留化学农药；⑦采用精量电动弥粉机待高效粉剂防治器械防治病虫害。

适用范围：长江流域设施黄瓜产区

经济效益：通过应用新优良品种、嫁接育苗，结合土壤调理改良，增施有机肥、生物菌肥替代化肥，以及病虫草害的绿色防控技术，实现设施黄瓜产量提高5%~10%，农药、化肥用量减少15%~20%，化肥施用量减少20%~30%，农产品安全检测合格率达100%。每亩增收节支700~1100元。

辽宁省日光温室黄瓜化肥农药减施增效技术模式

一、技术概况

在设施黄瓜绿色生产过程中，推广应用工厂化集约化育苗、增施有机肥、土壤消毒、秸秆生物反应堆、水肥一体化、病虫害绿色防控、植物生长灯补光等技术，有效防治各种土传病虫害，解决连茬作物障碍，实现日光温室黄瓜绿色高质高效栽培。

二、技术效果

通过有机肥替代化肥、病虫害绿色防控、秸秆反应堆、植物生长灯补光等技术，减少化肥施用量5%以上，减少农药施用量30%，冬季提升地温2 ℃，提高棚内二氧化碳浓度，有效解决因光照不足造成的开花延迟、落花、落果、畸形果等问题，可增产10%以上，产品合格率达100%。

三、技术路线

选用高产、抗性好的品种，一是工厂化育苗，培育壮苗；二是水肥一体化，做到节水、节肥、节工；三是病虫害绿色防控，推广捕虫板、植物生长补光灯、生物农药等，做到减药控害；四是增施生物有机肥，减少化肥施用，改善土壤结构；五是辣根素土壤消毒，实现根结线虫绿色防控。

（一）科学栽培

1. 选用高产优质品种

选择耐低温弱光、长势中等、不易早衰、抗逆抗病性强的品种。砧木品种选用亲和力强、抗土传病害、对接穗品质影响小的品种，多选白籽或黄籽南瓜。

2. 工厂化育苗

采用贴接法嫁接育苗，黄瓜种子早播种 3~4 d，当接穗与砧穗下胚轴粗细相当时嫁接；壮苗标准为苗龄30 d，株高15~20 cm，节间5 cm左右，叶片3~4片，叶片油绿而厚，根系发达。定植密度为3 200~3 500株/亩。

3. 增施农家肥

农家肥充分腐熟发酵，亩施羊粪 12 m³ 或牛粪 15 m³；或施用生物有机肥料，亩施400~500 kg。亦可选择煮熟发酵好的黄豆，每亩施用100 kg效果更好。

4. 辣根素土壤消毒

一般在6—8月休闲季节，正处于夏季温度最高、太阳辐射最强的时期，使用辣根素土壤消毒效果最佳。首先旋耕土壤，先把粪肥施入棚内，旋耕土壤 30~40 cm。将辣根素兑水配成一定浓度，然后采用随水浇灌、滴灌的方式均匀施药处理土壤，建议用量 3~5 L/亩。均匀施药后，浇透水，然后立即覆盖不透气塑料膜，并用土压实，密闭熏蒸消毒，5~7 d 后揭膜透气 2~3 d 即可定植。

5. 秸秆综合利用

在每年 6—8 月应用秸秆生物反应堆发酵技术，改善棚室土壤肥力、通气等综合性状。

（1）打碎上茬植株　上茬生产结束后，利用秸秆粉碎还田机把上茬作物植株打碎，粪肥施入土壤，进行 30~40 cm 旋耕。

（2）撒肥　将准备好的玉米秸秆（粉碎或铡成 4~6 cm 的小段）均匀撒于地表，亩用量 600~1 200 kg。然后在秸秆表面均匀喷施有机物料腐熟剂，每亩 4.5 kg。

（3）深翻　用旋耕机将秸秆翻入土壤，深度 30~40 cm 为宜。

（4）密封地面　用透明的塑料薄膜将土壤表面密封起来，尽量不要用地膜。

（5）灌水　从薄膜下往畦内灌水或用喷灌喷施，直至浇透为止。

（6）封闭棚室　注意棚室不要漏风。一般晴天时，20~30 cm 的土层能较长时间保持在 40~50℃，室内可达到 70℃ 以上的温度。这样的状况持续 15~20 d 左右。

（7）开棚膜，翻耕土壤　闷棚结束，打开棚室通风口、揭开地面薄膜，晒晾 3~4 d，翻耕土壤。

6. 定植

定植时间 10 月上旬至 11 月上旬，采用高畦或高垄栽培。作 1.2 m 畦，畦高 15~20 cm。于晴天按株距 27~30 cm 定植，依品种而定，定植 3 200~3 500 株/亩。栽后在两垄间浇水，水量不宜过大，缓苗后再浇一次缓苗水，并浇透。缓苗后进行松土，隔 3~5 d 连续松土 2~3 次，然后覆上地膜。

7. 植物生长灯补光

在 11 月至翌年 3 月冬季日光温室生产中，正常晴天，在掀开草帘和覆盖草帘前后分别使用 2 h。阴、雨、雪、雾、霾天气可整天照射，减少因光照不足造成的开花延迟、落花、落果、畸形果等问题。

（二）病虫害防治

1. 预防

病虫害以"预防为主，综合防治"为主，重点在防。定植前及时安装防虫网，定植后及时张挂捕虫板。每亩使用 20 cm×30 cm 黄板、蓝板各 20 片，每块间隔 2~3 m 左右，用铁丝细线等进行悬挂固定，悬挂距离以黄蓝板下端距离作物顶端 20 cm 为宜，悬挂过高则起不到防虫效果。随着作物的生长移动黄蓝板的高度。发现虫害及时喷药。

2. 治疗

用弥粉机喷粉防治温室内各种真菌、细菌、害虫等。在大棚内直接喷粉，不仅能够解决大棚高湿环境下无法打药的难题，也大大降低了棚内湿度，药剂利用率高，经过机器处理后，喷出的药粉带静电，可均匀的吸附在作物叶片正反面，比传统喷雾提高农药利用率 30%，节省农药用量 50%以上，同时这种喷粉的施药方式大大降低了劳动强度，省时又省力。

四、效益分析

（一）经济效益分析

通过秸秆还田、增施生物有机肥、病虫害绿色防控、冬季使用植物生长灯补光等措施，可增产 10%以上，同时降低农药使用次数，节约农药使用成本和人力成本。黄瓜棚室生产平均每亩收益增收 1 500 元以上，节省农药化肥成本 300 元左右。

（二）生态、社会效益分析

通过推广应用新品种、新技术，减少了农药化肥等投入，降低了黄瓜农药残留，有效提高蔬菜产品质量，使蔬菜达到绿色标准；通过秸秆还田利用，解决了蔬菜废弃物随意堆放、丢弃而污染环境的问题，还提高土壤有机质含量，破除土壤板结，改善棚室土壤理化性状，克服连作障碍，大幅度提高产量，促进农民增产增收；同时提高了劳动效率，改善了设施农业生产条件，对保护和改善农村生态环境、建设社会主义新农村起到积极推动作用。

五、适宜区域

北方设施栽培黄瓜产区。

六、技术模式

见表 2-9。

七、技术依托单位

单位名称：辽宁省朝阳市设施农业管理中心
联系地址：朝阳市友谊大街四段 11 号
联系人：于海涛
邮箱：cysscz@ 163. com

表2-9　辽宁省日光温室黄瓜化肥农药减施增效栽培技术模式

项目		7月（旬）			8月（旬）			9月（旬）			10月（旬）			11月（旬）			12月（旬）			1月（旬）			2月（旬）			3月（旬）			4月（旬）		
		上	中	下	上	中	下	上	中	下	上	中	下	上	中	下	上	中	下	上	中	下	上	中	下	上	中	下	上	中	下
生育期	越冬一大茬					闷棚期								定植			开花结果期							采收期							
措施			辣根素土壤消毒						应用秸秆反应堆、增施生物有机肥										黄蓝板捕虫					植物补光灯补光					弥粉机打药防治病害			
							选择优良品种																								

技术路线

品种选择：选择中荷系列、驰誉系列、津绿系列、冬美系列等品种。壮苗标准为苗龄30 d，株高15~20 cm，节间5 cm左右，叶片3~4片，叶片油绿肥厚，根系发达。定植密度3 200~3 500株/亩。嫁接砧木选择强力一闪、博强1号、博特2号等南瓜种子。

工厂化育苗：

棚室及土壤消毒：一般在6~8月休闲季节进行土壤消毒，使用辣根素土壤消毒。使用辣根素兑水配成一定浓度，然后采用随水浇灌、滴灌的方式均匀施药处理土壤，密闭熏蒸消毒，并用土压实，5~7 d后揭膜透气2~3 d后即可定植。把粪肥施入棚内，首先旋耕土壤，施均匀施肥后，旋耕土壤面厚，施均匀施肥后，浇透水，建议用量3~5 L/亩。

秸秆反应堆：应用秸秆反应堆发酵技术大量快速转化利用秸秆资源，解决环境污染，提高农产品产量、质量，带动光能、水、微生物等自然资源的综合利用。

植物生长灯补光：11月至翌年3月，正常晴天冬季日光室生产中，在抓开草帘和覆盖草帘前后分别使用2 h，阴、雨、雪、雾、霾天气整天照射，减少因光照不足造成的开花延迟、落花、落果、畸形果等问题。

病虫害防治：预防为主，综合防治。定植后及时张挂捕虫板，每亩使用20×30 cm，黄板、蓝板各20片。用弥粉机喷粉防治真菌、细菌、害虫等，棚内直接喷粉。

适用范围

北方设施栽培黄瓜产区

经济效益

通过秸秆还田、增施生物有机肥、病虫害绿色防控技术、冬季使用植物生长补光灯等措施，可增产10%以上，黄瓜生产每亩平均增收1 500元以上，节约农药使用成本和人工成本。黄瓜温室生产平均增收1 500元以上，同时降低农药使用次数，节省农药化肥成本300元左右。

第三部分

设施辣椒化肥农药减施增效栽培技术模式

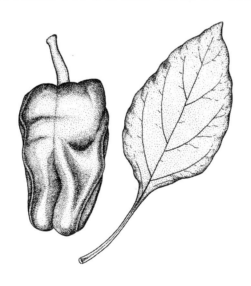

黑龙江省塑料大棚辣椒化肥农药减施增效栽培技术模式

一、技术概况

在设施辣椒绿色生产过程中，推广应用辣椒与菜豆间作、水肥一体化、秸秆反应堆、物理与化学防治结合的病虫害综合防治技术，从而有效缓解辣椒生长过程土壤连作障碍、农药残留的问题，保障辣椒生产安全、农产品质量安全和农业生态环境安全，节省肥水，减轻病害，促进农业增产增效、农民增收。

二、技术效果

通过推广应用辣椒与菜豆间作技术，水肥一体化技术应用，结合物理+喷施低毒农药等绿色生产、防控技术，显著降低了日灼病和"三落"的问题；提高土壤总孔隙度、土壤酶活性、全氮含量，降低土壤容重，减低土壤盐分积累降 25%；辣椒增产 20%~25%，单位面积产量提高 45.5%~60.9%，达到了增产高效的目的；同时能够减少农药和肥料的使用量，农药施用量减少 20%~30%，氮肥施用量减少 10%~15%，节肥30%~50%，减少投入和用工成本 30%，农产品合格率达 100%，为蔬菜安全生产提供有效的技术保障。

三、技术路线

选用高产、优质、抗病品种，培育健康壮苗，采取高秧菜豆间作、土壤改良、物理和化学农药综合防治等措施，提高辣椒丰产能力，增强辣椒对病害、虫害、草害的抵抗力，改善辣椒生长环境，控制、避免、减轻辣椒相关病虫害的发生和蔓延。

（一）科学栽培

1. 品种选择
选用适合本地区栽培的优良、抗病品种。

2. 培育壮苗
采用营养钵或穴盘育苗，营养土要求疏松通透、营养齐全、土壤酸碱度中性到微酸性，不能含有对秧苗有害的物质（如除草剂等），以及病原菌和害虫。建议使用工厂化生产的配方营养土。

苗期白天温度控制在 20~25℃，夜间 15~18℃。定植前幼苗低温锻炼，大通风，气温保持在 10~18℃。

3. 与菜豆间作

（1）种植种类　自然生长为矮秧的辣椒或甜椒（主作物），高秧菜豆（副作物）。

（2）种植密度　辣椒常规种植亩保苗 2 500~2 800 株；种植主作物与副作物垵数（穴数）比例为（4~6）:1。

（3）种植方法　棚室内常规定植辣椒或甜椒结束后的 0~5 d，进行菜豆直播。在辣椒垄上每隔 4~6 株辣椒，在相邻两株辣椒之间直播菜豆（每垵 2 粒，对于分枝能力强的每垵保苗 1 株）；或者每间隔 2~4 个常规种植的辣椒垄后，在接下来的 2 个间作共生垄上进行菜豆直播，使辣椒穴或甜椒穴的穴数与所述菜豆穴的穴数的比例为（4~6）:1。

4. 水肥一体化

建立一套滴灌系统，选择适宜肥料种类，按照辣椒需肥规律，均匀定量施肥。

5. 清洁田园

及时中耕除草，保持田园清洁。

（二）主要病虫害防治

1. 防虫板诱杀害虫

利用害虫对不同波长、颜色的趋性，在设施内放置黄板、蓝板，对蚜虫等害虫进行诱杀，防治病毒病发生。

2. 高温闷棚

土壤填充物秸秆+粪肥+尿素+速熟剂+100%土壤含水量闷棚。封闭大棚 10~15 d，晴天棚内温度可达到 48~50℃，能有效防治线虫及土传病害等。

3. 防治辣椒青枯病

发病初期用 72%农用链霉素 4 000 倍液，或用氧氯化铜 400~500 倍液，每 7~10 d 灌根 1 次，连续 2~3 次。

4. 防治辣椒炭疽病

在幼苗定植 10 d 后采用 25%嘧菌酯悬浮剂 1 500 倍液进行灌根；或用 10%苯醚甲环唑水分散粒剂 1 500 倍液；或用 80%代森锰锌可湿性粉剂 600 倍液喷施，间隔 10 d 使用 1 次。

5. 防治辣椒疫病

采用 75%百菌清可湿性粉剂 500 倍液，58%甲霜灵锰锌可湿性粉剂 400~500 倍液等喷雾，并且在病毒植株周围 2~3 m 内撒施生石灰。

四、效益分析

（一）经济效益分析

通过应用辣椒与菜豆间作、水肥一体化技术，结合物理+喷施低毒农药等绿色生产、防控技术，可以促使辣椒增产 20%~25%，农药施用量减少 20%~30%，氮肥施用量减少 10%~15%，节肥 30%~50%，减少投入和用工成本 30%，农产品合格率达

100%，为蔬菜安全生产提供有效的技术保障。按照辣椒棚室生产平均收益计算每亩可增收 1 500 元，节省农药成本 200 元。

（二）生态效益、社会效益分析

棚室辣椒化肥农药减施增效栽培技术模式的应用，提高了辣椒产量，降低农药化肥用量，同时也减轻了农民工作量，增产增收，给农民带来切实的效益；农药的减少使用，降低了商品农药残留，商品100%达到绿色农产品要求，有益于保障食品安全；减轻了农业生产过程中对自然环境的污染，环保意义重大。

五、适宜区域

北方设施栽培辣椒产区。

六、技术模式

见表 3-1。

七、技术依托单位

单位单位：绥化市农业技术推广中心、黑龙江省农业技术推广站

联系人：史绪梅、马云桥

电子邮箱：1226269653@ qq. com

表3-1　黑龙江省设施辣椒化肥农药减施增效栽培技术模式

项目		2月（旬）			3月（旬）			4月（旬）			5月（旬）			6月（旬）			7月（旬）			8月（旬）			9月（旬）			10月（旬）		
		上	中	下	上	中	下	上	中	下	上	中	下	上	中	下	上	中	下	上	中	下	上	中	下	上	中	下
生育期	春茬		育苗期						定植					收获期														
措施			选择优良品种		采用壮苗				植物生长调节															高温闷棚				
														药剂防治														
															水肥一体化													

技术路线：

选种：适合本地区栽培的优良、抗病品种。

培育壮苗：①选择自然生长或矮秧为主的辣椒或甜椒品种。②种植主作物与副作物（穴数）比例（4~6）：1。③种植方法：棚室内常规定植植苗种植束后与菜豆间作：即在辣椒上每隔4~6株辣椒，在相邻两株辣椒之间直播菜豆（每墩2粒，对于分枝能力强或甜的每墩保苗1株）；或者每间隔2~4个常规种植的辣椒墩后，在接下来的2个间作生生垄上进行菜豆直播，使菜豆穴或甜椒穴数为所述菜豆穴数的比例为（4~6）：1。

水肥一体化：建立一套滴灌系统，选择适宜肥料种类，按照辣椒需肥规律，均匀定量施肥。

主要病害防治：①防虫板诱杀害虫，利用害虫对不同波长、颜色的趋性，在设施内放置黄板、蓝板，对害虫进行诱杀。防止病毒病发生。②高温闷棚，土壤填充物秸秆+尿素+速熟肥+100%土壤含水量闷棚，封闭大棚，晴天棚内温度达到48~50℃，保证晴天密闭大棚的天数在10~15 d，能有效防治线虫及土传病害。③防治病害等。发病初期用72%农用链霉素4 000倍液，或用氧氯化铜400~500倍液灌根，每7~10 d使用1次，连续2~3次。④防治辣椒青枯病，采用25%噻菌铜悬浮剂1 500倍液，每10 d使用1次。⑤防治辣椒疫病，或10%苯醚甲环唑水分散粒剂1 500倍液；或80%代森锰锌可湿性粉剂600倍液，采用75%百菌清可湿性粉剂500倍液，58%甲霜灵锰锌可湿性粉剂400~500倍液等喷雾，并且在病毒植株周围2~3 m内撒些生石灰。

选种：适合本地区栽培的优良、抗病品种。白天温度控制在20~25℃，夜间温度15~20℃。辣椒常规种植甜椒或甜椒种植结束后，对分枝能力强或甜辣椒穴或使辣椒穴直播。

适用范围：北方设施栽培辣椒产区。

经济效益：通过推广应用辣椒与菜豆间作，水肥一体化技术，植物生长调节，结合物理+喷施低毒农药等绿色生产，防控技术，可以促使辣椒增产20%~25%，农药施用量减少20%~30%，氮肥施用量减少10%~15%，节肥30%~50%，减少人工投入和用工成本，为蔬菜安全生产提供有效的技术保障。按照辣椒棚室生产平均收益计算每亩可增收1 500元，节省农产品合格率达100%，为蔬菜安全生产提供有效的技术保障。药成本200元。

青海省设施辣椒化肥农药减施
增效栽培技术模式

一、技术概况

在设施辣椒绿色生产过程中，推广应用有机肥替代化肥、秸秆生物反应堆、水肥一体化、有机叶面肥、全生育期病虫草害绿色防控等技术，从而有效缓解设施蔬菜生长过程土壤连作障碍、农药残留的问题，保障蔬菜生产安全、农产品质量安全和农业生态环境安全，促进农业增产增效，农民增收。

二、技术效果

通过应用有机肥替代化肥、秸秆生物反应堆、水肥一体化、有机叶面肥、全生育期病虫草害绿色防控等技术，提高设施辣椒产量 5% 以上，减少化肥农药施用量 20% 以上，农产品合格率达 100%。

三、技术路线

选用高产、优质、抗逆品种，集成应用培育健康壮苗，采取优新品种、培育壮苗、秸秆生物反应堆、有机肥替代化肥、有机肥+水肥一体化、有机叶面肥、病虫草害全程绿色防控等技术措施，提高设施辣椒产量和质量，改善设施生产环境，控制、减轻或避免蔬菜病虫害的发生和蔓延，达到"减量增效"的目的。

（一）科学栽培

1. 品种选择

选用适合本地区栽培的优新、抗逆辣椒品种。

2. 培育壮苗

采用集约化基质育苗，营养土要求疏松通透，营养齐全，土壤酸碱度中性到微酸性，不能含有对秧苗有害的物质，以及病原菌和虫卵等，建议使用蔬菜育苗专用商品基质。

幼苗防治徒长，白天温度控制在 20~25℃，夜间温度 15~20℃，移栽前几天加大通风，进行练苗。

3. 秸秆生物反应堆技术

利用专用菌种使作物秸秆发酵，产生二氧化碳、热量、抗病孢子、有机无机养料等有益营养物质，来改善土壤、减轻连作障碍、促进蔬菜生长发育、提高抗病性、提高蔬菜产量和质量。

（1）秸秆选择　作物秸秆，包括玉米、麦类、油菜、马铃薯、蔬菜秸秆及田边杂草等秸秆均可利用。木质化程度较高的秸秆，要做晒干及压扁处理，有条件的可以配合麦秸以1∶1的比例同时使用，这样有利于反应堆更好更快的反应。

（2）菌种选择　选择通过农业农村部登记的秸秆生物反应堆专用秸秆腐熟剂。

（3）秸秆生物反应堆技术流程　①开沟：在温室内南北向开沟，长度与栽培畦等长，沟宽60 cm，沟深25~30 cm，沟与沟的中心距离为60~120 cm（具体根据种植作物的不同进行相应的调节）。②铺秸秆：每沟铺满秸秆，高25~35 cm，沟两端底层秸秆露出10~15 cm，铺匀踩实，高出地面10 cm。③撒菌剂：将菌种均匀撒在秸秆上，用铁锹轻轻拍振，使表层菌剂的一部分渗透到下层秸秆上，每亩地需撒入10 kg微生物菌剂，同时撒入10 kg尿素或40 kg（N-P$_2$O$_5$-K$_2$O=15-15-15）三元复合肥便于加速秸秆的腐解并定向培养出有益微生物菌群。④覆土做垄：撒完菌种后即可覆土，厚度15~20 cm，不超过20 cm。待垄面因浇水和发酵塌陷后再进行第二次覆土，厚度5~10 cm，两次覆土共计15~20 cm。为减少水分蒸发，覆土后应覆膜。⑤浇水：秸秆生物反应堆做好后可进行灌水，水一定要浇透，使秸秆吸足水分。灌水后7~10 d定植。⑥定植、打孔：浇大水后10 d，直接将苗栽植在秸秆反应堆上，并浇种植水，定植后在两个苗中间位置用14号钢筋进行打孔，穿透秸秆层打至沟底。孔间距15~20 cm。前期打2个孔，采收期打4~6个孔，以后每隔10 d打一次孔。⑦定植后每5~7 d进行膜下灌水，将土壤含水率控制在65%左右。

4. 施用有机肥

每亩设施辣椒施用优质有机肥900~1 500kg。

5. 有机叶面肥应用

根据不同辣椒的需肥时期，每季喷施3次有机叶面肥。

6. 有机肥+水肥一体化

设施辣椒生产中根据生产条件和种植辣椒种类，尽量应用滴灌、渗灌等水肥一体化技术，能避免由于水分传播病虫害，降低土壤和空气相对湿度，减少病虫害发生；减少肥水下渗，显著提高水肥利用率；减少用工量。

（二）病虫草害全程绿色防控

坚持以"预防为主、综合防治"的植保方针，以农业防治为基础，协调运用物理防治，科学规范使用农药，从而实现设施辣椒生产绿色标准化目标。

1. 农业防治

（1）选用抗病优良品种　选择适宜当地栽培的抗病虫害的优良品种。

（2）轮作倒茬　同一种蔬菜在同一块地连续多年种植易发生连作障碍，病虫害加重，因此，要进行轮作倒茬。不同科蔬菜相互倒茬，黄瓜、茄子要间隔4年以上，番茄、辣椒、甘蓝、菜豆等间隔3年以上，菠菜、韭菜、葱等需隔1年以上。

（3）合理密植　合理密植能改善设施蔬菜通风透光条件，使植株生长健壮，增强抵抗病虫害能力，相应提高产量。

（4）高温闷棚　在夏秋季节，前茬蔬菜收获后，利用大棚空置期，将土壤深耕曝晒 3~5 d，随后盖膜闷 5~7 d，使棚内最高气温达 70℃，可有效杀灭棚内及土壤地表耕层的病原菌和害虫。

（5）起垄膜覆栽培　采用高垄种植有利于提高地温，增强通风透光能力，促进根系生长，防止田间积水，减轻病虫发生。地膜覆盖栽培有利于提温保墒，减少水分蒸发，降低棚内空气湿度，促进早熟，提高产量和效益，抑制辣椒病虫害发生，同时可抑制土传病菌的传播。

（6）肥水管理　合理肥水管理是田间管理的中心环节，肥水管理失调是蔬菜生长不良，从而诱发病虫害的重要原因。合理肥水管理，在施用有机肥的基础上，根据辣椒对各营养元素的需求，补施叶面肥，适当增施磷、钾肥，防止超量偏施氮肥，从而提高植株抗病虫害能力。注意施用有机肥时必须要充分腐熟，未腐熟的有机肥含有病原菌及寄生虫，易对辣椒污染和危害。

（7）清洁田园　在辣椒生长期间及时摘除病虫、病枝、病果，集中烧毁或深埋，减少或避免病菌在植株生长期间相互传染或蔓延。辣椒收获后要把遗留在地面上的病株残体连根清除干净带到室外，在远离棚室的地方深埋，减少病虫侵染源。

2. 物理防治

（1）种子处理　在播种前选择晴天将蔬菜种子晒 2~3 d，可利用阳光杀灭附在种子表面的病菌。辣椒种子一般用 55~60℃温水浸种 10~15 min，浸种时应不断搅拌，使种子受热均匀。温汤浸种能起到对种子消毒杀菌，预防苗期病害的作用。

（2）防虫网应用　在温室、大棚的上风口覆盖防虫网，可以有效阻隔害虫，防止害虫迁飞。一般使用 20~30 目的防虫网就可防止如小菜蛾、菜青虫、斜纹夜蛾、甜菜夜蛾，以及蚜虫、潜叶蝇等害虫的侵入。

（3）银灰色膜驱避害虫　利用蚜虫对银灰色的负趋向性，通过在棚室通风处悬挂银灰色的薄膜条，或将银灰色薄膜覆盖于地面，驱避蚜虫、烟粉虱等，减轻辣椒虫害及病毒病的发生。

（4）利用诱杀技术消灭害虫　利用害虫的趋光性、趋色性杀灭害虫。如利用黄板放诱杀蚜虫、白粉虱、斑潜蝇等，利用性诱剂诱杀小菜蛾、斜纹夜蛾等；还可利用糖醋液、黑光灯、鲜草诱捕。

3. 生物防治

（1）以虫治虫　利用捕食性或寄生性天敌昆虫防治害虫的方法，如利用瓢虫捕食蚜虫、介壳虫类。在温室、大棚内采用释放丽蚜小蜂防治白粉虱；利用赤眼蜂防治菜青虫、烟青虫等害虫；利用烟蚜茧蜂防治甜椒或黄瓜蚜虫等。

（2）应用细菌、病毒、抗生素等生物制剂　利用苏云金杆菌（Bt）防治蔬菜上多种鳞翅目害虫；利用阿维菌素防治菜蛾斑潜蝇、白粉虱、根结线虫等；利用多角体病毒感染粉斑夜蛾、烟青虫等害虫；利用多抗霉素、抗霉菌素防治霜霉病、白粉病。

（3）应用植物源农药防虫　利用艾叶、南瓜叶、黄瓜蔓、苦瓜叶等浸出液兑水喷雾可防治多种蔬菜病虫害；利用辣椒、烟草浸出液兑水喷雾，可有效防治蚜虫、白粉虱、红蜘蛛等害虫。

4. 化学防治法

合理选择农药种类、剂型和施药方法。根据病虫害发生种类，选择高效、低毒、低残留农药，优先选用粉尘剂、烟剂，禁止使用高毒、高残留农药。根据天气变化灵活选用农药剂型和施药方法，如阴雨天则宜采用烟雾剂或粉尘剂防治，可有效降低设施内湿度，减轻病虫危害。

适时对症用药、轮换和交替用药，注意农药的安全间隔期，正确混合用药。

四、效益分析

（一）经济效益分析

通过应用有机肥替代部分化肥、秸秆生物反应堆、水肥一体化、有机叶面肥、全生育期病虫草害绿色防控等技术，提高设施辣椒产量5%以上，减少化肥农药施用量20%以上，农产品合格率达100%。每亩设施辣椒至少增收500元，节省农药成本180元，较传统栽培方式相比，亩增收680元。

（二）生态效益、社会效益分析

通过应用有机肥替代化肥、有机肥+水肥一体化、有机叶面肥、病虫草害全程绿色防控等一系列设施蔬菜化肥农药减量增效技术，提高辣椒产量，降低农药用量；同时，减少用工量，促进菜农增产增收；减少了农药使用，降低蔬菜产品农药残留，产品达到绿色农产品要求，有益于保障食品安全；减轻了蔬菜生产对自然环境的污染，改善农业生态环境。

五、适宜区域

北方设施栽培蔬菜辣椒产区。

六、技术模式

见表3-2。

七、技术依托单位

联系单位：青海省农业技术推广总站

联系人：景慧

电子邮箱：517313591@qq.com

表3-2 青海省设施辣椒化肥农药减施增效栽培技术模式

项目		12月(旬)	1月(旬)	2月(旬)	3月(旬)	4月(旬)	5月(旬)	6月(旬)	7月(旬)	8月(旬)	9月(旬)	10月(旬)	11月(旬)
生育期	辣椒	播种	育苗			施基肥定植	缓苗、营养生长期		开花结果期			采收后期、拉秧	
措施		选择良种	培育壮苗				整枝打叉、追肥、病虫害预防		喷施叶面肥、病虫害综合防治			病残体深埋、清洁田园	

技术路线

选种：选择适合本地区栽培的优新、抗逆辣椒品种。

育苗：培育壮苗，冬春季节育苗期在80~90 d；移栽前适当降温，控水练苗。

基肥：每亩基施猪粪、鸡粪、牛粪等经过充分腐熟的优质农家肥2~3 m³，或施用商品有机肥（含生物有机肥）300~350 kg，同时定施45%（18-18-9或相近配方）的配方肥25~30 kg。

定植：3月下旬至4月上旬（地温稳定在8℃以上时）覆膜定植。

整枝：营养生长期根据长势和实际情况整枝，青海省一般多用双杆上再留双杆的整枝法。

灌溉：严禁大水漫灌，采用滴灌、膜下暗灌等方式灌溉。

追肥：辣椒每次追肥施45%（15-5-25或相近配方）的配方肥10~16 kg，分3~5次随水追施。追肥时期为苗期、开花坐果期、果实膨大期。根据采收情况每亩追施1~2次追施1次叶面肥，追肥效果好，省时省工。

病虫草害防治：遵循"预防为主，综合防治"的植保方针。①防虫板诱杀害虫，在设施内放置黄板、蓝板，对害虫进行诱杀；②高温闷棚，封闭大棚，晴朗天气早晨浇透水，温度达到48~50℃后保持设施密闭2 h，能有效防止病害；③防治疫病，发病早期用多菌灵、代森锰锌、嘧菌酯等高效低毒农药交替防治2~3次，间隔期7~14 d；④杂草最好人工拔除。

采收后期：病残体深埋，清洁田园。

适用范围

北方设施栽培蔬菜产区

经济效益

通过应用有机肥替代化肥，秸秆生物反应堆，水肥一体化，有机叶面肥，全生育期病虫草害绿色防控等技术，提高设施蔬菜产量5%以上，减少化肥农药施用量20%以上，农产品合格率达100%。每亩设施蔬菜至少增收500元，节省农药成本180元，较传统栽培方式相比，苗增收680元。

宁夏回族自治区塑料拱棚辣椒化肥农药减施增效栽培技术模式

一、技术概况

在设施辣椒绿色生产过程中，推广应用套茬轮作、绿肥复种、生物菌肥、土壤改良剂、有机底肥配施等土壤培肥保育技术，改善和保持适宜辣椒栽培土壤生态环境；应用品种更新、水肥精量供给、秸秆生物反应堆、保健性绿色防控等技术，保障辣椒连年优质高产。

二、技术效果

通过应用大跨度拱棚、土壤消毒、增施有机肥、秸秆生物反应堆、水肥一体化、保健性绿色防控等多项技术，推广"大跨度塑料拱棚辣椒一年多茬化肥农药减施增效栽培技术模式"，与传统栽培相比，辣椒—菠菜一年两茬模式，较单茬辣椒平均收入提高600元，增收5.9%；甘蓝（菠菜）—辣椒—菠菜一年三茬模式，比单茬辣椒平均收入提高1 986~2 400元，增收19.6%~23.7%；辣椒连续生产模式，提前上市5~7 d，肥料减少26.6%~40%，农药减少31%~40%，节省劳动力投入达60%，农产品合格率达100%。

三、技术路线

选用高产、优质、抗病品种，培育优质种苗，实施套茬轮作、增施有机肥、生物菌肥，种植苜蓿、燕麦等绿肥，集成应用秸秆生物反应堆、水肥一体化、植株优化调控、保健性绿色防控等多项技术，改善土壤结构，提高肥水利用率，增强长势，提高辣椒对病虫害抵抗力，改治病为防病，提高药肥双减绿色生产水平。

（一）科学栽培

1. 设施选择

选择双层双膜全钢架拱棚、大跨度全钢架拱棚、水泥拱架竹板结构大棚等。

2. 品种选择

宜选择优质、高产、高抗、适合当地应用的品种。

3. 栽培模式

（1）甘蓝—辣椒—菠菜一年三茬模式　甘蓝1月上中旬穴盘育苗，3月上中旬在垄沟定植甘蓝，株距40 cm，每亩1 300株，5月上旬开始采收；辣椒2月上中旬育苗，4月上中旬定植，株距37 cm，每亩2 750株，6月上中旬采收，9月下旬拉秧；秋冬茬菠菜9月下旬至10月上旬按1.2 m幅宽整地做畦直播，播种量每亩4 kg，11月下旬采收。

整地与施基肥：定植前结合深翻整地施腐熟农家肥5 000 kg/亩、过磷酸钙40 kg/亩、磷酸二铵20~30 kg/亩、撒施80%多菌灵1.5~2.0 kg/亩、3%辛硫磷1 kg进行土壤消毒和防治地下害虫，整细土壤，起垄覆膜，垄距1.4m（垄面宽80 cm，垄沟距60 cm，垄高25 cm），采用膜下滴灌。辣椒拉秧后结合耕翻土壤施磷酸二铵20 kg/亩，种植秋冬茬菠菜。

早春甘蓝田间管理：定植后扣严棚膜提高温度，白天温度为18~25℃，夜间为10℃以上，缓苗后白天温度为20~28℃，夜间为10~13℃。苗期、莲座期土壤见干见湿，结球期保持土壤湿润。由莲座生长转入包心叶球生长，亩追施尿素20 kg、过磷酸钙15 kg、氯化钾10 kg。结球后每10 d浇水1次，注意通风排湿。

春夏茬辣椒田间管理：定植后以保温为主，放小风，白天温度为28~30℃，夜间为15℃以上；缓苗后适当放风，白天温度为28℃，夜间为15℃。灌足灌透定植水，30 d左右灌水1次，地皮见干需中耕保墒；门椒坐住后3~4 cm时灌催果水；开花结果期保持土壤湿润；采收期小水勤浇，一般10~15 d灌水1次。门椒膨大期结合催果水第一次追肥，追施全营养水溶肥10 kg/亩、尿素5 kg/亩；对椒采收期进行第二次追肥，追施全营养水溶肥10 kg/亩、尿素5 kg/亩、硫酸钾20 kg/亩。以后每7~10 d浇水1次，20 d左右随水追肥1次，全生育期追肥5~6次。

（2）辣椒—菠菜/绿肥一年两茬模式　辣椒2月上中旬育苗，4月中下旬至5月上旬定植，每亩2 750株，9月底拉秧，10月初种植菠菜，11月下旬至12月初采收。辣椒—绿肥，4月中下旬种植辣椒，9月下旬拉秧，10月上旬种植燕麦（每亩播种量5 kg）或豆类作物，12月中旬与有机肥同时耕翻作绿肥。

整地施肥与辣椒田间管理同上。

秋冬茬菠菜田间管理：菠菜出苗后及时浇水，保持畦面见干见湿。进入11月以后注意保温。冬茬菠菜11月下旬陆续采收，根据长势和市场需求要及时分次间拔采收上市。

（3）拱棚辣椒药肥双减连续生产模式　拱棚土壤消毒处理，10月上旬、中旬拉秧后开始歇棚，清除上茬作物残渣落叶后深耕，将放风口开至最大，晾晒1周左右，然后大水漫灌1次，每亩约50 m³，之后密闭棚室，白天气温在30℃以上时，闷棚在20 d以上，拱棚中午最高温度可达50℃左右，能够除杀棚内大部分的虫卵、病菌。定植前结合整地，配合增施有机肥，施入土壤改良剂（含枯草芽孢杆菌、巨大芽孢杆菌≥2亿/g，Cu+Fe+Zn+B+Mo≥10.0%）20 kg/亩。

优质高效有机肥的配制、腐熟：每年10月进行有机肥的堆制、腐熟。选用人粪尿、羊粪或鸡粪，也可与牛粪或猪粪1∶1混用，优质秸秆（干麦草、玉米秆、玉米芯、葵花秆等）和洁净的沙壤土，按粪∶秸秆∶土=5∶5∶1的体积比例准备。每亩施碳铵100 kg，磷肥50 kg，硫酸钾肥20 kg，硫酸亚铁5 kg，硫酸锌2 kg，硫酸锰2 kg。选用专门积肥场地，一层粪一层秸秆，每层秸秆上撒适量化肥，喷洒适量水（60%~65%），后用洁净的沙壤土拍实封盖，盖薄膜密闭，以利有机肥腐熟，期间每7 d翻倒1次，一般进行3~4次。

水肥一体化技术：选用蓄水池或储水罐、压差式施肥罐和灌溉或微喷带系统；选择速溶性好，$N-P_2O_5-K_2O$ 比例适宜的化学肥料和腐殖酸肥料配合使用。生育期用水量控制在 260 m^3/亩内。

秆生物反应堆技术：在辣椒栽培上应用行下内置式秸秆生物反应堆技术，每亩使用玉米秸秆 3 500~4 000 kg、专用菌种 8~10 kg、尿素 8~10 kg。沿拱棚的长度方向开沟，沟宽 50 cm、深 30 cm，沟与沟的中心距离 140 cm。在开好的沟内铺满干秸秆，厚度约 30 cm。按每沟用量分两次铺放秸秆，第一次铺放完秸秆用量的 2/3 后踩实，撒施沟用量 1/2 的菌种及尿素，第二次铺剩余 1/3 秸秆，踩实后，撒施剩余 1/2 的菌种及尿素。秸秆铺好后在沟的两端各伸出 10~15 cm，便于灌水。将沟两边的土回填于秸秆上，25~30 cm，整平。用水浇透秸秆，3~4 d 后将垄面整平、覆膜、打孔。打 3 行孔，行距、孔距分别为 25~30 cm，孔深以穿透秸秆层为准，或者采用长度 60 cm 塑料管做通气孔替代打孔。秸秆腐解 15 d 后定植辣椒。

（二）病虫害防治

全生育期采用拱棚辣椒保健性绿色防控技术，即"三灌两喷法"保健性植保方案。

1. 带药定植

定植前 1~2 d，用 10 g 锐胜（有效成分为噻虫嗪）+10 mL 阿米西达（有效成分为嘧菌酯）兑水 15 kg 淋盘，防控蚜虫、烂根和病毒传播。

2. 撒药土

移栽时每亩随定植沟撒施 10 亿/g 枯草芽孢杆菌可湿性粉剂 1 000 g 拌药土于沟畦中，刺激根系活性，促进缓苗。

3. 防治灰霉病、菌核病

采用 50%啶酰菌胺可湿性粉剂 800 倍液喷 1 次，每 100 g 兑水 50 kg，每 10 d 使用 1 次。

4. 防治白粉病、叶斑病、疮痂病、青枯病

喷施 32.5%吡唑奈菌胺·嘧菌酯悬浮剂 30 mL+加瑞农（有效成分为春雷·王铜）100 g，兑水 45 L，每 10~14 d 使用 1 次。

四、效益分析

（一）经济效益分析

通过应用大跨度拱棚、土壤消毒处理、增施有机肥、秸秆生物反应堆、水肥一体化、保健性绿色防控等多项技术，推广"大跨度塑料拱棚辣椒一年多茬化肥农药减施增效栽培技术模式"，与传统栽培相比，辣椒—菠菜一年两茬模式，较单茬辣椒平均收入提高 600 元，增收 5.9%；甘蓝（菠菜）—辣椒—菠菜一年三茬模式，比单茬辣椒平均收入提高 1 986～2 400 元，增收 19.6%～23.7%；辣椒连续生产模式，提前上市 5～7 d，肥料减少 26.6%～40%，农药减少 31%～40%，节省劳动力投入达 60%，农产品合格率达 100%。亩平均增收菠菜 200 kg、甘蓝 1 540 kg、鲜草 1 014 kg，增收 5.9%～23.7%，亩增效 600～1 800 元；辣椒药肥双减连续生产模式，亩增产 1 000 kg，增收 18.8%，肥料和农药分别减少 480 元和 188 元，按照拱棚生产平均收益计算，亩节本增效 2 062 元。

（二）生态效益、社会效益分析

拱棚辣椒药肥双减绿色生产模式应用，充分利用光、热自然资源，延长种植时间，提高了土地的利用率，提高了产值，增加了收入，促进了农民增收；增加了土壤有机质、培肥了地力、改善连作辣椒土壤环境、减少了化肥用量及病虫害的发生，降低商品农药残留，减轻了农业面源污染问题，提高农产品质量安全。

五、适用范围

宁夏南部山区有补充灌溉的塑料拱棚栽培辣椒产区。

六、技术模式

见表 3-3。

七、技术依托单位

联系单位：宁夏园艺技术推广站
联系地址：宁夏银川市金凤区北京中路 159 号
联系人：俞风娟
电子邮箱：nxjzk2003@163.com

表3-3　宁夏回族自治区塑料拱棚辣椒化肥农药减施增效栽培技术模式

项目	1月（旬）上 中 下	2月（旬）上 中 下	3月（旬）上 中 下	4月（旬）上 中 下	5月（旬）上 中 下	6月（旬）上 中 下	7月（旬）上 中 下	8月（旬）上 中 下	9月（旬）上 中 下	10月（旬）上 中 下	11月（旬）上 中 下	12月（旬）上 中 下
生育期	甘蓝育苗	辣椒育苗及管理	起垄定植甘蓝	定植辣椒	甘蓝辣椒苗期管理	甘蓝采收辣椒管理	辣椒采收和生育期管理	辣椒管理和采收	辣椒管理和采收	整地、施肥种植菠菜（燕麦）	菠菜（燕麦）管理，菠麦12月中旬与有机肥同时翻耕作绿肥	
措施	选择优良品种、秸秆生物反应堆建造			设施环境调控、水肥一体化、病虫害健性绿色防控						土壤消毒处理、有机肥的配制、腐熟		

技术路线：

选种：优质、高产、高抗，适合当地生产的品种等。

秸秆生物堆建造：菌种与干秸秆按1：400的比例施入，菌种用量8~10 kg，尿素8~10 kg。根据作物定植的行向开沟，沟宽50 cm，深30 cm，沟与沟的中心距离120 cm。在开好的沟内铺满干秸秆，第一次铺2/3的秸秆，踩实后撒施每沟用量1/2的菌种及尿素，第二次撒施剩余1/3的秸秆，踩实后铺余1/2的菌种及尿素。铺好后在沟内的两端各伸出10~15 cm，便于灌水。将沟两边能够湿透。灌一次透水（或在覆土前灌一次透水），要确保水量能够湿透。孔深以穿透秸秆层为准。隔3~4 d后将垄面找平，秸秆上土层厚度保持25~30 cm，3~4 d后打孔。在垄上用打孔器打三行孔，孔距25~30 cm，夜间可用长度60 cm塑料管做通气孔替代打孔。或者采用通气孔替代打孔。

环境调控：甘蓝缓苗期白天保持18~20℃，夜间保持在10℃以上；缓苗后，白天保持在20~28℃，夜间10~13℃；辣椒定植初期白天棚温达28~30℃，夜间保持15℃左右；缓苗后白天温度保持在28℃左右，夜间15℃。结球期保持土壤见干见湿，结球期保持土壤湿润"的原则，辣椒定植初期白天棚室温度控制在15~20℃。

水肥一体化技术：借助压力系统和灌溉水和灌溉水把可溶性固体或液体肥料溶于水中配成肥液，根据作物需水需肥规律，通过管道和滴头成滴灌。波菜棚室温度控制在15℃左右，夜间15℃。

病虫害健性绿色防控：选用枯草芽孢杆菌及内吸性强、持效期长的化学药剂，采用水、肥、药一体的灌根，喷施方法，从定植前开始用药，实行作物全生育期整体预防方案，改治病为防病，有效防治病虫害发生。

拱棚消毒处理：拉秧后将放风口开至最大，晾晒1周左右，然后大水漫灌一次，每亩大水漫灌一次，拱棚中午最高温度可达50℃左右，之后密闭棚室，白天气温在30℃以上时，闷棚在20 d以上，拱棚中午最高温度可达50℃左右，除杀棚内大部分的虫卵、病菌，每亩约50 m³，也可牛粪或猪粪1：1混用，优质秸秆（干麦草、玉米秆、玉米芯、葵优质高效有机肥的配制、腐熟：选用人粪尿、羊粪或鸡粪，羊粪：秸秆：土=5：5：1的体积比例准备。每亩施碳酸氢铵100 kg，磷酸钾肥20 kg，硫酸花秆等）和洁净的沙填土，按粪：秸秆：土=5：5：1的体积比例准备，选用专门积肥场地，一层粪一层秸秆，每层秸秆上撒适量化肥，喷撒适量水（60%~65%），后亚铁5 kg、硫酸锌2 kg、硫酸锰2 kg，选用专门积肥池，每层秸秆上撒适量化肥，期间每7 d翻倒一次，一般进行3~4次。用洁净的沙填土拍实封盖，盖薄膜密闭，以利有机肥腐熟。

适宜范围	宁夏南部山区有补充灌溉的塑料拱棚栽培辣椒产区

（续表）

项目	1月（旬）			2月（旬）			3月（旬）			4月（旬）			5月（旬）			6月（旬）			7月（旬）			8月（旬）			9月（旬）			10月（旬）			11月（旬）			12月（旬）		
	上	中	下	上	中	下	上	中	下	上	中	下	上	中	下	上	中	下	上	中	下	上	中	下	上	中	下	上	中	下	上	中	下	上	中	下
经济效益	通过应用大跨度塑料拱棚、土壤消毒处理、增施有机肥、秸秆生物反应堆、水肥一体化、保健性绿色防控等多项技术，推广"大跨度塑料拱棚多茬化肥农药减施增效栽培技术"模式，与传统栽培模式相比，辣椒—波菜一年两茬模式，较单茬辣椒平均收入提高600元，增收5.9%；辣椒—波菜一年三茬模式，较单茬辣椒平均收入提高1 986～2 400元，增收19.6%～23.7%；辣椒连续生产模式，提前上市5～7 d，农药减少31%～40%，肥料减少26.6%～40%，节省劳动力投入率达60%，农产品合格率达100%。亩平均增收波菜200 kg，甘蓝1 540 kg，鲜草1 014 kg，增收5.9%～23.7%，亩增效600～1 800元，辣椒药肥双减连续生产模式，亩增产1 000 kg，增收18.8%，肥料和农药分别减少480元和188元，按照拱棚生产平均收益计算，苗节本增效2 062元。																																			

陕西省日光温室辣椒化肥农药减施增效栽培技术模式

一、技术概况

在日光温室辣椒长季节绿色生产过程中，推广应用高温闷棚、带药移栽、辣椒三杆整枝吊蔓栽培、水肥一体化、臭氧杀菌以及物理与化学防治相结合的病虫害综合防治等技术，配合晚铺地膜、冬季铺秸秆等措施，从而控制辣椒生长过程中化肥、农药适量，保障辣椒生产安全、农产品质量安全和农业生态环境安全，促进菜农增收。

二、技术效果

通过推广应用高温闷棚、带药移栽、辣椒三杆整枝吊蔓栽培、水肥一体化、晚铺地膜、冬季操作行铺秸秆、以菌治菌、臭氧杀菌以及物理与化学防治相结合的病虫害综合防治等技术，可使辣椒亩产达到 15 000 kg 以上，农药施用量减少 40% 左右，减少投入和用工成本 30%，农产品合格率达 100%。

三、技术路线

采用重施有机肥、宽行密植半高垄栽培、带药移栽、三杆整枝吊蔓栽培技术，配套以菌治菌、臭氧杀菌、水肥一体化、物理和化学综合防治等技术，创造适宜辣椒生长的环境，提高辣椒的丰产能力，增强其对病害、虫害、草害的抵抗力，控制、避免、减轻辣椒病虫害的发生和蔓延。

（一）科学栽培

1. 品种选择

温室辣椒长季节绿色栽培技术从当年 7 月下旬播种一直延续到翌年 6 月下旬，其生长前、后期温度高、光照强，中期温度低、光照差，所选品种既要耐低温、弱光，又要耐高温、强光，抗病性、抗逆性较强。

2. 基质穴盘育苗

（1）育苗时间　7 月上旬。

（2）种子处理　播种前晒种 2~3 d，用 55℃ 温水烫种 15 min，同时不断搅动，然后将种子移入 1 000 倍的高锰酸钾或 10% 的磷酸三钠中浸泡 30 min 后清洗干净，再转入 25~33℃ 温水中浸泡 7~8 h 后，洗去表皮黏液，沥干水催芽。亦可直接用消毒后种子播种。

（3）基质处理　将基质用水拌湿，手捏见水而不下滴为度，可每袋基质加入三元复合肥 0.4 kg，50% 多菌灵可湿性粉剂 20 g，搅拌均匀，然后装盘刮平，利用穴盘底部均匀下压成 0.8 cm 左右的播种穴备用。加肥时要用水将肥料化开，以免烧苗。

（4）播种及苗期管理　将催好芽的种子每穴 1 粒播种在装好基质的穴盘内，然后覆营养土，刮平压实，洒透水，播后用覆盖料覆盖播种穴。每平方米苗床再用 50% 多菌灵可湿性粉剂 8 g，拌上细土均匀薄撒于床面上，预防猝倒病；并用杀虫剂拌上毒饵撒于苗床的四周外围，防止害虫为害种子及幼苗。床面覆盖遮阳网，70% 幼苗顶土时撤除床面覆盖物。

3. 定植

（1）选棚及高温闷棚　连作是导致辣椒病害发生的重要原因，因此辣椒忌连作，也不能与茄子、番茄、马铃薯、烟草等同科作物连作。大棚选好后应及时清除前茬的枯枝烂叶及杂草，利用夏季休闲期进行高温闷棚。高温闷棚采用干闷和湿闷相结合的办法。干闷即关闭通风口并检查修补好棚膜破损上下封严，进行高温闷棚，中午棚温可超过 60℃，并维持 7~10 d；干闷结束后进行湿闷，深翻土壤 25~30 cm，大水漫灌，覆盖地膜，维持 10 d 左右。若条件允许还可在翻地时挖沟，沟施麦糠或麦秸。结合高温闷棚每亩施腐熟有机肥 10 000 kg 以上。

有机肥处理：按 1 m³ 有机肥需 70~100 g 有机物料腐熟剂的比例，兑水 50~100 倍分层泼洒鸡粪；堆积高 1~2 m，宽 2 m，长度不限，覆盖薄膜；在气温 20℃ 以上，保持水分在 60% 左右，每隔 1 周倒翻 1 次，放置 4 周以上。

（2）定植前准备　定植前结合整地亩施腐熟饼肥 150 kg，微生物菌剂 2 kg，磷酸二铵 30 kg。在通风口铺设 50 目防虫网，每一栽培行准备 2 张黄色粘虫板，每 10 m 安装一个温度计。定植前 3 d 至 1 周，按照操作行 90 cm，栽培行 60 cm 起垄，垄高 15 cm，将所施的全部肥料集中在 60 cm 的栽培行，并将 60 cm 栽培行下挖 20 cm，垄北 20 cm，垄南 25 cm，方便浇水冲肥。

小苗定植前 3 d 晚上熏蒸 1 次哒螨异丙威烟雾剂 200 g，定植前 1 d 晚上熏蒸一次百菌清烟雾剂 400 g。

（3）带药移栽　8 月下旬定植。定植前 1 d，可用阿米西达 20 mL+亮盾 20 mL+锐胜 10 mL+益施帮 50 mL，兑水稀释 200~300 倍或使用 1 包高巧+1 包普力克兑水 15 kg，把苗盘浸入药液中 3~5 min，然后提起苗盘适当控水，既能预防蚜虫、白粉虱，减少病毒病的发生，又能预防苗期病害和土传病害，促进根系生长，使苗齐、苗壮，缓苗快。

定植前 2 d 需将棚内灌满水，待水下渗后开始定植或选阴天 9：00 前、17：00 后定植，将辣椒苗定植在栽培行内壁从上到下约 5 cm 处，株距 35~40 cm，垄顶开穴，然后栽苗覆土，浇足水分。每亩定植 1 800~2 500 株。

4. 定植后管理

（1）水肥管理　定植完当天大水漫灌，全部将地面湿透，不能有干土出现，并将上下风口全部打开。待第一遍大水浇后，以后全部浇小水，苗期不施肥，盛果期浇小水施高钾肥。花果初期，结合灌水每亩追施氮磷钾平衡肥 15 kg，田间持水量保持在 60%；结果盛期，每亩追施高钾肥 5 kg。

（2）温度管理　前期白天温度保持在 25~30℃，夜温为 15~18℃，田间持水量保持在 50%~60%。花果期日温保持在 20~25℃，夜温为 13~18℃，最低夜温保持在 8℃ 以上。10 月中旬开始铺设地膜。进入 11 月中旬，室外夜温低于 16℃，操作行（人行道）铺设粉碎秸秆。加强棚内温度、湿度的调控，夜温以 14~18℃ 为宜，早上以 14℃ 为宜，白天棚内温度在 26~28℃ 为宜。整个冬季除雨、雪、大风天气，每天通风至少 3 次，即早晨揭开保温被后、中午左右和 16—17 时。

采用补光技术，常用补光灯的补光面积为 10 m² 左右，将补光灯 "S" 形分布，补光时间长短根据天气而定。春季当外界地温上升到 15℃ 时，应揭去草帘昼夜通风。进入 4—5 月，温度升高不利于坐花坐果，可采用遮阳网或者棚膜外撒泥浆降低棚内温度。

（3）田间管理 根据辣椒品种的生长特点，采用温室辣椒三杆整枝绑蔓吊绳的方式来固定茎杆。吊蔓方法如下：在植株上方距地面 2 m 处沿垄的方向按行分别拉一道 10 号铁丝。定植 20 多天后开始吊蔓，每株应吊 3 个绳，用尼龙绳（下端系一尺长左右塑料绳缠绕于植株上）吊蔓，两个头绑在本行铁丝上，另一头绑在同垄另一行铁丝上，"S" 形吊蔓，如此类推。辣椒第一个果摘掉不留，并及时进行剪枝打杈。剪枝打杈应放在晴天上午进行。第一次剪枝应在第二茬果采收后，即 1 月底至 2 月初，应及时剪掉结果后的老枝、弱枝（即 8 个侧枝），使肥力集中于 3 个大枝继续生长。所长新枝结果多，结果大。以后各次剪枝时间和方法，类同第一次，均在果实采摘后，剪掉过密徒长枝、弱枝、副侧枝、空果枝或者病虫害严重枝，摘除老叶、病叶，并及时疏花疏果。

（二）病虫害防治

辣椒病害有病毒病、疫病、炭疽病、灰霉病、叶斑病等，虫害有蚜虫、白粉虱等。辣椒病害可采用臭氧杀菌技术，在温室侧墙外固定臭氧机，放气管水平置于温室中间，离地 1.5 m 左右，东西横贯，使气体从作物顶端均匀扩散，每天晚上每亩平均施放浓度为 $1.5×10^6$ mg/L 的臭氧 30 min 左右。若植株已发病，可施放浓度 $2.5×10^6$ mg/L 臭氧 40~50 min。

防治蚜虫、烟粉虱等虫害每亩可选用 12% 哒螨异丙威烟雾剂 200 g 熏蒸，每 7~10 d 使用 1 次，连续使用 2 次。

防治辣椒疫病、炭疽病、灰霉病等真菌性病害可用 45% 百菌清烟雾剂 1 kg 熏蒸，每 7~10 d 使用 1 次，连熏 2~3 次。若遇阴雨天多熏蒸 1 次杀菌剂。

防治辣椒叶斑病等细菌性病害可用医用链霉素 5 000 倍液喷雾，每 10~15 d 使用 1 次，视情况使用约 3 次。

防治病毒病可在 30 kg 水中加 5 支医用病毒唑+1% 芸薹素内酯 5 g（先用 55~60℃ 水溶解），混匀后喷施，每 7~10 d 使用 1 次，连续 2~3 次。

四、效益分析

（一）经济效益分析

通过推广应用高温闷棚、带药移栽、辣椒三杆整枝吊蔓栽培、水肥一体化、晚铺地膜、冬季操作行铺秸秆、以菌治菌、臭氧杀菌以及物理与化学防治相结合的病虫害综合防治等技术，农药施用量减少 40% 左右，减少投入和用工成本 30%，农产品合格率达 100%。辣椒亩产达到 15 000 kg 以上，是普通辣椒产量的 2~3 倍，亩产值达 7 万多元。

（二）生态效益、社会效益分析

温室辣椒长季节绿色生产栽培技术的应用，配套重施有机肥、水肥一体化、以菌治菌、臭氧杀菌、物理与化学防治相结合防控等实用技术，降低菜农投资成本，减少农药、化肥使用量，推广应用微生物肥料、晚铺地膜、冬季操作行铺设粉碎秸秆等措施，提高了土壤养分和肥料的利用率，生产出绿色、优质、营养的辣椒，促进农业可持续发展，同时减少化肥农药用量，可获得显著的生态效益。

五、适宜区域

北方日光温室蔬菜辣椒产区。

六、技术模式

见表 3-4。

七、技术依托单位

联系单位：陕西省泾阳县蔬菜技术推广站

联系人：张万

邮箱：jyshucaizhan@163.com

表 3-4　陕西省日光温室辣椒化肥农药减施增效技术模式

项目		7月(旬)			8月(旬)			9月(旬)			10月(旬)			11月(旬)			12月(旬)			1月(旬)			2月(旬)			3月(旬)			4月(旬)			5月(旬)			6月(旬)	
		上	中	下	上	中	下	上	中	下	上	中	下	上	中	下	上	中	下	上	中	下	上	中	下	上	中	下	上	中	下	上	中	下	上	中	下
生育期			育苗期					定植			开花结果期														收获期												

措施：
- 选择优良品种、穴盘育苗（7月下~8月中）
- 重施有机肥（9月中）
- 铺地膜（10月下）
- 操作行（人行道）铺设粉碎秸秆，补光灯（11月）
- 逐渐加大通风量，温度过高时采用遮阳网或者撒泥浆降低棚内温度（3月~6月）
- 高温闷棚（8月上）
- 整地起垄（9月）
- 吊蔓、整枝（1月下~2月中）
- 黄板诱杀、防虫网、温湿度调控、合理通风、烟雾剂+医用链霉素防病（11月~6月）

技术路线

品种选择：选择既耐低温、弱光又耐高温、强光，抗病性、抗逆性较强的优良品种。

高温闷棚：高温闷棚采用干闷和湿闷相结合的办法。干闷即关闭通风口并检查修补好棚膜破损上下封严，进行高温闷棚，中午棚温可超过60℃，并维持在7~10 d；干闷结束后进行湿闷，深翻土壤25~30 cm，大水漫灌，覆盖地膜，维持在10 d左右。有条件的还可在翻地时挖沟，沟施麦糠或麦秸。

重施有机肥：结合高温闷棚每亩施腐熟有机肥10 000 kg以上。定植前结合整地每亩施腐熟饼肥150 kg，微生物菌剂2 kg，磷酸二铵30 kg，硫酸钾10 kg。

以菌治菌：采用腐熟剂处理鸡粪，消除臭味和杂菌，提高肥料的抗逆性，提高肥料的利用率。定植时施入微生物菌剂，迅速压缩有害微生物生存空间，提高有害微生物综合利用率；虫卵等，提高有机肥综合利用率，恢复土壤生态平衡，后期喷施链霉素防病害。

水肥一体化。

绿色防控：温室前沿和上风口铺防虫网，每行悬挂2张黄色粘虫板，减轻环境污染；设施蔬菜补光技术；臭氧杀菌防虫。

配套技术应用：集约化穴盘育苗技术；设施蔬菜补光技术。

适用范围

北方日光温室辣椒产区

经济效益

通过推广应用高温闷棚、带药移栽、辣椒三杆整枝吊蔓栽培、水肥一体化、晚铺地膜、冬季操作行铺秸秆，以菌治菌、臭氧杀菌以及物理与化学防治相结合的病虫害综合防治等技术，农药施用量减少40%左右，农药施用量减少30%，减少人工用工成本30%，农产品合格率达100%。辣椒育苗产量达到15 000 kg以上，是普通辣椒产量的2~3倍，亩产值达7万多元。

河南省日光温室越冬茬辣椒化肥农药减施增效技术模式

一、技术概况

在日光温室越冬茬辣椒绿色生产过程中，推广应用宽窄行高垄栽培、膜下暗灌、悬挂防虫板及操作行干草全覆盖等技术，可有效提高土壤通透性，促进辣椒根系发育；节约用水，降低棚内湿度，减轻病虫害发生机率，减少农药使用量；增加土壤内有机质含量，从而减少化肥使用量，提高辣椒品质。物理和农业防治技术应用，更能提高辣椒品质，降低生产成本。

二、技术效果

通过应用宽窄行高垄栽培、膜下暗灌、悬挂防虫板及操作行干草全覆盖等生态栽培技术，能够根据辣椒的特性和生长条件创造有利于辣椒生长的环境，高垄栽培有助于根系伸展，土壤疏松不板结，植株长势好，果实商品性好；膜下暗灌不仅可以节省水资源，更能减少水分蒸发，减轻棚内湿度，从而减轻病虫害的发生率；悬挂防虫板能减少农药用量；冬季地面铺干草可吸湿增温，给植株创造一个良好的生长环境。该技术能减少生产成本和人工成本，减少化学农药用量20%，亩增产10%以上，抽检合格率100%，价格优于普通产品0.2元/kg左右。

三、技术路线

温室越冬茬辣椒选用优质品种，采用宽窄行高垄栽培、膜下暗灌、悬挂防虫板及操作行干草全覆盖等生态技术，减少辣椒病虫发生率，提高植株抗性和产品品质，以获得更大的经济效益。

（一）科学栽培

1. 品种选择
越冬茬辣椒选用耐低温弱光、产量高、抗病力强的品种。

2. 育苗
从厂家购进种苗。

3. 设施类型与定植密度
采用日光温室，温室东西长为120~140 m，棚内南北净跨度为11 m，后墙下部宽为6 m，上部宽为2 m，温室脊高为4.2 m，竹竿钢架混合结构。基本配套设备有棉被、防虫网、遮阳网及滴灌设施。

定植前把上茬作物的残枝落叶清理干净，深翻土地，使土壤充分曝晒熟化，每隔15~20 d 翻 1 次，定植前 10~15 d 每亩施充分腐熟的稻壳+鸡粪 10 m³、硫酸钾复合肥 50 kg，含钙、镁、硼等微肥 2 kg，深翻细耙。南北向起垄，大小行定植，垄宽 90 cm，沟宽 60 cm，垄中央开深、宽各 15 cm 的浇水沟，垄高 15 cm。做好垄后，用 5%菌毒清 100~150 倍液对温室进行消毒。覆棚膜，密闭温室，利用室内高温杀菌灭虫、熟化土壤。

定植选择 9 月上旬晴天下午进行，可避免定植后失水萎蔫。定植时辣椒苗蘸取促根剂，杀菌促根。每垄双行三角形定植，按 45 cm 株距打穴，浇水，待穴内水下渗一半后，将带土坨苗蘸促根剂（配有杀菌剂）后放入穴内，保持坨面与垄面相平，然后用土封严。一般每亩定植密度为 2 000~2 200 株。

4. 水肥管理

定植 3 d 后浇透缓苗水，以后只浇灌暗沟，门椒坐果前一般不需浇水，当门椒长到 3 cm 左右时结合浇水进行第一次追肥，每亩施尿素 10 kg，磷酸二铵 20 kg，或含氮、磷、钾的水溶肥 8 kg，中期要适当增施鸡粪等有机肥，减少化肥使用量，提高产品品质。浇水应在晴天上午进行，低温期膜下暗灌，浇水量少，浇水后及时通风降湿；高温期可明水暗水结合进行。辣椒不宜大水漫灌，一般要求小水勤浇，维持土壤湿润，即浇水要见干见湿，切忌大水漫灌造成湿度过大或怕发病而不灌造成落花、形成僵果。此过程中可结合浇水并根据植株长势冲施高磷高钾的水溶肥 4~8 kg/亩。

5. 温光气调控

（1）温度及通风管理　定植后随着外界气温的降低，管理上注意防寒保温，白天温度控制在 25~28℃，夜间在 18~20℃。白天温度超过 30℃要及时通风换气，夜间温度要保持在 14℃以上。进入冬季，尤其在 12 月至翌年 1 月正处于辣椒开花结果期，若温度过低易引起落花落果，即使植株结果，也由于温度太低，发育速度较慢，这段时间是日光温室越茬辣椒生产的关键时期，一定要注意保温。冬季阴天适当晚揭早盖少通风。下雪前棉被外加一层防雪膜，及时清扫积雪，中午适当揭帘见光。开春随气温升高，应加大通风量和放底风，夜间逐渐减少保温被，当外界最低气温稳定在 15℃以上揭开前底脚昼夜通风。

（2）光照管理　应早揭帘、晚盖帘，尽量延长光照时间；及时清洁棚膜，增加透光率；阴雪天在温度不降低的情况下揭帘争取散射光照。久阴、雪天后突然放晴，要揭花苫，遮花荫，回苫喷水，或喷药加叶面肥，以防植株萎蔫。

（3）行间铺干草　进入 11 月，气温逐渐下降，可在操作行内铺满麦秸、稻草等干草。每亩铺设 1 000 kg，厚度 10 cm 左右。可起到以下作用：一是可有效吸湿，降低棚内湿度，减少病虫害发生；二是白天吸热，晚上放热，可提高棚内温度；三是慢慢降解，增加土壤有机质含量。

6. 植株调整

（1）牵绳　首先在垄两侧植株的上方拉两道南北向的铁丝。再用粗而韧的吊绳，上头绑于铁丝，下头绑于主枝上。

（2）整枝　生产中有三干和四干整枝法，以三干整枝为例：辣椒坐住四门椒时，首先保留植株上三个角度位置好、枝条粗壮的 1 级分枝做主枝，每个 1 级分枝上再保留两个角度位置好、枝条健壮、开花结果能力强的 2 级分枝做结果枝，然后从根基部和 1 级枝基部把其他所有的 1 级分枝和 2 级分枝全部疏除掉，此后还要随时根据辣椒的长势情况随时把植株上那些过密生长、角度位置差、采光不良的无效枝芽疏除掉，以改善通风透光条件。在整个结果期应注重叶面肥和微肥的施用，以提高产量，改进品质。

7. 采收

一般门椒适当早摘，以防坠秧。其他层次上的果实宜在商品成熟后尽快采收，以促进营养向其他果实运输。中后期出现的僵果、畸形果、红果要及时采收。采收时防止折断枝条，以保持较高的群体丰产特性。

（二）病虫害防治

病害主要有猝倒病、病毒病、炭疽病、疫病、灰霉病、疮痂病等；虫害主要有蚜虫、白粉虱、潜叶蝇等。

病虫害防治应以预防为主，综合防治，确保产品安全。预防方法有：（1）合理轮作倒茬，高温浸种杀菌；（2）温室风口设置防虫网，阻止蚜虫等害虫入侵；（3）温室灭菌，定植前利用夏季高温密闭温室，高温杀菌，或 45%百菌清烟剂 250 g，分 10 处点燃熏蒸 12 h；（4）采用膜下暗灌，降低温室湿度，减少叶面结露，减轻病害发生；（5）悬挂黄色防虫板诱杀蚜虫、白粉虱等害虫。（6）药剂防治：①病毒病以防蚜为主，药剂用病毒 A400 倍液、植病灵 800 倍液喷雾；②疮痂病用农用链霉素 200~300 mg/L 的溶液或 65%代森锌 600 倍液，每 7~10 d 1 次，连续 2~3 次；③猝倒病、炭疽病、疫病、灰霉病，可采用 75%百菌清 500 倍液或 50%多菌灵 800 倍液、50%补海因 800 倍液交替喷雾。④虫害可用吡虫啉、功夫、虫螨克、溴氰菊酯等药剂防治。

四、效益分析

（一）经济效益分析

通过应用宽窄行高垄栽培、膜下暗灌、悬挂防虫板及操作行干草全覆盖等技术，减少化学农药用量 20%，农产品合格率 100%，价格优于普通产品 0.2 元/kg 左右，亩增产 10%以上，可亩增收 1 500 元以上。

（二）生态效益、社会效益分析

通过应用辣椒化肥农药减施增效技术模式，植株生长环境良好，植株抗性强，病虫害发生减少，减少生产成本和人工劳动量；降低了产品农药残留，减少了对环境和土壤的污染。

五、适宜区域

我国设施栽培辣椒产区。

六、技术模式

见表 3-5。

七、技术依托单位

联系单位：河南省滑县农业农村局、瑞克斯旺（青岛）农业服务有限公司

联系人：田宏敏

电子邮箱：hxscxxk@126.com

表3-5 河南省日光温室越冬茬辣椒化肥农药减施增效技术模式

项目		7月(旬)			8月(旬)			9月(旬)			10月(旬)			11月(旬)			12月(旬)			1月(旬)			2月(旬)			3月(旬)			4月(旬)			5月(旬)			6月(旬)		
		上	中	下	上	中	下	上	中	下	上	中	下	上	中	下	上	中	下	上	中	下	上	中	下	上	中	下	上	中	下	上	中	下	上	中	下
生育期	越冬茬				育苗期			定植			生长期						收获期																				
措施		高温闷棚			培育壮苗			蘸胶促根剂			宽窄行栽培；膜下暗灌，黄板诱虫、药剂防治						操作行铺干草																				

技术路线：

选种：越冬茬辣椒选用耐低温弱光、产量高、抗病力强的品种。

起垄定植：南北向起垄，大小行定植。大行宽90 cm，沟宽60 cm，垄中央开深、宽各15 cm的浇水沟，做好垄后，用5%菌毒清100～150倍液喷温室内各表面一遍，密闭温室烤棚。盖好膜，达到升高地温、杀菌灭虫、熟化土壤的作用。9月上旬选晴天下午定植，两垄实行三角形定植，株距45 cm，将带土坨苗蘸促根剂（配有杀菌剂）后放入穴内用土封严。

水肥管理：定植3 d后浇透缓苗水，门椒坐果前一般不需浇水。苗期气温较高，白天气温超过30℃要通风换气，防止苗子徒长。当门椒长到3 cm左右时结合浇水每亩施尿素10 kg，磷酸二铵20 kg，或用水溶肥8 kg；进入冬季，要注意保温，适当增施有机肥，可在操作行内铺满麦秸，稻草等干草；浇水应在晴天上午进行，采用膜下暗灌，进入11月，气温逐渐下降，气温逐渐转暖；第二年天气转暖，浇水要见干见湿。此期可结合浇水并根据株长势冲施高磷高钾的水溶肥4～8 kg。多揭勤见光，每亩铺设1000 kg，厚度10 cm左右，钾的水溶肥4～8 kg。

病虫害防治：预防为主，综合防治。①合理轮作倒茬。②温室风口设置防虫网，阻止蚜虫等害虫入侵。③温室灭菌，定植前利用夏季高温密闭温室，高温浸种杀菌；或45%百菌清菌烟剂250 g，分10处点燃熏蒸12 h。④采用膜下暗灌，降低温室湿度，减少叶面结露，减轻病害发生。⑤悬挂防虫板、黄板诱杀蚜虫、白粉虱等害虫。⑥药物防治。

适用范围：设施栽培辣椒产区。

经济效益：通过应用宽窄行高垄栽培、膜下暗灌、悬挂防虫板及操作行干草全覆盖等技术，减少化学农药用量20%，农产品合格率100%，价格优于普通产品0.2元/kg左右，苗增产10%以上，可亩增收1500元以上。

安徽省设施秋延后辣椒化肥农药减施增效栽培技术模式

一、技术概述

在设施秋延后辣椒绿色生产过程中，推广应用土壤石灰氮消毒、高温闷棚、缓释肥育苗、配方施肥、优质生物有机肥、高垄栽培及物理控虫等技术，从而有效控制辣椒生产中土壤连作障碍、病虫害难以防控和农药残留等问题，减少了辣椒生产中化肥用量，保障秋延辣椒高产高效优质生产和农业生态环境安全，促进农业增产增效，农民增收。

二、技术效果

通过应用土壤石灰氮消毒、高温闷棚、缓释肥育苗、配方施肥、优质生物有机肥、高垄栽培及物理控虫等技术，设施秋延辣椒产量增加 16.6%，化肥用量减少 24.3%，农药用量减少 50%，效益增加 52.9%。

三、技术路线

选用高产、优质、抗病品种，采用土壤修复、缓释肥育苗和施用配方肥等措施，减少辣椒移栽缓苗时间，改善辣椒生长的环境，增强辣椒对病虫害的抵抗力，综合利用多种物理、生物、化学等防治措施，减少化肥农药施用量，增强辣椒的丰产能力，通过活体保鲜技术，减少储藏成本，保持辣椒新鲜度，提高产值。

（一）科学栽培

1. 土壤准备

（1）土壤消毒　每亩撒施石灰氮（氰氨化钙）20~40 kg，可同时将 300~500 kg 切短的作物秸秆或适量农家肥均匀撒施在土壤表面；深翻 30 cm，畦高 30 cm，畦宽 60~70 cm，地面用薄膜密封，四周盖严，畦间灌水，要浇足浇透，棚室也完全密封；在高温强光下闷棚 20~30 d。闷棚结束后揭掉棚膜、地膜。

（2）基施肥料选择和用量　每亩均匀施入 280~320 kg 商品生物有机肥和 20~25 kg $N-P_2O_5-K_2O=18-7-20$ 的硫酸钾型复合肥。

（3）整地　深翻 20~25 cm，耙匀整平。按垄宽 140 cm，垄高 10 cm，沟宽 50 cm 起垄。

2. 品种选择

选用适合本地区栽培的优良、抗病品种。

3. 缓释肥育苗

采用穴盘育苗，将草炭、蛭石和珍珠岩按 2∶1∶1 比例混合均匀，在播种时每孔同时添加 3 粒包膜尿素，苗期保证土温在 18~25℃，气温保持在 12~24℃，定植前幼苗低温锻炼，大通风，气温保持在 10~18℃。

4. 定植

定植前铺设滴灌带和黑色地膜，移栽株距为 30~40 cm，行距 40~45 cm。

5. 高垄栽培

加深设施四周排水沟渠，降低地下水位，及时清理沟渠，防止雨水倒灌；高垄栽培，确保辣椒根系所在区域的相对高位，保持辣椒根系区域土壤通透性，提高辣椒植株抗病性；宽窄行种植，及时清理基部黄叶和无效分枝，提高田间通风透光，增强植株抗病性。

6. 不同生育期水肥管理

（1）定植至缓苗　定植后及时滴灌 1 次，每亩用水量 3~5 m³。

（2）缓苗至初花　滴灌 1 次，每亩用水量 5~8 m³。

（3）初花至门椒　初花至门椒膨大期，滴灌 1 次，每亩用水量 5~8 m³；叶面喷施营养液 1 次，每亩喷施 30~50 kg。营养液配制：每 100 kg 水中加入 500 g 尿素和 500 g 磷酸二氢钾。

（4）结果初期　当对椒开始坐果，四母斗椒开始开花时，滴灌追肥 1 次。每亩用（N-P₂O₅-K₂O=18-7-30）大量元素水溶肥料 7~9 kg，用水稀释 200 倍后备用，亩灌溉施肥总水量为 10 m³。同期每亩喷施 30~50 kg 稀释 800~1 000 倍含钙镁硼元素的叶面肥。

（5）结果中期　初果期后 7~10 d，滴灌追肥 1 次。每亩用（N-P₂O₅-K₂O=18-7-30）大量元素水溶肥料 7~9 kg，用水稀释 200 倍后以备灌溉使用，亩灌溉施肥总水量为 10 m³。同期每亩喷施 30~50 kg 稀释 800~1 000 倍液含钙镁硼元素的叶面肥。

（6）结果盛期 结果中期后 7~10 d，滴灌追肥 1 次。每亩用（N-P$_2$O$_5$-K$_2$O=18-7-30）大量元素水溶肥料 7~9 kg，用水稀释 200 倍后备用，亩灌溉施肥总水量为 10 m^3。同期每亩喷施 30~50 kg 稀释 800~1 000 倍液含钙镁硼元素的叶面肥。

（7）膨果期 结果盛期后 7~10 d，滴灌追肥 1 次。每亩用（N-P$_2$O$_5$-K$_2$O=18-7-30）大量元素水溶肥料 7~9 kg，用水稀释 200 倍后备用，亩灌溉施肥总水量为 10 m^3。同期每亩喷施 30~50 kg 稀释 800~1 000 倍液含钙镁硼元素的叶面肥。

7. 活体保鲜

辣椒成熟转成红色后，不采收，保障辣椒植株活力条件下在植株体上保鲜辣椒，待出售时才采收的保鲜方法称为活体保鲜。其管理要点：大棚白天温度保持在 20~28℃，夜间保持在 15~18℃。夜间棚温低于 13℃时，每畦需要扣小拱棚。夜间棚温低于 5℃时，小拱棚还要加盖草帘。随着气温的逐渐下降，小拱棚的草帘要适度加厚。同时生长期注意增加光照，每天早晨要揭开草帘通风，傍晚需要加盖草帘。11 月中旬以后天气渐寒，土壤以偏干为好，棚内空气湿度要低，严防湿度过大植株徒长和落花落果，又可减轻病害。及时摘除老叶、病果，减少辣椒植株营养的消耗和病害的传播。

（二）主要病虫害防治

1. 物理控虫

于辣椒植株顶上约 15 cm 处悬挂黄板、蓝板诱虫，根据色板尺寸每亩放置 20~40 块，能有效减少蚜虫、粉虱、蓟马等昆虫为害，并减少虫传病毒病的发生。

2. 科学合理用药

定植前 1~2 d 用 10 g 35%噻虫嗪悬浮剂+10 mL 62.5 g/L 的精甲·咯菌腈悬浮剂兑水 15 L 淋盘；定植时用 68%金甲霜灵可湿性粉剂 500 倍液对土壤表面进行杀菌消毒；定植后 10 d 左右用 75%百菌清可湿性粉剂 100 g 兑水喷施 1 次；以后根据具体病虫害种类，选用安全、高效、对症药剂，在发生初期及时施药防治。针对地上部病虫，优先采用无水化（如选用烟剂、粉剂、熏蒸剂等）或少水化（如低容量喷雾、静电喷雾等）施药技术施药，如在辣椒生长前期，尽量选用静电喷雾器施药，既能减少农药用量，又能提高对叶片背面等隐蔽部位病虫害的防控作用。

四、效益分析

（一）经济效益分析

通过应用土壤石灰氮消毒、高温闷棚、缓释肥育苗、配方施肥、优质生物有机肥、高垄栽培及物理控虫等技术，设施秋延辣椒产量增加 16.6%，化肥用量减少 24.3%，农药用量减少 50%，效益增加 52.9%。按照辣椒棚室生产平均收益计算每亩可增收 870 元，节省化肥成本 65 元，节省农药成本 120 元。

（二）生态效益、社会效益分析

设施秋延后辣椒高产高效优质栽培技术的应用，能提高辣椒的产量，同时减轻农民的工作量，增产增收，给农民代来切实的效益；能解决设施栽培田块的土壤连作障碍，为辣椒专业户的连作生产提供保障；能减少化学农药的使用，降低商品农药残留风险，有益于保障食品安全；能减轻农业生产过程中对自然环境的污染，生态环保意义重大。

五、适宜区域

安徽省目标产量为 2 000~3 000 kg/亩的设施栽培秋延辣椒产区。

六、技术模式

见表 3-6。

七、技术依托单位

联系单位：安徽省农业科学院土壤肥料研究所、安徽省农业科学院植保与农产品质量安全所、肥东县农业农村局

联系地址：安徽省合肥市农科南路 40 号创新大楼植物营养室

联系人：孙义祥

电子邮箱：sunyixiang@126.com

表 3-6　安徽省设施秋延后辣椒化肥农药减施增效栽培技术模式

项目	6月（旬）上 中 下	7月（旬）上 中 下	8月（旬）上 中 下	9月（旬）上 中 下	10月（旬）上 中 下	11月（旬）上 中 下	12月（旬）上 中 下	1月（旬）上 中 下	2月（旬）上 中 下
生育期	土壤准备	育苗期	育苗期	定植、苗期；初花期	初果期；膨果期	膨果期	转色期	活体保鲜期	活体保鲜期
措施	石灰氮消毒、配方肥、商品有机肥	良种、穴盘、缓释肥	良种、穴盘、缓释肥	高垄栽培、物理控虫、绿色防控、滴灌	水溶肥、水肥一体化技术	水溶肥、水肥一体化技术	水溶肥、水肥一体化技术	滴灌、保温、控湿、防病	滴灌、保温、控湿、防病

技术路线：选种：选用适合本地区栽培的优良、抗病品种。

缓释肥育苗：采用穴盘育苗，珍珠岩、蛭石、将草炭，大通风，气温保持在 10~18℃。珍珠岩和缓释肥按比例混合均匀。苗期保证土温在 18~25℃，气温保持在 12~24℃，定植前幼苗低温锻炼，气温保持在 10~18℃。

定植：定植前铺设滴灌带和黑色地膜，移栽株距为 30~40 cm，行距 40~45 cm。

高垄栽培：确保辣椒根系所在区域的相对高位，提高辣椒根系土壤通透性，保持辣椒植株抗病性，增强植株抗病性。提高田间通风透光，宽垄行种植，及时清理基部黄叶无效分枝，结果初期、中期、盛期、膨果期每 7~10 d 滴灌追肥 1 次，每苗灌溉施肥总水量为 10 m³。每亩用（N-P₂O₅-K₂O =18-7-30）的大量元素水溶肥料 200 倍水稀释 200 倍后以备灌溉施用。同期每苗喷施 30~50 kg 稀释 800~1 000 倍液含钙镁硼元素的叶面肥。

物理控虫：干辣椒苗株顶上约 15 cm 处悬挂黄板、蓝板诱虫，根据色板尺寸每亩放置 20~40 块，能有效减少蚜虫、粉虱、蓟马等昆虫为害，并减少小虫传病毒病的发生。

适用范围：安徽省设施栽培秋延辣椒产区，目标产量为 2 000~3 000 kg/亩。

经济效益：通过应用土壤石灰氮消毒、高温闷棚、高温育苗、配方施肥、缓释肥育苗、优质生物有机肥、高垄栽培及物理控虫等技术，设施秋延后辣椒产量增加 16.6%，化肥用量减少 24.3%，农药用量减少 50%，效益增加 52.9%。按照辣椒棚室生产平均收益计算每亩可增收 870 元，节省化肥成本 65 元，节省农药成本 120 元。

湖北省设施秋延后辣椒化肥农药减施增效栽培技术模式

一、技术概况

在设施秋延后辣椒绿色生产过程中，推广应用秸秆还田干湿法闷棚、精量弥粉机施药等技术，从而有效调控设施辣椒生长过程土壤连作障碍、减少化肥和化学农药使用，保障辣椒农产品质量安全和农业生态环境安全，促进农业增产增效，农民增收。

二、技术效果

通过秸秆还田，减少化学肥料用量15%以上；夏季高温闷棚减少了土传病虫害发生，利用弥粉机施药，可减少化学农药使用量79.3%，辣椒产量提高40%以上。

三、技术路线

（一）科学栽培

1. 品种选择

选择矮秆、耐高温、耐低温、皮薄肉厚商品性好的辣椒品种。

2. 育苗管理

选用常规基质，草炭∶珍珠岩的体积比为2∶1，穴盘育苗，播种期7月中旬，大棚覆盖育苗，高温达35℃时用六针遮阳网覆盖遮阴；子叶期用70%代森锰锌可湿性粉剂1 500倍喷施叶面，每7 d喷施1次，共喷施2~3次。

3. 干湿法闷棚

夏季对定植用大棚进行秸秆强还原处理：大棚土壤深耕后覆膜暴晒7 d，撤掉地膜，每亩加入粉碎的玉米（或茄果类蔬菜）秸秆（长度为1~3 cm）600~700 kg和发酵牛粪900~1 100 kg，深翻30 cm，旋耕混匀后灌水至饱和，用塑料薄膜密封，阻隔空气扩散进入土壤，覆盖棚膜进行高温强还原处理20 d以上。

4. 整地施肥

加入底肥 $N-P_2O_5-K_2O=15-15-15$ 的复合肥70~90 kg/亩、含生物菌的腐熟鸡粪或羊粪或牛粪等商品有机肥 220~260 kg/亩，均匀全田撒施，耕翻入土。按 1.3 m 作畦，畦面 90 cm、开沟机开沟深 30 cm、宽 40 cm，畦面覆盖 1.3 m 宽黑色地膜，8 月上旬准备完毕。

5. 定植

定植前 3 d 覆盖无滴大棚膜和遮阳网，选择无病壮苗定植，株行距 30 cm×45 cm，浇足定根水，连续浇水 3 d，缓苗后培土平穴。

（1）温湿度管理　利用遮阳网、大棚膜和中棚膜覆盖通风调节温度和湿度，白天温度保持在 30℃ 以下，晚上温度保持在 15~20℃，夜晚温度 12℃ 以下放下边膜保温，夜温低于 8℃ 在棚内搭中棚，外界温度低于 −8℃ 时加浴霸灯加温避免冻害，每亩保持 4 400 W，均匀设置在棚内，浴霸灯应高于植株顶部至少 1.2 m，24 时至翌日 6 时开灯，大棚膜和中棚膜盖严压实。

（2）光照管理　在 10~35℃ 的温度范围内，增加光照。

（3）肥水管理　定植缓苗后每亩追施磷酸二氢钾叶面肥 0.8~1.2 kg、尿素 5~10 kg，初果期、盛果期每亩追施 $N-P_2O_5-K_2O=15-15-15$ 的复合肥 10~15 kg，以后采收 2~3 次追施 $N-P_2O_5-K_2O=15-15-15$ 的复合肥 10~15 kg，低温期穴施发酵腐熟的商品有机肥或自制发酵腐熟的牛粪、羊粪 80~120 kg/亩，2~3 次，随水冲施生物菌液 1~3 kg/亩。低温期间出现落花落果可叶面喷施赤霉素 20~40 mg/L 1 次，灌水以透而不渍为标准，选择晴天灌水，开棚通风以降低空气湿度。

（4）采收　门椒坐果后摘除，从 10 月中旬开始分批采收，可采收至翌年 4 月中旬。采收时注意不要折断植株。

（二）主要病虫害防治

苗期注意菌核病，定植后注意病毒病、青枯病；主要虫害有蚜虫、烟粉虱、菜青虫、斜纹夜蛾等。可选用弥粉机喷洒粉剂防治病虫害，效果较为理想。大棚病害粉尘法防治技术，可防治大棚内灰霉病、疫病、蚜虫、白粉虱等。采用精量电动弥粉机，每个大棚（300 m²）所需时间 3 min，每亩喷粉量 100 g，在病虫害发生前或发生初期开始施药，每隔 7 d 喷 1 次，连喷 2 次，整个生长季共喷 6 次左右。每亩化学农药制剂总用量约 600 g。

四、效益分析

(一) 经济效益分析

通过秸秆还田减少化学肥料用量 15% 以上；大棚内利用精量弥粉机施药，可减少化学农药使用量 70% 以上、半亩大棚用药时间 3 min 左右，极大降低了施药的人工成本。通过延长采收期，辣椒产量提高 40% 以上，春节前后采收，丰富了辣椒的市场供应、单价高、效益好，每亩节本增收 500 元以上。

(二) 生态效益、社会效益分析

通过设施辣椒化肥农药减施增效栽培技术，尤其是矮秆抗低温品种选择、秸秆还田干湿法闷棚消毒、深沟高畦整地、多重覆盖、穴施有机肥保温、冲施菌液、极低温下浴霸加温保苗、赤霉素喷花保花促果；采收后消毒防病等措施，杀灭了土壤病菌和害虫，提高了棚内地温和气温，改善土壤结构，丰富团粒结构，降低板结，减轻、延缓盐渍化程度。

五、适宜区域

长江中下游流域地区秋冬设施辣椒产区。

六、技术模式

见表 3-7。

七、技术依托单位

联系单位：武汉市农业科学院蔬菜研究所
联系地址：武汉市黄陂武湖现代农业园区
联系人：周国林、黄兴学
电子邮箱：glzhou@126.com

表3-7 湖北省设施辣椒秋延后化肥农药减施增效栽培技术模式

项目	2月（旬）上 中 下	3月（旬）上 中 下	4月（旬）上 中 下	5月（旬）上 中 下	6月（旬）上 中 下	7月（旬）上 中 下	8月（旬）上 中 下	9月（旬）上 中 下	10月（旬）上 中 下
生育期（春茬）	管理和采收	管理和采收	管理和采收			育苗期	整地底肥管理 / 定植	田间管理期	管理和采收
措施	多重覆盖保温管理	多重覆盖保温管理	多重覆盖保温管理			秸秆处理 高温闷棚	整地底肥管理	杀虫灯、生物技术、精量施药、保温补光	杀虫灯、生物技术、精量施药、保温补光

技术路线

品种选择：选择矮秆、耐高温、耐低温、皮薄肉厚商品品性好的辣椒品种。

育苗管理：选用常规基质、草炭；珍珠岩的体积比为2：1，穴盘育苗，播种期7月中旬，大棚覆盖，高温达35℃时用六针遮阳网覆盖遮阴；子叶期用70%代森锰锌可湿性粉剂1 500倍喷施叶面，7 d喷施1次，共喷施2~3次。

干湿法闷棚：大棚土壤深耕晒7 d，撒掉地膜，每亩加入粉碎的玉米（或茄果类蔬菜）秸秆（长度1~3 cm）600~700 kg和发酵牛粪900~1 100 kg，深耕30 cm，旋耕混匀后灌水至饱和，阻隔空气扩散进入土壤，覆盖大棚膜进行高温强还原处理20 d以上。

整地施肥：加入底肥复合肥220~260 kg/亩，商品有机肥70~90 kg/亩，均匀全田撒施，耕翻入土。按1.3 m作畦，畦面宽黑色地膜，8月上旬准备完毕。开沟机开沟深30 cm，宽40 cm，畦面覆盖1.3 m覆盖膜，选择无病虫苗定植，株行距30 cm×45 cm，浇足定根水，连续浇水3 d，缓苗

定植：定植前3 d覆盖大棚膜和遮阳膜，定植无病壮苗……后培土平穴。

温湿度管理：利用遮阳网，大棚膜和中棚膜覆盖通风调节温度和湿度，白天温度保持在30℃以下，晚上温度保持在15~20℃，夜晚温度在12℃以下时放下边膜保温，夜温低于8℃时在棚内搭中棚，外界温度低于-8℃时加浴霸灯加温避免冻害，每亩4 400 W，灯高于植株顶部至少1.2 m，24时至翌日6时开灯。

肥水管理：定植缓苗后每亩追施叶面肥0.8~1.2 kg，尿素5~10 kg，初果期、盛果期每亩追施复合肥10~15 kg，以后采收2~3次后追加复合肥10~15 kg，低温期穴施EM生物菌液1~3 kg。低温期间出现落花落果可叶面喷施赤霉素20~40 mg/L 1次，灌水以透而不漏，灌水以透晴天湿度，选择晴天灌水，开棚通风以降低空气湿度；叶面肥为磷酸二氢钾。

病虫害防治：苗期注意猝倒病、定植后注意病毒病、青枯病，主要虫害有蚜虫、烟粉虱、菜青虫、斜纹夜蛾等。可选用药粉机喷洒粉剂防治病虫害，效果较为理想。

采收：门椒坐果后摘除，从10月中旬开始分批采收辣椒产区，可采收至翌年4月中旬。采收时注意不要折断植株。

适用范围

长江中下游流域地区设施辣椒产区

经济效益

通过秸秆还田减少化学肥料用量15%以上；大棚内利用精量弥粉机施药，可减少施药的人工成本。大棚内利用精量弥粉机施药，可减少化学农药使用量70%以上，半面大棚用药时间3 min左右，极大降低了施药的人工成本。通过延长采收期，辣椒产量提高40%以上，春节前后采收，丰富了辣椒的市场供应，单价高，效益好，每亩节本增收500元以上。

湖南省设施辣椒化肥农药减施增效栽培技术模式

一、技术概况

在设施辣椒绿色生产过程中，推广应用夏季高温回缩整形修剪，以及物理、生物与化学防治结合的病虫害综合防治等技术，从而有效减少农药使用，保障辣椒生产安全、农产品质量安全和农业生态环境安全，促进农业增产增效，农民增收。

二、技术效果

通过应用辣椒回缩整形修剪技术以及物理、生物与化学防治结合的病虫害综合防治方法等绿色生产、防控技术，农药施用量减少70%，减少投入和用工成本40%，农产品合格率达100%。

三、技术路线

选用高产、优质、抗病品种，培育健康壮苗，采取土壤改良、物理和化学农药综合防治等措施，做到一种双收，提高辣椒丰产能力，改善辣椒的生长环境，控制、避免、减轻辣椒相关病虫害的发生和蔓延。

（一）科学栽培

1. 品种选择

选用适合本地区栽培的优良、抗病品种。

2. 培育壮苗

一般湖南中部地区在10月中旬开始保护地育越冬苗，采用营养钵或穴盘育苗，营养土要求疏松通透，营养齐全，土壤酸碱度中性到微酸性，不能含有对秧苗有害的物质（如除草剂等），以及病原菌和害虫。幼苗在室外温度8℃以下时必须加扣双层膜保温，在正常情况下低温锻炼，大通风，大棚温度保持在10~18℃。

3. 及时整地备用

施用生石灰70 kg/亩进行土壤消毒，每亩不少于1 000 kg有机肥（pH≥6.5）加45%硫酸钾复合肥20 kg作底肥深施，作畦后铺好滴灌带，一般在1月完成大棚整地。

4. 适时移栽

在气温适宜的晴朗天气条件下，在翌年2月初至3月上旬均可以进行定植，密度不低于4 500株/亩。以利于促早发，辣椒早上市。

5. 大棚辣椒春季及早夏管理

健身栽培，加强肥水管理和大棚通风，减少病害发生。棚外及时开启杀虫灯，棚内4月初挂黄板，投放赤眼蜂、瓢虫等天敌。基本不要打药防治病虫害。

6. 夏季辣椒回缩整形修剪

7月初，大棚里温度白天有时已经到达40℃以上，塑料大棚只起到避雨作用，高温抑制作物正常生长，加上前期肥水条件好，大棚辣椒长势非常茂盛，高度郁蔽，通风不良，坐果率低，产量下降，病虫害也开始失控，特别是蚜虫大量发生。露天栽培辣椒已经大量上市，保护地辣椒价格、管理没有任何优势，进行回缩修剪，回缩后的辣椒需加强肥水管理，重新萌发新枝，气温适宜快速恢复其生长，使辣椒延迟集中上市，增加辣椒后期产量和后期果实商品率。

（二）主要病虫害防治

1. 物理方法诱杀害虫

利用蚜虫、粉虱的趋性，在设施内放置黄板，进行诱杀，减少虫口基数；棚外安置杀虫灯可以诱杀烟青虫、甜菜夜蛾等鳞翅目害虫。

2. 天敌投放控制害虫

把害虫控制在不影响辣椒产量范围，每亩放赤眼蜂和瓢虫卵卡6~8个，每月投放一次。

健身栽培，加上虫害管理及时，大棚辣椒不会出现大的、爆发性病虫害灾害，基本不需要使用农药。

四、效益分析

（一）经济效益分析

通过应用辣椒回缩整形修剪技术以及物理、生物与化学防治结合的病虫害综合防治等绿色生产、防控技术，辣椒避开低价行情阶段，减少高温对辣椒结果影响，减少病虫害防治难度，农药施用量减少70%，减少投入和用工成本40%，农产品合格率达100%。

（二）生态效益、社会效益分析

辣椒夏季高温回缩整形修剪技术的应用，可以提高辣椒的秋季产量，增产增收，给农民带来切实的效益；病虫害绿色防控技术的应用，减少了农药使用，降低商品农药残留，商品100%达到绿色农产品要求，有益于保障食品安全；减轻了农业生产过程中对自然环境的污染，环保意义重大。

五、适宜区域

南方早春设施栽培辣椒，秋延持续供应，一种双收辣椒产区。

六、技术模式

见表3-8。

七、技术依托单位

联系单位：潭市俏仙女农牧有限公司
联系人：李娇

表3-8 湖南省塑料大棚辣椒化肥农药减施增效栽培技术模式

项目		10月(旬)	11月(旬)	3月(旬)	4月(旬)	5月(旬)	6月(旬)	7月(旬)	8月(旬)	9月(旬)	10月(旬)
		上 中 下	上 中 下	上 中 下	上 中 下	上 中 下	上 中 下	上 中 下	上 中 下	上 中 下	上 中 下
生育期	春茬	育苗期		定植		收获期	高温闷棚	收缩整型	追肥追水		收获
措施		选择优良品种		植物生长调节		药剂防治	杀虫灯				

技术路线：
选种：选用适合本地区栽培的优良、抗病品种。
植物生长调节：定植前4~5 d，碧护20 000倍液喷施。
主要病虫害防治：①防治病虫害：定植前碧护20 000倍液喷施；盛花期前，碧护20 000倍液喷施。利用害虫对不同波长、颜色的趋性，在设施内放置黄板、蓝板，对害虫进行诱杀。②调节pH值。整地前，亩施生石灰70 kg，有机肥1 000 kg，有机肥pH值在6.5以上。③安装杀虫灯，4月中旬棚外安装杀虫灯，诱杀烟青虫、甜菜夜蛾等鳞翅目害虫。④释放赤眼蜂和瓢虫卵卡6~8个，每月投放一次。每亩放赤眼蜂天敌。

适用范围：
湖南塑料大棚栽培早春辣椒产区

经济效益：
通过应用辣椒回缩整形修剪技术以及物理、生物与化学防治结合的病虫害综合防治等绿色生产、防控技术，辣椒避开低价行情阶段，减少高温对辣椒结果影响，减少病虫害防治难度，农药施用量减少70%，农药施用量减少40%，减少投入利用工成本40%，农产品合格率达100%。

湖南省设施秋延后辣椒化肥农药减施增效栽培技术模式

一、技术概况

在设施秋延后辣椒绿色生产过程中，推广应用辣椒秋冬挂树保鲜高效栽培、辣椒三膜覆盖特早熟栽培、辣椒再生栽培、滴灌带水肥一体化，以及物理与化学防治结合的病虫害综合防治等技术，有效调控辣椒生长过程土壤连作障碍、农药残留，保障辣椒生产安全、农产品质量安全和农业生态环境安全，促进农业增产增效，农民增收。该模式实施推广有益于提高辣椒绿色生产水平，有益于保障农产品的质量安全。

二、技术效果

通过应用辣椒秋冬挂树保鲜高效栽培、辣椒三膜覆盖特早熟栽培、辣椒再生栽培、滴灌带水肥一体化，以及物理与化学防治结合的病虫害综合防治等技术，减肥50%以上，白粉虱、蚜虫、灰霉病、病毒病控制率达80%，农药施用量减少30%，产量比传统栽培提高60%以上，减少投入和用工成本40%，农产品合格率达100%。

三、技术路线

选用高产、优质、抗病品种，培育健康壮苗，采取滴灌带水肥一体化、土壤改良、物理和化学农药综合防治等措施，提高辣椒丰产能力，增强辣椒对病害、虫害、草害的抵抗力，改善辣椒的生长环境，控制、避免、减轻辣椒相关病虫害的发生和蔓延。

（一）科学栽培

1. 品种选择

选用适合本地区栽培的抗寒、优良、抗病品种。

2. 培育壮苗

于7月中旬在有遮阳网的智能大棚中采用基质穴盘育苗，当气温高于35℃时用遮阳网覆盖遮阴；齐苗后喷施一次多菌灵800倍液+300倍KH_2PO_4防病提苗。辣椒苗5~7叶时多开棚通风炼苗。

3. 干湿法闷棚

大棚土壤深耕覆膜暴晒7 d后，撤掉地膜。

4. 整地施肥

亩施商品有机肥500 kg或腐熟牛粪2 000 kg加硫酸钾型复合肥50 kg，撒施后翻耕2遍，整平，按1.3 m开浅沟（10~15 cm），每50 cm铺设滴灌带，盖银黑地膜。

5. 移栽

于 8 月中旬傍晚定植到塑料大棚内，株行距（40 ~ 50）cm × 50 cm，亩栽 2 500 ~ 2 800 株。

6. 环境控制

移栽初期高温天气利用遮阳网、揭膜通风进行降温，冬季来临利用大棚膜、中棚膜覆盖保温，适时通风调节湿度。白天温度调节在 30℃ 以下，晚上温度保持在 15 ~ 20℃。

7. 肥水管理

选择晴天上午浇水，开棚通风以降低空气湿度。不干不浇，利用水肥一体化滴灌装置同步操作。以水溶性冲施肥为主，少量多次、浓度低，水适量，结果盛期每 5 ~ 7 d 追施肥水 1 次，以氮磷钾复合型肥料为主。

（二）主要病虫害防治

1. 防虫板诱杀害虫

利用害虫对不同波长、颜色的趋性，在设施内放置黄板对蚜虫、烟粉虱等害虫进行诱杀。

2. 诱蛾灯诱杀害虫

在设施内悬挂诱蛾灯对辣椒钻心虫进行诱杀。

3. 防治病毒病

利用 10% 磷酸三钠浸种 20 min 消毒。

4. 蚜虫、烟粉虱防治

利用吡虫啉、吡蚜酮防治蚜虫，利用啶虫脒、吡虫啉、噻虫嗪等交替使用或熏蒸异丙威烟熏剂防治烟粉虱。

四、效益分析

（一）经济效益分析

通过应用辣椒秋冬挂树保鲜高效栽培、辣椒三膜覆盖特早熟栽培、辣椒再生栽培、水肥一体化，以及物理与化学防治结合的病虫害综合防治等技术，减肥 50% 以上，白粉虱、蚜虫、灰霉病、病毒病控制率达 80%，农药施用量减少 30%，产量比传统栽培提高 60% 以上，减少投入和用工成本 40%，农产品合格率达 100%。每亩产值最高可达 35 000 元。

（二）生态效益、社会效益分析

设施秋延后辣椒高效栽培技术的应用，提高了辣椒的产量，降低农药的用量，同时也减轻农民的工作量，增加了农民收入，给农民带来切实的效益；减少了农药的使用，降低商品农药残留，商品百分之百达到绿色农产品要求，有益于保障食品安全；减轻了农业生产过程中对自然环境的污染，环保意义重大。

五、适宜区域

湘北设施栽培秋延后辣椒产区。

六、技术模式

见表3-9。

七、技术依托单位

单位名称：岳阳市农业科学研究院蔬菜所
联系地址：岳阳市岳阳楼区洛王路
联系人：古湘
电子邮箱：980271097@qq.com

表3-9 湖南省设施秋延后辣椒化肥农药减施增效栽培技术模式

项目		7月（旬）			8月（旬）			9月（旬）			10月（旬）			11月（旬）			12月（旬）			1月（旬）			2月（旬）		
		上	中	下	上	中	下	上	中	下	上	中	下	上	中	下	上	中	下	上	中	下	上	中	下
生育期	秋延茬	育苗期				定植								收获期											

措施

选择优良品种，智能温室育苗，高温闷棚，搭设遮阳网，铺设滴灌带，施有机肥，覆盖银黑膜。

防虫板杀害虫，诱蛾灯诱杀害虫。

药剂防治，水肥一体化灌溉补肥。

技术路线

选种：选用适合本地区栽培的抗寒、优良、抗病品种。

培育壮苗：于7月中旬在有遮阳网的智能阳网的智能温室大棚中采用基质穴盘育苗。辣椒苗5~7叶时多开棚通风炼苗。当气温高于35℃时用六针遮阳网覆盖遮阴；齐苗后喷施一次多菌灵800倍液+300倍 KH_2PO_4 防病提苗。

整地施肥：大棚深耕覆膜暴晒7 d后，撒掉地膜，苗圃商品有机肥500 kg或腐熟牛粪2 000 kg加磷酸钾复合肥50 kg，撒施后翻耕2遍，整平。按1.3 m开浅沟（10~15 cm），每50 cm铺设滴灌带，盖银黑地膜。

移栽：于8月中旬傍晚定植大棚内，株行距（40~50）cm×50 cm，苗栽2 500~2 800株。

环境控制：移栽初期高温利用遮阳网，揭膜通风进行降温，中棚膜覆盖保温，冬季来临利用大棚膜、中棚覆盖保温，适时通风调节湿度。白天温度调节在30℃以下，晚上温度保持在15~20℃。

肥水管理：选择晴天上午浇水，开棚通风以降低空气湿度，不干不浇，以水溶性冲施肥为主。运用滴灌带水肥一体化同步操作。生长期每5~7 d追一次水肥，以氮磷钾复合型肥料为主。

病虫害防治：①防虫板诱杀害虫。利用害虫对不同波长、颜色的趋向性，在设施内放置黄板诱杀对蚜虫、烟粉虱等害虫进行诱杀。②诱蛾灯诱杀。在设施内悬挂诱蛾灯（置人昆虫性诱剂）对辣椒钻心虫进行诱杀。③防治病毒病。10%磷酸三钠浸种20 min消毒。④蚜虫、烟粉虱防治：用吡虫啉、吡蚜酮防治蚜虫，用啶虫脒、噻虫嗪等交替使用或烟熏剂防治烟粉虱。

适用范围

湘北地区设施秋延后辣椒栽培

经济效益

通过应用辣椒秋冬挂秋延后辣椒栽培高效栽培、辣椒三膜覆盖特早熟栽培、辣椒再生栽培，水肥一体化，以及物理与化学防治结合的病虫害综合防治等技术，减肥50%以上，白粉虱、蚜虫、灰霉病、病毒病控制率达80%，农药施用量减少30%，产量比传统栽培提高60%以上，农产品合格率达100%。每亩产值最高可达35 000元，减少投入和工本费用达35 000元。

辽宁省日光温室越冬茬辣椒化肥农药减施增效技术模式

一、技术概况

在设施辣椒绿色生产过程中，推广应用秸秆还田、太阳能消毒、有机肥和秸秆等有机物料部分替代化肥、高畦大垄、膜下滴灌、水肥一体化、温室环境调控、植株管理、有机与无机水溶肥综合应用、以及物理、生物和化学等病虫害综合防控技术，有效解决了土壤连作障碍、化肥过量使用、农药残留等问题，保障了日光温室辣椒的绿色高效生产、农产品质量安全和生态环境保护，对促进设施蔬菜的节本、提质和增效具有重要意义。

二、技术效果

综合应用辽沈Ⅳ型高效节能日光温室及其配套环境调控、太阳能高温闷棚消毒、有机物料部分替代化肥、增地温促根壮秧土壤管理、水肥一体化、优质高效肥料、病虫害物理与生态综合防治等技术，亩增产9.6%以上，化肥施用量减少32%以上，农药使用量降低40%以上，亩增加效益2 800元，增收10%以上，农产品合格率达100%。

三、技术路线

（一）科学栽培

1. 定植前准备

（1）土壤及温室消毒　在7~8月温室空闲期，进行太阳能高温闷棚消毒。彻底清除棚内上茬作物残体及其周围杂草、杂物，然后土壤表面撒施石灰氮60 kg/亩和粉碎秸秆1 000~1 500 kg/亩，进行深翻起垄，浇大水，覆盖地膜，密闭温室20 d以上，棚内气温达70℃以上，表层土温达55℃以上，杀灭温室空间和土壤的病虫草害。

（2）施基肥　施用充分腐熟的优质农家肥10 m³/亩，硫基氮磷钾复合肥30 kg/亩。

（3）营养土栽培　在定植前20 d左右，施用粉碎秸秆1 000 kg/亩和充分腐熟发酵的农家肥10~15 m³/亩混合平铺于地面，旋耕机深翻2遍，然后整地作15~20 cm高垄，于定植前10 d安装微喷灌，进行浇透水，使垄沉实并为定植造好墒情。

（4）整地作垄　用旋耕机反复两次深耕土壤，然后起垄，每垄间距1.2 m，垄高15~20 cm，垄面宽80 cm。用耙子搂平压实垄面，随后将两根滴灌管放在垄面苗间两侧，滴灌管间距10~13 cm，然后覆盖黑色地膜，也可覆盖银色除草膜，增加光照，利于生长。

2. 品种选择

选择抗寒、高产、抗病的品种。

3. 秧苗定植

（1）秧苗沾药水处理　用 2 mL 阿米西达+2 mL 阿克泰+0.2 g 双吉尔兑水 5 kg 配置成药液。定植前将穴盘秧苗的根部在药液中浸泡 3~5 s。

（2）适时定植　自育苗在 6~7 叶期定植，穴盘育苗在 5~6 叶期定植，定植前 5~7 d 及时降温炼苗，增强秧苗的抗性，利于缓苗。

（3）合理密植　每垄双行栽培，越冬茬栽培青椒（大果型），每延长米栽植 2 株。麻辣型（大果型）每亩 2 700 株左右；尖椒（麻辣树型）每亩 3 200 株左右。

4. 田间管理

（1）温度管理　缓苗期：昼温保持 26~30℃，夜温保持 18~22℃，利于促根缓苗。开花期：适当降温，昼温 25~28℃，夜温 15~18℃，利于坐果。

膨果期：昼温 26~30℃，夜温 15~18℃，促果膨大，提质增产。

（2）光照管理　苗期适当遮荫躲避高温强光，遮盖时间长短以当时光强弱而定，促发新根，保证每日 8~10 h 光照。冬季寒冷季节，棚膜上悬挂自动清洁条带，增加棚膜透光率；尽量早揭晚盖保温被，延长光照时间。

（3）湿度管理　空气相对湿度 65%~80%。

（4）水分管理　坚持小水勤灌，不易过量灌水，以浇透为宜，每次灌水 10 m³ 左右，每 10~15 d 浇 1 次；浇水前注意天气预报，做到冷尾暖头浇水；同时，避免浇水时土壤温差过大，应以揭毡后浇水为宜，减轻下午浇水造成水温与地温差距过大，对根系不利影响。春秋适宜季节每次灌水 20 m³ 左右，每 7 d 浇 1 次。

（5）合理追肥　以追施平衡型水溶肥为主，避免因追施高钾肥造成小果和僵果，应用水肥一体化，每次施用优质水溶性复合肥 6~8 kg/亩，每 7 d 左右 1 次；冬季低温弱光期每亩每次施用腐殖酸、氨基酸、海藻肥等有机型水溶肥 15~20 L，每 10~15 d 左右 1 次。

（6）植株管理　第一次分枝后，分枝之下主茎各节的叶腋芽，应及时抹去，一般采用双干整枝，根据植株长势选择是否摘除门椒，从双杆变四杆时选择生长势强的双杆，侧枝留一个椒，椒前留 2~3 片叶掐掉生长点，依此类推。及时摘除植株下部的病残叶、黄叶、衰老叶，同时去掉内膛无效枝。

（二）常见病虫害防治

1. 农艺方法

使用高产抗病耐低温品种。

2. 物理方法

防虫网、黄蓝板、杀虫灯。

3. 生态方法

太阳能高温消毒；冬季多层保温覆盖，增光升温蓄热；三段式通风降湿。

4. 生物方法

捕食螨、丽蚜小蜂等昆虫天敌；生物制剂等。

5. 化学方法

（1）根部病害　每 15 kg 水加入 10 g 70%福·噁霉尿药剂进行灌根。

（2）病毒病　用 13.7%苗参碱、硫磺，每 15 kg 水加入 50 g 药剂进行叶面喷雾；用 20%盐酸吗啉胍，每 15 kg 加入 20 g 药剂进行叶面喷雾。

（3）灰霉病　用 50%灰普，每 15 kg 加水 30 g 药剂进行叶面喷雾；用 10%多抗霉素，每 15 kg 加入 30 g 药剂进行叶面喷雾。

（4）蓟马　用 6%艾绿土，每 15 kg 水加入 15 g 药剂进行叶面喷雾。

（5）白粉虱　用 224 特福力悬浮剂，每 15 kg 水加入 10 g 药剂进行叶面喷雾；用 10%联苯菊脂，每 15 kg 水加入 20 g 药剂进行叶面喷雾。

四、效益分析

（一）经济效益分析

通过应用高效节能日光温室及其配套环境调控、高温闷棚消毒、有机物料部分替代化肥、增地温促根壮秧土壤管理、水肥一体化、优质高效肥料、病虫害物理与生态综合防治等技术，达到亩增产 9.6%以上，化肥施用量减少 32%以上，农药使用量降低 40%以上，亩增加效益 2 800 元，增收 10%以上，农产品合格率达 100%。

（二）生态、社会效益分析

通过推广应用新品种、新技术，减少了农药化肥等投入，降低了辣椒农药残留，有效提高蔬菜产品质量，大幅度提高产量，使蔬菜达到绿色标准，促进农民增产增收；同时减轻了因化肥农药投入过量导致的环境污染。

五、适宜区域

辽宁省及其周边省市日光温室栽培辣椒产区。

六、技术模式

见表 3-10。

七、技术依托单位

联系单位：沈阳农业大学园艺学院

联系人：孙周平

电子邮箱：sunzp@syau.edu.cn

表3-10　辽宁省日光温室越冬茬辣椒化肥农药减施增效栽培技术模式

项目	7月（旬）上	中	下	8月（旬）上	中	下	9月（旬）上	中	下	10月（旬）上	中	下	11~次年2月（旬）上	中	下	3~7月（旬）上	中	下
生育期		育苗						定植						收获期				
措施		选择优良品种																
				秸秆还田，太阳能消毒			大垄双行，膜下滴灌						三段式通分降温					
		施底肥，整地作垄					秧苗根部药剂消毒						有机和无机水溶肥综合应用					
						炼苗	适时合理密植						双干整枝植株管理					
													病虫害综合防控					

技术路线：

选种：选用温室越冬、高产、抗病的品种。

土壤及温室消毒：土壤表面每亩撒施石灰氮60 kg和粉碎秸秆1 000 kg，再施入基肥，深翻起垄，浇大水，覆盖地膜，密闭棚室15~30 d，棚室内气温可达到70℃以上，土壤中温度可达到55℃以上，杀灭土壤、棚室空间的病虫草害。

炼苗壮秧：定植前5~7 d加强通风，低温炼苗。

秧苗根部药剂消毒：用2 mL阿米西达+2 mL阿克泰+0.2 g双吉尔兑水5 kg的药液，浸泡秧苗根部3~5 s，用手轻拿叶子取出秧苗进行定植。

苗保苗：麻辣大果型2 700株，麻辣树形尖椒3 200株。

有机型水溶肥：冬季低温弱光期，以腐殖酸、氨基酸、海藻肥等有机型水溶肥为主。

病虫害非化学药剂防治：（1）农艺方法：使用高产抗病耐低温品种。（2）物理方法：种子消毒，张挂防虫网，悬挂黄、蓝板，或挂杀虫灯诱杀害虫。（3）生态方法：夏季太阳能高温闷棚消毒；冬季多层保温覆盖，增光升温蓄温，加强保温，棚内通风降湿。（4）使用生物方法，捕食螨或生防昆虫（如丽蚜小蜂）进行预防。

病虫害化学药剂防治：（1）根部病害：15 kg水加入10 g的70%福·噁霉尿药剂进行灌根；（2）病毒病：15 kg水加入50 g的13.7%苗参碱、硫磺药剂叶面喷雾，或15 kg水加入20 g的20%盐酸吗啉胍药剂进行叶面喷雾；（3）灰霉病：15 kg水加入30 g的50%灰普药剂（山东海利尔）进行叶面喷雾，或每15 kg加入30 g的10%多抗霉素药剂进行叶面喷雾；（4）蓟马：15 kg水加入15 g的6%艾绿土药剂或10%联本菊脂药剂进行叶面喷雾；（5）白粉虱：15 kg水加入10 g的224特福力悬浮剂进行叶面喷雾。

适用范围	辽宁省及其周边地区日光温室越冬茬栽培辣椒产区
经济效益	日光温室越冬茬辣椒亩增产9.6%以上，化肥使用量减施32%以上，农药使用量降低40%以上，苗增加效益2 800元，增收10%以上，农产品合格率达到100%，取得明显效果。

第四部分

设施茄子化肥农药减施增效栽培技术模式

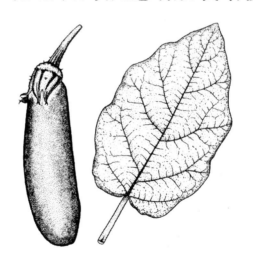

黑龙江省塑料大棚秋延后茄子化肥农药减施增效栽培技术模式

一、技术概况

在设施茄子绿色生产过程中，推广应用嫁接、覆盖黑膜、物理与化学防治结合的病虫害综合防治技术，延长茄子采摘时间，有效缓解茄子生长过程土壤连作障碍、农药残留的问题，保障茄子生产安全、农产品质量安全和农业生态环境安全，促进农业增产增效，农民增收。

二、技术效果

通过推广应用茄子嫁接（靠接）技术，结合物理+喷施低毒农药等绿色生产、防控技术，延长采收 8~10 d，产量提高 8% 以上，农药施用量减少 30%~50%，减少投入和用工成本 30%，农产品合格率达 100%。

三、技术路线

选用耐热、耐湿、耐寒、高产、品质好、抗逆性强品种，培育健康壮苗，采取嫁接、土壤改良、物理和化学农药综合防治等措施，延长上市时间，提高茄子丰产能力，增强茄子对病害、虫害、草害的抵抗力，改善茄子生长环境，控制、避免、减轻茄子相关病虫害的发生和蔓延。

（一）科学栽培

1. 品种选择

选择适合本地区栽培的耐热、耐湿、耐寒、高产、品质好、抗逆性强，适合市场销售的优良品种。

2. 科学育苗

（1）播种期确定　茄子育苗期较长，50~60 d，应根据当地适宜定植时间按育苗期往前推算，确定播种期。

（2）种子处理　先用清水浸种 10 min，漂出秕籽。然后用 55℃ 温水浸种 10~15 min，不断搅拌，水温下降到 20~30℃ 时浸种 10~12 h，搓去种子表面的黏性物质。然后在 25~30℃ 条件下催芽，经 5~6 d，60%~70% 种子出芽时便可播种。

（3）苗床播种　茄子播种应配制疏松肥沃的床土，应采用至少 3 年未种植过茄果类蔬菜的田园土 60%、充分腐熟的粪肥 30% 和细沙 10%。为预防茄子苗期猝倒病和立枯病，可实行药土播种（土壤消毒），即每平方米用等量混合的五氯硝基苯和代森锌混合药剂 7~8 g 与 15 kg 干细土混匀制成药土，于播种前撒 2/3，播种后撒 1/3。将催好芽的种子，均匀地撒播在浇足底水的苗床中，覆上 1 cm 湿润细土。

（4）播种后管理　出苗期间白天控制在 25~30℃，夜间 18~20℃，播后 5~6 d 子叶陆续出土，齐苗后适当降低室温。由于大棚秋延后茄子育苗期气温较高，很容易造成土壤水分蒸发，高温下幼苗生长快，易徒长，所以要适当控制浇水，做到不干不浇水，待发现穴盘干旱缺水时及时洒水，这样不仅补水还能起到降温作用。

（5）分苗　当茄子幼苗长到 2~3 片真叶时就可以进行分苗。营养钵营养土的配制与育苗床土的配制方法相同。分苗前 1 d 下午给苗床浇透水，使其湿度适合分苗。分苗时注意轻拔幼苗不要伤根，尽量多带土坨。每个营养钵栽 1 株茄苗。移栽时注意不要伤根，要使根系在土中尽量伸展，从而提高移栽成活率。全部移栽完后再次洒水，使水分充足。

（6）分苗后管理　分苗后秧苗需要 5~7 d 的缓苗时间。缓苗期间中午夏季气温较高，需用遮阳网适当遮荫，到傍晚再揭开遮阳网。恢复生长后幼苗进入花芽分化阶段，为了促使雌花增多和促使开花节位低，要求适当降低温度，促进花芽分化，白天温度维持在 25~27℃，夜间温度维持在 18~20℃。

播种和分苗时浇足水，幼苗生长期浇水要慎重，浇水过多易导致苗期病害发生或引起幼苗徒长。以满足秧苗对水分的需要为原则，当表土已干、中午秧苗有轻度萎蔫时，说明缺水，选晴天上午适当浇水。在秧苗正常生长的情况下以保持畦面见干见湿为原则。

（7）茄子嫁接育苗技术　嫁接时期：当砧木具有 6~8 片真叶，接穗具有 5~7 片真叶，茎粗 0.3~0.5 cm 时进行嫁接。

嫁接场所和工具：嫁接应在棚内进行，嫁接时室内温度要保持在 20~25℃，湿度在 80% 以上，遮阴条件下进行。

贴接法：砧木保留 2 片真叶，用刀片在第 2 片真叶上方的节间向上斜削，去掉顶端，形成角度为 30° 的斜面，斜面径长 1.0~1.5 cm，再将接穗拔出，保留 2~3 片真叶，去掉下端，用刀片削成一个与砧木同样大小的斜面，然后将接穗和砧木的两个斜面贴合在一起，用夹子固定好。

嫁接苗管理：嫁接前给砧木浇足水，嫁接后立即移入塑料小拱棚，棚内密封，前

3 d 保温、保湿、全遮光培育，棚内温度控制在白天 25~30℃，夜间 17~20℃，空气相对湿度 95% 以上。3 d 后，早晚要逐渐增加光照时间和通风量，并逐渐降低温度，温度高时一般可采用遮光和换气相结合的办法调节，白天 23~26℃，夜间 17~20℃，相对湿度 70%~80%。6 d 后可逐渐揭开薄膜和遮阳物，逐渐增加通风量和通风时间。8 d 后去掉小拱棚，转入正常管理。

及时干净彻底摘除砧木萌芽，可根据实际情况补充一定养分。定植时嫁接苗接口处要高出地面 3 cm，以防接穗再生根扎到土壤中受到病菌侵染致病。

3. 整地施肥

茄子适宜于有机质丰富、土层深厚、保肥保水力强，排水良好的地块。对轮作要求严格，需与非茄科蔬菜实行 5 年以上的轮作，采用茄子嫁接技术可以减轻黄萎病和枯萎病的发生。

亩施优质腐熟农家肥 4~5 t，磷酸二铵 20~25 kg 和硫酸钾 10~15 kg。施后机械旋耕两遍后起垄。

4. 定植与密度

适宜的定植密度应依品种、土壤肥力、气候条件等灵活确定。秧苗应分级分区定植，一般株距为 35~40 cm，行距 75~90 cm，每亩定植密度为 2 800 株左右。

5. 棚内管理

（1）温度管理 缓苗期应注意土壤墒情，及时中耕散墒，避免因气温过高，造成植株蒸腾过强引起萎蔫。茄子秋延栽培前期要降温、后期要增温，在霜降前 10 d，根据气温及时覆盖棚室。在后期低温条件下，棚面适时覆盖草帘，保证白天温度在 25~28℃，夜间在 12~15℃，并做到早揭迟盖，延长光照。

（2）肥水管理 茄子定植时应浇足定植水，一般只有由于定植水浇的少，或土壤保水力差出现缺水现象时，才需在缓苗期补水。缓苗后如土壤干旱，可以浇 1 次缓苗水，但是水量不宜过大，缓苗水后控水蹲苗。蹲苗期不宜过长，门茄瞪眼期结束蹲苗。瞪眼期标志植株进入旺盛生长期，应保持土壤田间最大持水量以 80% 为好。对茄和四面斗茄子迅速膨大时，对肥水的需求达到高峰，应每隔 5~6 d 灌 1 次水，要加强通风排湿，减少棚内结露。雨季注意排水防涝，增加土壤透气性，防止沤根和烂果。

一般在门茄瞪眼时开始追肥，以后每隔 20 d 左右追 1 次，以氮肥为主，若底肥中磷钾肥不足，可适当配合追施磷钾复合肥。一般每亩每次施用尿素 10~15 kg。在果实膨大期间可叶面喷洒尿素和磷酸二氢钾各 0.3%~0.5% 的混合液肥 2~3 次，促进果实膨大。

（3）植株调整 茄子生长势强，生长期长，适当进行植株调整，有利于形成良好的个体与群体结构，改善通风透光条件，提高光合效率。由于茄子植株的枝条生长及开花结果习性相当规则，其调整方式相对较简单。目前多采用双干整枝（"V"形整枝），即在对茄形成后，剪去两个向外的侧枝，只留两个向上的双干，打掉其他所有的侧枝。

在整枝同时，可摘除一部分下部老叶、病叶。适度摘叶可以减少落花，减少果实腐烂，促进果实着色。但不能盲目或过度摘叶，因为茄子的果实产量与叶面积大小有密切关系。一般只是摘除一部分衰老的枯黄叶和病虫害严重的叶片。摘除的方法是：当对茄直径长到 3~4 cm 时，摘除门茄下部老叶；当四面斗茄直径长到 3~4 cm 时，又摘除对茄下部老叶，之后一般不再摘叶。

6. 适时采收

门茄适当早收，以免影响植抹生长和后期结果，对茄及后期果实达到商品成熟即可收获。

（二）主要病虫害防治

（1）防虫板诱杀害虫　利用害虫对颜色的趋性，在棚内放置黄、蓝板，诱杀害虫。
（2）防治茄子黄萎病　利用嫁接技术防治茄子黄萎病。
（3）防治茄子灰霉病　利用 40%嘧菌环胺 1 000 倍液喷雾。

四、效益分析

（一）经济效益分析

通过应用茄子嫁接技术、覆盖黑膜和绿色防控技术，可延长茄子采收期，提高产量 8%以上，农药施用量减少 30%~50%，减少投入和用工成本 30%，农产品合格率达 100%。按照茄子棚室生产平均效益计算每亩可增收 1 000 元，节省农药、化肥成本 150 元。

（二）生态效益、社会效益分析

设施茄子秋延后高效栽培技术的应用，能有效提高植株抗性，减少病害发生，降低农药用量；延长茄子采收期，丰富了秋冬淡季市场茄子的供应，提高种植效益；减少了农药的使用，降低商品农药残留，商品达到绿色农产品要求，有益于保障食品安全；减轻了农业生产过程中对自然环境的污染，具有重大的环保意义。

五、适宜区域

黑龙江省设施栽培茄子产区。

六、技术模式

见表 4-1。

七、技术依托单位

单位单位：桦南县农业科学技术推广中心、黑龙江省农业技术推广站
联系人：刘明丽、刘翠翠
电子邮箱：895953790@ qq. com

表4-1 黑龙江省塑料大棚秋延后茄子化肥农药减施增效栽培技术模式

项目		5月（旬）上	中	下	6月（旬）上	中	下	7月（旬）上	中	下	8月（旬）上	中	下	9月（旬）上	中	下	10月（旬）上	中	下
生育期	秋茬		育苗期					定植						收获期					
									田间管理										
措施			选择优良品种、嫁接								药剂防治								
技术路线		选种：选择适合本地区栽培的耐热、耐旱、耐湿、高产、品质好、抗逆性强、适合市场销售的优良品种。嫁接：砧木保留2片真叶，用刀片在第2片真叶上方的节间向上斜切，形成角度为30°的斜面，去掉顶端，斜面径长1~1.5 cm，再将接穗拔出，去掉下端，用刀片削成一个与砧木同样大小的斜面，然后将接穗和砧木的两个斜面贴合在一起，用夹子固定好。主要病虫害防治：①利用虫板诱杀害虫：在棚内放置黄、蓝板，诱杀害虫。②防治茄子黄萎病：利用嫁接技术防治茄子黄萎病。③防治茄子灰霉病：40%嘧菌环胺1 000倍液喷雾。																	
适用范围		黑龙江省设施栽培茄子产区。																	
经济效益		通过应用茄子嫁接技术，覆盖黑膜和绿色防控技术，可延长茄子采收期，提高产量8%以上，农药施用量减少30%~50%，减少人投入和用工成本30%，农产品合格率达100%。按照茄子棚室生产平均效益计算每亩可增收1 000元，节省农药、化肥成本150元。																	

河南省塑料大棚秋延后茄子化肥农药减施增效栽培技术模式

一、技术概况

在设施茄子绿色生产过程中，推广应用嫁接、植物生长调节剂、水肥一体化及生物、物理和高效低毒低残留化学防治病虫害等技术，从而有效缓解茄子生长过程中土壤连作障碍、农药残留等问题，提高了茄子绿色生产水平和生产效益，保障了农产品质量安全和农业生态环境安全，促进了农业增产增效。

二、技术效果

通过推广应用嫁接、植物生长调节剂、水肥一体化及生物、物理和高效低毒低残留化学防治病虫害等技术，使棚内温度提高 $3 \sim 5 ℃$，产量提高 10% 以上，农药施用量减少 30%～50%，减少投入和用工成本 30% 以上，农产品质量安全合格率达 100%。

三、技术路线

选用抗病性强的砧木，优质高产品种做接穗。利用嫁接技术培育健康壮苗、利用生物菌剂改良土壤、植物生长调节剂（芸苔素内酯、胺鲜酯等）、水肥一体化、生物农药（春雷霉素、中生菌素）、高效低毒农药（百菌清、代森锰锌等）防治病虫害等技术应用大大提高了茄子的丰产能力，增强茄子对病害的抵抗力，改善茄子的生长环境，控制、避免、减轻茄子相关病虫害的发生和蔓延。

（一）科学栽培

1. 品种选择

选择适合本地区栽培的高产、品质好、抗逆性强，适合市场销售的优良品种。

2. 适期播种，培育壮苗

选择适宜的播种期，采取嫁接育苗。设施秋延茄子一般在 4 月下旬开始育苗、5 月下旬至 6 月上旬开始嫁接、6 月下旬至 7 月上旬定植、8 月下旬至 9 月上旬开始采收。

嫁接育苗主要采取工厂化育苗为主，在育苗前 1 周将基质、穴盘、砧木、茄子种子等嫁接物料备齐，育苗棚进行消毒。

3. 茄子嫁接技术

（1）播种时间　采用茄子嫁接技术，能增强茄子抗逆能力，提高吸肥量的同时减少了化肥的施用量和减轻土传病害的发生。采用嫁接技术可延长采收期 20 d 左右。推广应用茄子劈接技术，操作简便高效，成活率高。为使砧木和接穗的最适嫁接期协调一致，砧木应比接穗提前播种。由于不同砧木的生长速度不一致，其提前播种的时间也不一样，一般比接穗提前20~25 d播种。在播种前对休眠性较强的砧木种子要进行处理。待砧木齐苗露心时开始播茄苗。为培育壮苗使用砧木和接穗基本一致，利用控制水肥来协调其生长。

（2）嫁接方法　劈接法：砧木苗长到5~6片真叶时嫁接。先将砧木浇透水并喷洒百菌清或代森锰锌进行杀菌处理，保留1~2片真叶，用刀片横切砧木茎，去掉上部，再由茎中间劈开，向下纵切1~1.5 cm，然后将接穗苗拔下，保留上部2~3片真叶，用刀片切掉下部，把上部切口处削成楔形，楔形的大小应与砧木切口相当，随即将接穗插入砧木中，对齐后用夹子固定。

（3）嫁接苗管理　嫁接后将苗移到育苗床上，大棚上覆盖遮阳网，苗床上覆盖塑料薄膜呈密闭状态，6~7 d棚内尽量不通风，保持95%以上的湿度。白天温度为25~26℃，夜间为20~22℃。为防止高温和保持棚内湿度，一开始通风要小，逐渐加大通风量，通风期间棚内要保持较高的空气湿度，完全成活后转入正常管理，让其尽量多见光。成活后及时去掉砧木萌发出的侧芽，待接口愈合牢固后去掉夹子。定植前一周进行练苗。

（4）设施类型与定植密度　设施秋延后大棚以多层覆盖连栋棚为主。采用竹木结构搭建、跨度一般在25~50 m，长度一般在100 m以上，基本配套滴灌带、施肥罐、水泵、地膜、吊丝、铁丝、吊蔓夹等。定植时间一般6月下旬至7月上旬定植，种植密度为行距100~120 cm，株距60~70 cm。定植前将土地整平后，按定植行距每50 m一段铺设好滴灌带，选择晴天10时之前或16时之后进行定植，尽量避开中午高温期。

（5）植物生长调节剂的使用　为保证门茄坐果，防止落花和发生僵果，促进果实迅速膨大，需对门茄进行生长素蘸花。在花朵开放一半时用茄子专用点花剂。在点花时每千克药液中加入1 g速克灵或扑海因或农利灵，这样既可防病又可防落花，促进早熟。一般用毛笔蘸茄子专用点花剂涂抹花萼或花柄。结合喷药分别在茄子初花期、结果期喷洒2~3次芸薹素内脂、胺鲜酯，使用浓度1 500~2 000倍，可混合使用也可交替使用。

（6）清洁田园　及时中耕除草，清除田间腐枝烂叶，保持田园清洁。

2. 水肥一体化

采用滴灌设施，每30亩配备一套施肥器。按照50 m一段铺设滴灌带，水压保持在2左右。浇透定植水，适时浇返苗水，定植后结合浇定植水冲施高氮型水溶肥5~10 kg/亩。当门茄果实开始膨大时，是追肥的最佳时期，不能过早追肥浇水否则易徒长。每亩结合浇水施入高钾型水溶肥5~10 kg。在门茄膨大前不浇水，浇水量不宜偏大。第二次追肥在对茄开始膨大时，追肥数量、种类及方法同第一次，再次追肥间隔10~15 d。以后是否再追肥视植株的生长势及生长期的长短而定。浇水的原则是见干见湿，不可大水漫灌。

3. 植株调整

（1）吊蔓　茄子长到5~7片叶时吊绳，拉丝必须整齐，引棵向上吊绳，使用吊蔓夹将其固定或用吊绳绕枝引蔓。

（2）整枝　嫁接茄子生长势强，生长期长，可采用双秆整枝（"V"形整枝），有利于后期群体受光，即将门茄下第一侧枝保留，形成双秆，其他侧枝除掉。上面的摘心要晚些，根据植株的生长状况而定。在生长过程中要把病叶、老叶及时摘掉，可通风、透光、防病、防烂果，尤其到后期结果位置升高，下部的老叶要及时处理，同时也要去掉砧木上发出的叶片并及时吊蔓整枝。

（二）病虫害防治

1. 防治白粉虱、蚜虫以及蓟马

定植时每株下放置 1~2 片茄子专用一片灵，防止白粉虱及蚜虫、蓟马；同时大棚内吊挂防虫板及杀虫灯，吊挂防虫板时黄板、蓝板交叉悬挂，用于防治白粉虱、蚜虫以及蓟马。

2. 防治绵疫病

选用 70% 代森锰锌可湿性粉剂 500~600 倍液或 72% 霜霉威盐酸盐水剂 800~1 000 倍液，每 7~14 d 喷施 1 次。

3. 防治早疫病

选用 75% 百菌清可湿性粉剂 600~800 倍液或 75% 肟菌·戊唑醇水分散粒剂 2 000~3 500 倍液，每 7~10 d 喷施 1 次。

4. 防治细菌性褐斑

选用春雷霉素或中生菌素 1 500 倍液，每 7~10 d 喷施 1 次。

四、效益分析

（一）经济效益分析

通过推广应用嫁接、植物生长调节剂、水肥一体化及生物、物理和高效低毒低残留化学防治病虫害等技术，使棚内温度提高 3~5℃，产量提高 10% 以上，农药施用量减少 30%~50%，减少投入和用工成本 30% 以上，农产品质量安全合格率达 100%。每亩节约农药使用成本 200 元和人力成本 120 元。按照茄子大棚生产平均收益计算每亩可增收 1 000~1 200 元。

（二）生态效益、社会效益分析

设施茄子绿色高效栽培技术的应用，提高了茄子的产量，降低了农药的用量，同时也减轻农民的工作量，增产增收，给农民带来切实的效益，减少了土壤、大气及地下水污染，保障了生态环境安全，同时提供了优质、安全的农产品，保障人们的身体健康。

五、适宜区域

黄淮流域秋延后塑料大棚栽培茄子产区。

六、技术模式

见表 4-2。

七、技术依托单位

联系单位：河南省扶沟县蔬菜生产管理局

联系人：郁富强

邮箱：fgxscj@163.com

表4-2 河南省塑料大棚秋延后茄子化肥农药减施增效栽培技术模式

项目		4月	5月	6月	7月	8月	9月	10月	11月	12月	1月
		上中下（旬）	上中下	上中下	上中下	上中下	上中下	上中下	上中下	上中下	上中下
生育期	夏秋茬		育苗期	嫁接期	定植期	生长期	采收期				
措施		选择优良品种嫁接；绿翡翠利绿丰青茄				植物生长调节、施用中生菌素、芸薹素内酯、胶鲜酯；春雷霉素、百菌清、代森锰锌等；药剂防治；杀虫灯、粘虫板、滴灌				清理田园、整地	

技术路线：

选种：适合本地区栽培的高产、品质好、抗逆性强、适合市场销售的优良品种。

适期播种，培育壮苗：设施秋延后茄子一般在4月下旬开始播种，5月下旬至6月上旬开始嫁接，6月下旬至7月上旬定植，8月下旬至9月上旬开始采收。育苗主要采取工厂化育苗为主，在育苗前一周将物料备齐，育苗棚进行消毒。

茄子嫁接技术：为使砧木和接穗的最适嫁接期协调一致，砧木应接穗提前播种。种植密度以连株大棚为主。设施类型与定植密度：设施每50 m一段铺设好滴灌带选择晴天10:00之前或16:00之后进行定植。砧木苗长到5~6片真叶时嫁接。行距每50 m一段铺设使用：行距100~120 cm，株距60~70 cm，定植前将土地整平后，按植行距100~120 cm进行定植。在点花时每个茄子专用点花剂。在点花时每个茄子专用点花剂灵，使用浓度1 500~2 000倍，可混合使用也可速克灵或加入海因或农利灵，使用浓度1 500~2 000倍，可混合使用也可速克灵。

植物生长调节剂使用：在花未开放时，结合喷药分别在茄子初花期、结果盛期喷洒2~3次芸薹素内酯、胶鲜酯，既可防病又可防落花，促进早熟。结合喷药分别在茄子初花期、结果盛期喷洒2~3次芸薹素内酯、胶鲜酯，尽量避开中午高温期。

水肥一体化：肥料管理，定植后结合浇定植水冲施高氮型水溶肥5~10 kg。当门茄果实开始膨大时，是追肥的最佳时期，不能过早追肥浇水否则易徒长。每茄后结合浇水施入高钾型水溶肥5~10 kg。

病虫害防治：①定植时每株下丢1~2片茄子专用一片灵，防止白粉虱及蚜虫，同时大棚内吊挂防虫板及杀虫灯，吊挂防虫粉黄板、蓝板交叉悬挂，用可适用70%代森锰锌可湿性粉剂500~600倍液或72%霜霉威盐酸盐水剂800~1 000倍液，蚜虫以及蚜马。②绵疫病：可适用70%代森锰锌可湿性粉剂600~800倍液，皮噁唑水分散粒剂2 000~3 500倍液，每7~10 d喷施1次。③早疫病：用75%百菌清可湿性粉剂1 500液，定植前或海因或农利灵，既可防病也可使用叶面肥，每7~10 d喷施1次。④细菌性褐斑：用春雷霉素或中生菌素1 500液。

适用范围： 黄淮流域塑料大棚栽培秋延后茄子产区

经济效益： 通过推广应用嫁接、植物生长调节剂、水肥一体化及生物、物理和高效低毒低残留化学防治病虫害等技术，使棚内温度提高3~5℃，产量提高10%以上，农药施用量减少30%~50%，减少人工投入和用工成本30%以上，农产品质量安全合格率达100%。每亩节约农药使用成本200元和人力成本120元。按照茄子大棚生产平均收益计算每亩可增收1 000~1 200元。

四川省塑料大棚早春茄子化肥农药
减施增效栽培技术模式

一、技术概况

在设施茄子绿色生产过程中，推广应用水旱轮作、嫁接栽培、平衡配方施肥、水肥一体化滴灌、土壤综合治理、环境调控、灯光色板诱杀、诱导免疫以及生物农药与低毒低残化学农药科学使用等技术，降低农药使用频率和剂量，保障茄子生产安全、产品质量安全、生态安全，促进农业增产增效和农民增收。

二、技术效果

通过应用水旱轮作、嫁接栽培、平衡配方施肥、水肥一体化滴灌、土壤综合治理、环境调控、灯光色板诱杀、诱导免疫以及生物农药与低毒低残化学农药科学使用等技术，增产 11.2%~12.4%，化学农药使用量减少 32.6%~37.3%，投入和用工成本减少 27.4%~34.5%，农产品合格率达 100%。

三、技术路线

指导示范区综合应用水旱轮作、嫁接育苗栽培、平衡配方施肥、水肥一体化滴灌、土壤综合治理、棚室环境优化、灯光色板诱杀、诱导免疫以及生物农药与低毒低残化学农药科学使用等技术，优化茄子生长环境，增强茄子抗逆性，减轻病（菌）、虫、草等有害生物的发生危害程度，降低农药的使用频率和剂量。

（一）科学栽培

1. 粮菜水旱轮作

采用"早春茄子—水稻"水旱轮作制，茄子生产季节为 11 月至翌年 5 月，水稻（移栽—收获）6—10 月，为适应水稻种植，大棚为水泥立柱钢架大棚。通过水旱轮作，抑制病虫繁殖，降低病（菌）虫基数，减少侵染源，缓解土壤盐渍化，降低因长期连作造成的作物有害分泌物质的积累量，茄子可持续种植得到保障，同时还确保了粮食生产，实现"菜粮双收"。

2. 品种选择

根据冬春季节的自然环境、生产特点和市场需求，因地制宜地选择适应性、丰产性、商品性、抗逆性优良的品种用于生产。

3. 培育壮苗

采用穴盘育苗方法培育茄子壮苗。

（1）种子处理 一是用10%的磷酸三钠液浸种10~15 min，捞出用清水洗净种子，晾干后播种；二是用1%的高锰酸钾液浸种10~15 min，捞出用清水洗净种子，晾干后播种。

（2）穴盘与基质 穴盘使用72孔穴盘，使用前用50%的多菌灵500倍液浸盘消毒，晾干后待用。基质使用蔬菜专用育苗基质，使用前，喷50%的多菌灵500倍液，拌匀，盖膜堆闷1 d，然后去膜，药气散去后使用。

（3）播种 将准备好的基质放入穴盘，均匀压穴后，放入铺有地膜的育苗棚内，每穴放1粒种子，盖基质土，刮平，浇透水。

（4）苗期管理 水分：子叶展开到二叶一心时，基质含水量为最大持水量70%~75%，三叶一心后，基质最大持水量65%~70%。

温度：茄子幼苗子叶期白天温度为25~28℃，夜晚为15~20℃，成苗期白天温度为20~28℃，夜晚为15~18℃。

4. 嫁接育苗栽培

茄子嫁接育苗栽培能减轻枯萎病、黄萎病、青枯病、根结线虫病等土传病害的发生，还能增强植株抗逆能力，提高肥水利用率，增加产量，提升品质。

（1）嫁接工具、药品与设施 嫁接刀片、嫁接夹、酒精棉、镊子、喷壶、菌毒清、小拱棚、遮阳网、农用薄膜等。

（2）砧木与接穗 选用适合当地的茄子砧木品种，接穗为生产上应用的茄子优良品种。

（3）播种与育苗方式 砧木品种较接穗品种提早30~35 d播种，均采用穴盘育苗。

（4）嫁接育苗流程 嫁接前1 d，一是将砧木苗淋足水，喷洒菌毒清药液消毒，拔除病弱苗、杂草、残株病叶；二是在小拱棚地面喷水，用菌毒清药液消毒。采用劈接法嫁接，当砧木长有5~8片真叶，茎粗0.4~0.5 cm，接穗4~6片真叶，茎粗0.3~0.4 cm时进行嫁接，注意接穗在嫁接前3~4 d控制水分。嫁接刀片先用酒精消毒，砧木基部保留两片真叶，将上部茎切断，在横茎中央垂直纵切1.0~1.5 cm深的切口。接穗保留顶部2~3片真叶，用刀片将接穗根部去掉，削成楔形。楔形的斜面长与砧木切口深度相同，随即将接穗插入砧木的切口中，吻合对齐用嫁接夹固定好，随即放入小拱棚内。嫁接苗放入小拱棚后盖严密闭。嫁接口愈合前，小拱棚白天温度保持在25~27℃，夜间在20~22℃，保持湿度在95%以上。嫁接后的前3~5 d全部遮光，第4~6 d后半遮光，即两侧见光，随着嫁接苗的生长，逐渐去掉覆盖物。嫁接后4~6 d内不通风，之后选择早晨或傍晚通风，每天通风1~2次，之后逐渐加大通风。

嫁接苗成活后，去掉砧木萌叶，降温防徒长，白天保持在20~25℃，夜间在15~20℃，注意保湿。

5. 平衡配方施肥

根据茄子生长发育过程中的需肥规律及土壤供肥特点，进行平衡施肥，增施腐熟农家有机肥、优质商品有机肥，推广应用秸秆（前作水稻）还田技术，注重无机肥与有机肥的合理配比和氮、磷、钾的结构合理，推广化肥深施，合理使用微量元素肥料、微生物菌肥、棚室二氧化碳气肥，推广应用缓释肥、控释肥等新型肥料。

6. 水肥一体化滴灌

推广应用水肥一体化滴灌技术，杜绝漫灌、串灌，降低棚室空气湿度，提高肥料利用率，减少病害发生机率。

（1）较大面积的蔬菜基地、农业园区、农场等，可安装变频恒压供水系统；单家独户的可分别选用压力泵、潜水泵或自吸泵。

（2）田间管网由输水主管道、支管、毛管（滴灌带）组成，毛管直接铺设在畦面，地膜覆盖的置于膜下，长度与畦长相等。

（3）首次使用滴灌，均需清洗管路，即打开滴灌带末端，让水流从末端流出约10 min，以冲洗管路中的杂物。每次使用后，及时清洗过滤器，保证滴灌系统的正常运行。

（4）定植后及时浇定植水，苗定植成活10~15 d后开始，根据茄子需肥规律，进行水肥一体化供水供肥。

7. 土壤综合治理

综合采用土壤调理剂、秸秆还田、增施有机肥、水肥一体化滴灌等技术，改善优化土壤理化性质，确保土壤通气透水性、保水保肥性，营造良好土壤环境，减少土传病害发生机率，提高肥效，增强植株抗性。

8. 棚室环境优化

（1）在翻耕前的土地上，按每平方米30~40 g的剂量撒入石灰粉（注：碱性土壤严禁使用）进行消毒，既可杀虫灭菌，又能中和土壤的酸性。定植前，选用多菌灵、菌毒清药液（按剂量使用）喷地面、立柱、棚膜等，然后定植。

（2）定植后密闭大棚，促进缓苗，缓苗后，白天温度保持25~30℃为宜，夜间以15℃左右为宜，温度超过30℃时可通风降温，降到25℃时关闭通风口，保持棚内25~30℃。

（3）在产中及时清理病虫枝叶，集中进行无害化处理，减少病虫传染源，铲除周边杂草，消灭病虫中间寄主。产后蔬菜植株残体，采用秸秆腐熟还田、资源化利用等措施进行处理，减少下茬蔬菜病虫传染源。

（4）水稻收后深翻晒土，通过深翻将地下害虫、土壤中病原菌翻至地表，通过阳光照射，达到消灭土壤中病原菌和虫卵目的，减轻土传病虫害发生。

（二）主要病虫害防治

1. 病虫预测预报

建立蔬菜病虫测报点，按照国家蔬菜病虫调查规范，定期进行系统监测和大田普查，掌握病虫发生种类、发病率、严重度、病情指数、虫口密度、危害程度等，加强对蔬菜生理性病害的调查监测，明确主控及兼防对象，根据调查数据，结合天气预报、历史资料等，进行发生趋势、发生程度、防治适期预报，指导进行适期防治。

2. 理化诱控

（1）诱导免疫　在茄子幼苗期、定植后缓苗期、初花期、结果初期喷施赤·吲乙·芸薹素、氨基寡糖素、低聚糖素、几丁聚糖等植物诱导免疫剂，提高作物免疫力，优化作物农艺性状，增强抗病抗逆能力，减少病害发生。

（2）灯光诱杀 使用频振式杀虫灯诱杀趋光性害虫，每40~50亩菜地安装杀虫灯一盏，蔬菜作物等吊挂高度一般距地面1.2~1.5 m。

（3）色板诱杀 田间挂黄板诱杀蚜虫、粉虱、斑潜蝇等害虫，蓝板诱杀蓟马等害虫。每亩悬挂色板40张（单张），底部高出蔬菜冠层20~30 cm。

3. 生物农药与低毒低残化学农药的科学使用

（1）基本原则 根据病虫测报，病虫害发生达到防治指标后，适期施用农药。①优先选用微生物源农药、植物源农药、矿物源农药等。不能满足要求时，使用低毒低残环保型农药。②根据杀菌剂作用机理，病害发生危害情况，分类选择对症保护性杀菌剂、治疗性杀菌剂进行防治。③根据杀虫剂作用机理，发生危害特点，分类选择不同类型的对症杀虫剂进行防治。④严格按农药使用安全间隔期使用农药，禁用国家、省、市在蔬菜上禁止使用、限制使用的各类农药。⑤交替使用不同作用机理、不同成分的农药，延缓病虫抗药性的产生。

（2）茄子主要病虫害防治药剂 茄子绵疫病防治，微生物源杀菌剂如多抗霉素、春雷霉素、申嗪霉素、嘧啶核苷类抗生素、寡雄腐霉菌；低毒低残留化学杀菌剂如吡唑醚菌酯、噁霜灵、氟吡菌胺、氟啶胺、醚菌酯、嘧菌酯、氰霜唑、甲霜灵、霜脲氰、霜霉威、精甲霜灵、烯酰吗啉、双炔酰菌胺、三乙膦酸铝、代森联（保护性杀菌剂）、代森锰锌（保护性杀菌剂）等。

茄子褐纹病防治，微生物源杀菌剂如多抗霉素、春雷霉素、嘧啶核苷类抗生素、寡雄腐霉菌等。

低毒低残留化学杀菌剂如吡唑醚菌酯、醚菌酯、嘧菌酯、异菌脲、噁霜灵、甲基硫菌灵、多菌灵、腐霉利、苯醚甲环唑、啶酰菌胺、氟硅唑、代森联（保护性杀菌剂）、代森锰锌（保护性杀菌剂）等。

茄子枯萎病、茎基腐病、立枯病、根腐病防治，微生物源杀菌剂如多粘类芽孢杆菌、春雷霉素、多抗霉素、申嗪霉素、梧宁霉素、寡雄腐霉菌、木霉菌等。植物源杀菌剂如乙蒜素。低毒低残留化学杀菌剂如咯菌腈、噁霉灵、甲基立枯磷、甲基硫菌灵、多菌灵、氢氧化铜（可杀得）、恶霉灵·甲霜灵、噻菌酮、春雷霉素·王铜、甲基硫菌灵、多菌灵、琥胶肥酸铜、松脂酸铜、络氨铜等。

茄子灰霉病防治，微生物源杀菌剂如多抗霉素、申嗪霉素、枯草芽孢杆菌、地衣芽孢杆菌、寡雄腐霉菌、木霉菌。

低毒低残留化学杀菌剂如啶酰菌胺、啶氧菌酯、腐霉利、噻菌灵、异菌脲、啶菌恶唑、乙烯菌核利、乙霉威·硫菌灵等。

茄子青枯病防治，微生物源杀菌剂如多粘类芽孢杆菌、枯草芽孢杆菌、蜡质芽孢杆菌、荧光假单胞杆菌、春雷霉素、中生霉素、申嗪霉素、农用硫酸链霉素、中生菌素·寡糖素等。植物源杀菌剂如乙蒜素。低毒低残留化学杀菌剂如噻霉酮、噻菌酮、噻唑锌、络氨铜、琥胶肥酸铜、春雷霉素·王铜、可杀得、松脂酸铜、喹啉铜、壬菌铜、噻森铜等。

茄子病毒病防治，微生物源杀菌剂如宁南霉素、菇类蛋白多糖、嘧肽霉素等。

低毒低残留化学杀菌剂如盐酸吗啉胍·乙酸铜、盐酸吗啉胍、菌毒·吗啉胍水剂、吗胍·硫酸锌、菌毒清、三氮唑核苷·硫酸铜·硫酸锌、腐殖·吗啉胍可湿性粉剂、氮苷·硫酸铜水剂、植病灵、三氮唑核苷·硫酸铜·硫酸锌、核苷·溴·吗啉胍等。

茄子白粉病防治，微生物源杀菌剂如多抗霉素、寡雄腐霉菌、申嗪霉素。低毒低残留化学杀菌剂如啶酰菌胺、啶氧菌酯、嘧菌酯、氟菌唑、腈菌唑、甲基硫菌灵、苯醚甲环唑、代森联（保护性杀菌剂）等。

棉铃虫、烟青虫、茄螟防治，微生物源杀虫剂如白僵菌、金龟子绿僵菌、苏云金孢杆菌、多杀菌素、乙基多杀菌素。植物源杀虫剂如苦参碱、印楝素、天然除虫菊素。低毒低残留化学杀虫剂如氯虫苯甲酰、茚虫威、甲氨基阿维菌素苯甲盐、除虫脲、氟虫脲、吡丙醚、丙溴磷、灭幼脲、氟铃脲等。

蚜虫、蓟马防治，微生物源杀虫剂如乙基多杀菌素、多杀菌素等。植物源杀虫剂如苦参碱、天然除虫菊素等。低毒低残留化学杀虫剂如噻虫啉、噻虫嗪、噻虫胺、噻嗪酮、吡虫啉、吡丙醚、吡蚜酮、啶虫脒、氟啶虫酰胺、螺虫乙酯、烯啶虫胺、灭幼脲、乙虫腈、甲氨基阿维菌素苯甲酸盐等。

螨类防治，微生物源杀虫剂如浏阳霉素。植物源杀虫剂如苦参碱。低毒低残留化学杀虫剂如螺螨酯、噻螨酮、四螨嗪、乙螨唑、氟虫脲、溴螨酯、噻螨酮等。

四、效益分析

（一）经济效益分析

通过应用水旱轮作、嫁接栽培、平衡配方施肥、水肥一体化滴灌、土壤综合治理、环境调控、灯光色板诱杀、诱导免疫以及生物农药与低毒低残化学农药科学使用等技术，茄子因多年连作导致的菜田土壤连作障碍得到有效解决，实现增产 11.2%~12.4%，化学农药使用量减少 32.6%~37.3%，投入和用工成本减少 27.4%~34.5%，农产品合格率达 100%。

（二）生态效益、社会效益分析

设施大棚茄子绿色生产技术应用，一是降低了生产成本，茄子产量和品质显著提高，保障了特色蔬菜的有效供给，稳定了粮食生产，增加了农户收入，激发了农民进行绿色生产的积极性，技术水平得到提升，为全面推进地方特色蔬菜绿色化、标准化、产业化发展打下了坚实基础。二是减少了农药使用，产品农药残留全面达标，质量安全得到标准，农业面源污染源得到有效控制，有利于改善生态环境，进一步促进蔬菜产业绿色、可持续发展发展。

五、适宜区域

西南亚热带干热河谷冬春设施栽培茄子产区。

六、技术模式

见表4-3。

七、技术依托单位

联系单位：中国热带农业科学院、米易县农业农村局、攀枝花市农林科学院

联系地址：四川省米易县攀莲镇同和路12号

联系人：陈华

电子邮箱：36719841@qq.com

表 4-3　四川省塑料大棚春茄子化肥农药减施增效栽培技术模式

项目		9月（旬）			10月（旬）			11月（旬）			12月（旬）			1月（旬）			2月（旬）			3月（旬）			4月（旬）			5月（旬）			6月（旬）			7月（旬）		
		上	中	下	上	中	下	上	中	下	上	中	下	上	中	下	上	中	下	上	中	下	上	中	下	上	中	下	上	中	下	上	中	下
生育期	秋茬				育苗				移栽						田间管理						收获									水稻移栽				
措施		选择优良品种						平衡配方施肥、水肥一体化滴灌、土壤综合治理、棚室环境调控、铺网防倒、水肥一体化管理、黄板、蓝板、杀虫灯、性诱剂、灯光色板诱杀、诱导免疫、生物农药与低毒低残化学农药防治、药剂防治																											

技术路线：
粮菜水旱轮作：采用"早春茄子—水稻"水旱轮作制。
选种：择选适合本地区栽培的高产、品质好、抗逆性强，小棚栽放入小拱棚内，适合市场销售的优良品种。
嫁接：采用劈接法，即两侧遮光，4~6 d后半遮光，白天保持在20~25℃，夜间在15~20℃。白天保持温度25~27℃，夜间20~22℃，保持湿度在95%以上。嫁接后的前3~5 d全部遮光，第4~6 d内不通风，降温防徒长，之后逐渐通风，去掉贴木萌叶，嫁接苗成活后，逐渐去掉覆盖物。嫁接苗成活后，之后逐渐通风，降温。
平衡配方施肥：根据茄子生长发育过程中的需肥规律及土壤供肥特点，进行平衡施肥。
水肥一体化滴灌：推广应用水肥一体化滴灌技术，提高肥料利用率。增施有机肥，水肥一体化滴灌，进行平衡施肥。
土壤综合治理：采用土壤优化、秸秆还田、增施有机肥、水肥一体化滴灌、改善优化土壤理化等技术，改善优化土壤理化性质。
棚室环境优化：翻耕前做好棚室消毒，翻耕后深翻晒土。白天温度保持以25~30℃为宜，夜间以15℃左右为宜，及时清理病虫枝叶，集中进行无害化处理，水稻收后深翻晒土。
主要病虫害防治：①诱导免疫：幼苗期、定植后缓苗期、初花期、结果初期喷施赤·吲乙·芸薹素 氨基寡糖素 低聚糖素，几丁聚糖等植物诱导免疫剂，提高作物免疫力。②灯光诱杀：使用频振式杀虫灯诱杀趋光性害虫。结果初期施赤·吲乙，田间挂黄板板诱杀蚜虫，蓝板诱杀蓟马 粉虱，斑潜蝇等害虫。③色板诱杀：田间挂黄板诱杀蚜虫，蓝板诱杀蓟马等害虫。④生物农药与低毒低残化学农药的科学使用：根据病虫测报，病虫害发生达到防治指标后，适期施用对路生物农药与低毒低残化学农药防治害虫。

适用范围：西南亚热带干热河谷冬春设施栽培区

经济效益：通过应用水旱轮作、平衡配方施肥、水肥一体化滴灌、土壤综合治理、棚室环境调控、灯光色板诱杀、诱导免疫以及生物农药与低毒低残化学农药科学使用等技术，茄子因多年连作导致的菜田土壤生作障碍得到有效解决，实现增产11.2%~12.4%，化学农药使用量减少32.6%~37.3%，化学农药使用量减少27.4%~34.5%，农产品合格率达100%。

辽宁省日光温室茄子化肥农药减施增效技术模式

一、技术概况

在设施番茄绿色生产过程中，推广应用秸秆生物降解、嫁接、农业防治+物理防治+生物防治与化学防治相结合的病虫害综合防治等技术，重点推广使用嫁接栽培（劈接法）、诱虫板、太阳能高温闷棚、杀虫灯、生物农药及高效低毒低残留化学农药，从而达到有效控制茄子病虫害，确保蔬菜生产安全、农产品质量安全和农业生态环境安全，促进农业增产增效。

二、技术效果

通过应用嫁接栽培、太阳能高温闷棚、秸秆生物降解、杀虫灯、诱虫板、结合喷施生物农药、高效低毒低残留化学农药等绿色防控技术防治茄子病虫害，防效由原来的60%提高到95%以上，挽回损失40%，增产30%以上，使示范区农药施用量减少40%~60%，减少投入和用工成本20%，农产品合格率达100%。

三、技术路线

（一）科学栽培

1. 选用抗病品种

2. 深耕土壤

前茬蔬菜作物拉秧后，深耕土壤，改善土壤肥力和通气性，杀死土壤中大量有害病菌和虫卵，降低下茬有害生物基数。

3. 培育壮苗

采用工厂化穴盘嫁接育苗技术，嫁接采用劈接法。首先是砧木处理。当砧木长到8~9片叶，茎粗0.5 cm时，在3片叶处半木质化位置用刀片平切去掉上半部，保留砧木桩高8~10 cm，然后在砧木中间上下垂直切入1 cm深切口。其次是接穗处理。接穗长到6~7片叶，茎粗0.4 cm，3片叶处半木质化时，即茄子苗紫黑色与绿色明显相间处，在3片叶处用刀片平切去掉根部，削成楔状，楔形大小与砧木切口相符，约1 cm长，随即将接穗插入砧木切口处，对齐后用嫁接夹子固定好。通过嫁接降低了茄子黄萎病、枯萎病的发生。

4. 合理施肥

增施农家肥，氮、磷、钾及中微量元素肥料和生物菌肥（菌剂）搭配施用，可减轻病虫为害程度。

（二）主要病虫害防治

1. 农业防治

指导示范区选用抗病品种、培育健康壮苗、深耕灭茬搞好田园卫生等措施，调整和改善作物生长环境，增强作物抵抗病虫草害能力。及时清洁田园中耕，清除田间周边杂草；收获后及时清洁田园，集中处理残株落叶，减少菌源和虫源。

2. 物理防治

实施太阳能高温闷棚、杀虫灯和诱虫板技术，消灭大量害虫成虫，降低虫口密度，减少农药的施用量。

（1）太阳能高温闷棚　在7—9月份休闲季节进行，此时正处于夏季温度最高时期，光照最好，实施效果最佳。①清棚：将棚室内上茬作物收获后的遗留物清理干净，焚烧、深埋或放置到远离种植区域的地方。②将秸秆粉碎或铡成4~6 cm的小段或将其它未腐熟粪肥均匀撒于地表，亩用量10~15 m^3。然后在秸秆或有机肥表面均匀撒施生石灰150~200 kg/亩。③深翻：用旋耕机将粪肥和生石灰翻入土壤，深度30~40 cm为佳。翻耕应尽量均匀。④做畦：做高30 cm，宽60~70 cm的畦，目的是为了增加土壤的表面积，以利于快速提高地温，延长土壤高温所持续的时间，取得良好的消毒效果（若撒施秸秆，此步骤可以省略）。⑤密封地面：用透明的塑料薄膜（尽量用棚膜，也可用地膜）将土壤表面密封起来。⑥灌水：从薄膜下往畦灌水，直至畦湿透为止。保水性能差的地块可再灌水一次，但地面不能一直有积水。⑦封闭棚室，注意棚室出入口、灌水沟口不要漏风。一般晴天时，20~30 cm的土层能较长时间保持在40~50℃，地表可达到70℃以上的温度。这样的状况持续20 d左右，可有效灭杀土壤中多种真菌、细菌及根结线虫等有害生物。⑧打开棚膜，揭地膜：打开棚室通风口、揭开地面薄膜，翻耕土壤。⑨等待10~15 d后可定植作物，定植时穴施生物菌肥（如：四箭阿维菌素豆粕肥等）促苗壮苗效果显著。

（2）杀虫灯　根据害虫习性且利用昼夜之差，并保护大部分害虫天敌，维持生态平衡，应用杀虫灯达到控制田间虫害目的。杀虫灯诱虫有效范围是130~150 m，防治面积为80~100亩。

（3）诱虫板　在茄子苗期和害虫发生初期，张挂诱虫板起到事半功倍效果。一般每亩地张挂规格在25×40 cm的黄板和蓝板各20片即可，悬挂捕虫板的高度以挂在植株的顶部15~20 cm处为宜，随植株的生长调整捕虫板的高度。

3. 生物防治

（1）枯草芽孢杆菌　用于种传和土传病害时，根据用种量使用药剂5~50 g/亩，加适量水（以种子表面湿润为宜）拌种，使药剂均匀黏附在种子上，阴凉处晾干即可播种；蘸根用，在移栽前用于防治茄子苗根部病害，每50 g稀释500倍后，将幼苗根系在其中浸蘸3~5 min即可移栽；灌根用，在作物根部发生病害时，每50 g兑水60 kg灌于作物根部；喷雾防病，在成株期使用50 g/亩，兑足量水后，均匀喷洒于植株地上部分，一个生长季喷3~4次。

（2）淡紫拟青霉 也称中保淡紫 B2a，是一种食线虫寄生性真菌，黑暗条件下该菌通过寄生作用、分泌特殊物质，有效杀灭线虫。茄子定植时，将该菌剂粉剂与有机肥充分拌匀后撒施于定植沟内，每亩地用量 1 000 g/亩。立春节气过后，将 1 000 mL 水剂随水冲施于栽培台内。

4. 药剂防治

（1）防治虫害 虫害主要有白粉虱、蚜虫、潜叶蝇、蓟马、茶黄螨、红蜘蛛。阿维菌素对以上害虫均有防效，此外：白粉虱、蚜虫、可用苦参碱、藜芦碱；潜叶蝇可用10%灭蝇胺、20%阿维杀虫单；蓟马可用 10%乙基多杀菌素、阿维啶虫脒（中保蓟多标）；茶黄螨、红蜘蛛可用联苯肼酯（爱卡螨）、乙螨唑等。防虫从苗期就要注意，要应用"两网一膜"育苗技术，培育无虫苗。

（2）防治病害 ①猝倒病：72.2%霜霉威盐酸盐水剂（普力克）、70%恶霉灵等每平方米 2~3kg 药液喷淋防治。

②病毒病：苗期正值高温期，易发生病毒病，注意喷施 10%混合脂肪酸（83 增抗剂）、寡糖链蛋白（阿泰灵）、氨基寡糖素、宁南霉素、香菇多糖等防病毒病药剂 3~4 次。

③茎基腐病：定植后易发生茎基腐病，用枯草芽孢杆菌灌根，甲基硫菌灵（中保托富宁）150~200 倍涂抹根茎部。结果前间隔 7~10 d 一次可用 75%百菌清、82.6%氧化亚铜、30%琥胶肥酸铜等交替喷施，或用 15%百菌清烟剂熏棚。

④灰霉病：结果期容易发生灰霉病，用木霉菌、丁子香酚或丁子香芹酚等药剂 7d 一次，交替喷施防病。

⑤细菌性病害：连续阴雨雪天和整枝打叶植株伤口较多时，加强细菌病害的防治，如春雷王铜、中生菌素、乙蒜素等药剂。

四、效益分析

（一）经济效益分析

紫长茄子属于杂交品种，长季节栽培，亩栽 1 600 株，亩产量 17 500 kg 左右，高产棚可达 20 000 多kg，茄子亩经济效益达 35 370 元。

（二）生态效益、社会效益分析

茄子绿色生产技术可以减少化学农药的使用量，降低因防治病虫为害造成的茄子农药残留超标问题，对保证蔬菜稳产高产起到很大作用。重点推广应用高效、低毒、低残留生物农药，对用药品种、剂量、时期、方法等方面加以规范与控制，最大程度降低对生态环境的破坏，保护了良好的生态环境，为茄子生产的持续稳定发展创造了条件，获得显著的生态效益。茄子绿色生产技术应用，产品百分之百达到绿色农产品要求，有益于提高蔬菜的安全性，对保障消费者的健康具有极为重要的意义。

五、适宜区域

辽宁省及其周边省市日光温室茄子栽培产区。

六、技术模式

见表4-4。

七、技术依托单位：

单位名称：朝阳市设施农业中心、中国农科院植保所中保绿农集团

联系人：席海军、曲继林

邮箱：cysscz@163.com，48003391@qq.com

表4-4 辽宁省日光温室茄子肥药双减绿色高效栽培技术

项目	生长期 越冬茬	6月（旬）上 中 下	7月（旬）上 中 下	8月（旬）上 中 下	9月（旬）上 中 下	10月（旬）上 中 下	11~次年5月（旬）上 中 下
措施		育苗				苗期	
		选择优良品种				定植后覆盖地膜促根壮秧	三段式放风降湿控病
		温室施肥整地起垄		秧苗药剂蘸根定植		以有机型水溶肥为主	以无机型水溶肥为主，有机型水溶肥为辅
		土壤施肥整地起垄		高畦大垄膜下滴灌			
				冬季栽培宜增温		植物生长调节剂	病害综合防控

技术路线：

选种：选用抗病品种如967、706，天宝骄等抗病性较强的品种。

深耕：前茬蔬菜作物收获后，对示范区进行土壤深耕，土壤深耕还可以杀死土壤中大量的有害病菌和害虫虫卵，改善土壤肥力和通气性，促进作物根系发达，增强作物适应性、抗性和对病害的免疫力。

培育壮苗：采用工厂化穴盘嫁接育苗技术。该项技术在设施蔬菜栽培中具有十分重要的意义，降低下茬有害生物基数，应用嫁接技术可以明显降低土传病害的发生，增强茄子的抗病性，解决土壤重茬障碍，提高茄子对土壤肥水的利用率，改善蔬菜作物的品质。

合理施肥：增施农家肥，氮、磷、钾及中微量元素肥料和生物菌肥（菌剂）搭配施用，可减轻病虫为害程度。

防治虫害：白粉虱、蚜虫，可用苦参碱、藜芦碱；潜叶蝇可用10%灭蝇胺、20%斑潜净；蓟马可用10%乙基多杀菌素，要预防为主，综合防治。阿维菌啶虫脒（中保苗多标）；茶黄螨、红蜘蛛可用联苯肼酯（普力克），乙螨唑等。防治病害：①萎（倒）病。可用72.2%霜霉威盐酸盐水剂（普力克），70%恶霉灵等每平方米2~3 kg药液喷淋防治。②病毒病。因苗期正值高温期，容易发生病毒病，因此，要注意喷施10%混合脂肪酸（83增抗剂）、雾稀链蛋白（阿泰灵），宁南霉素，香菇多糖等防治病毒病药剂3~4次。③茎基腐病。定植后易发生茎基腐病，可用枯草芽孢杆菌灌根，甲基硫菌灵（中保托富宁）150~200倍涂抹根茎部。结果前同隔7~10 d一次可用75%百菌清，82.6%氧化亚铜，30%琥胶肥酸铜等交替喷施，或用15%百菌清烟剂熏棚。④灰霉病。进入结果期容易发生灰霉病最好用木霉菌，丁子香酚或丁子香芹酚等防治。⑤细菌性病害。连续阴雪天和整株打叶植株伤口较多时要加强细菌病害的防治，如春雷王铜、中生菌素，乙蒜素等药剂。

适用范围：辽宁省及其周边市日光温室茄子栽培区

经济效益：亩产17 500 kg左右，高产棚可达20 000多公斤，茄子亩经济效益达35 370元。

第五部分

设施西葫芦化肥农药减施增效栽培技术模式

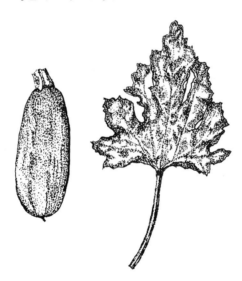

山东省塑料大棚早春西葫芦化肥农药减施增效栽培技术模式

一、技术概况

在设施西葫芦绿色生产过程中，推广优质多抗高产品种、PO 膜多层覆盖、工厂育苗、水肥一体化滴灌、智能化信息管理、物理及化学防治相结合的病虫综合等技术，科学轮作防止连作障碍，做好环境治理，保障绿色生产条件，形成规模化布局，保障西葫芦可持续生产安全、质量安全。

二、技术效果

通过推广应用优质多抗高产品种、PO 膜多层覆盖、工厂育苗、水肥一体化滴灌、智能化信息管理、物理及化学防治相结合的病虫综合等技术，产量提高 10% 以上，农药使用量减少 30%~50%，节肥 30% 以上，节水 50% 以上，用工成本减少 50%，农产品合格率达 98%。

三、技术路线

（一）智能化管理设施建设

智能化管理设施包括大棚信息展示屏、各种传感器、控制器及系统软件等组成。传感器包括空气温湿度传感器、土壤温湿度传感器、摄像头等。控制器由加热、喷灌、通风、卷帘设备及其配套 PLC 及 WiFi 设备服务器组成，当传感器采集的环境数据与标准值对比超出临界范围时，控制器自动启动或人工操作相关硬件设备对作物生长的施肥浇水、通风、卷帘加减光照辐射，实现作物生长过程精确控制。

（二）科学栽培

1. 品种选择

早春栽培应选耐寒、耐热性、抗病毒能力强的品种，商品性以瓜条色泽油绿为优，深受消费者欢迎。

2. 提前扣棚

定植前 10~15 d 扣棚，选用质量好的 PO 膜，提高地温，通风口处全部覆盖 40~60 目的防虫网，中间架 1~2 层塑料膜，应用两层或多层覆盖，大棚外覆盖保温被，在垄面覆盖地膜的同时，可再搭小拱棚，使西葫芦提早上市。

3. 棚内消毒

（1）棚内空气消毒 棚内空气消毒可在定植前 7~10 d，每立方米用硫磺 4 g，锯末 8 g 混匀或 25% 百菌清 1 g、锯末 8 g 混匀，点燃熏烟消毒。

（2）土壤消毒 在夏季高温季节，设施栽培换茬之际，将大棚密闭，用棚膜和地膜进行双层覆盖，地表下 10 cm 处最高地温可达 70℃，20 cm 深处地温可达 45℃ 以上，这样可杀死病菌 80% 以上。重茬 3 年的可用石灰氮土壤消毒。选择夏季高温棚室休闲间期，将麦草 1 000~2 000 kg/亩撒于地面，麦草上撒石灰氮 50~100 kg/亩，深翻 20~30 cm，做 60~70 cm 的畦，地面用薄膜密封，四周盖严浇透水，在高温强光下闷棚 20~30 d。

4. 确定适宜定植期

棚内最低气温稳定在 11℃ 以上，棚内表层土壤（10 cm）地温稳定在 13℃ 以上，采用多层覆盖，提早栽植，可避开高温引发病毒病、白粉病等。

5. 培育壮苗

（1）育苗设施 采用智能化工厂育苗。播种前做好种子处理及种床准备，自动化装盘播种。根据栽植的季节及壮苗标准确定播种的时间。

（2）壮苗标准 苗龄 30 d 左右，三叶至四叶一心，苗高 10~15 cm，基部茎粗 0.8 cm，叶完好，节短，叶柄短，根系发达生长健壮，无病虫害。

（3）起垄栽植，施足底肥 每亩施入充分腐熟的有机肥 3 000 kg，磷酸二铵 16~20 kg，硫酸钾 8~10 kg，菌肥 30~40 kg。机械耕翻，机械起垄。垄高 15~20 cm，大小行定植，大行距 80 cm，小行距 50 cm，每亩定植 2 000~2 500 株。

（4）铺膜及滴灌带

6. 温湿度调控

（1）温湿度管理 缓苗期室温白天保持在 25~30℃，夜间为 15~18℃，促根生长。结果期白天为 26~30℃，夜间为 10~20℃。最佳空气相对湿度缓苗期在 80%~90%，开花坐果期 60%~70%，结瓜期 50%~60%。生产上通过传感器，根据室内温湿度变化，调控温湿度，通过通风排湿措施，尽可能把棚内空气温湿度控制在最佳指标内。

（2）科学通风换气 定植前期，外界温度较低，管理应以保温为主，定植到缓苗要尽量不通风少通风，缓苗后适当通风排湿，降低棚温，开花坐果期，在保证生长适温的前提下，尽量加大通风排湿，增加光照，促进西葫芦生长，减少病害发生扩展蔓延。

7. 水肥一体化调控

水肥一体化滴灌系统由首部枢纽、输配水管道、灌水器组成。施肥时先用清水滴灌 10~15 min，然后依次打开肥料溶液贮存罐的文丘里施肥器的控制开关，使肥料溶液依次进入灌溉管道系统，通过调节施肥装置的阀门大小，使肥料母液以一定的比例与灌溉水混合施入田间，肥液滴完后再滴 15~20 min 清水，然后关闭滴灌系统。浇水量及次数，原则上按土壤湿度传感器数据而定，一般定植时浇定植水，定植后 5~7 d 浇缓苗水，以后根据植株的生长发育状况、天气情况、土壤墒情、土壤湿度进行灌水。浇水要选择在晴天上午进行，灌水后注意通风排湿。坐果后，开始追肥，进入盛果期 3~5 d 浇一水，隔一水追 1 次肥料。参考肥料用量：每次每亩追施尿素 5 kg，磷酸二铵 5 kg，硫酸钾 10 kg，外加一定量的微量元素及微生物肥料。结果盛期追肥量可适当增加。此期要注意观察叶色，如发现旺长，及时用植物生长调节剂调控，以防化瓜或畸形瓜。

8. 人工辅助授粉

早晨 7—9 时摘取雄花，将花药轻涂在雌花柱头上，如雄花少，则可用保花保果的植物生长调节剂处理。亦可用蜜蜂授粉（注意授粉期间禁用杀虫剂）。

9. 采摘及后期管理

根瓜要适当提早采摘，防止坠秧，一般在 200~400 g 时即可采收，最好不要超过 500 g。要根据市场需求标准进行采摘，果实大小均匀，外观一致，瓜条鲜嫩，无机械损伤、病虫损伤及畸形瓜。后期已封垄应及时摘除部分老叶，并喷施叶面肥料，保根护叶，防止早衰。

（三）病虫害防治

1. 物理防治

整个种植区利用害虫对不同颜色的感应进行诱集或驱赶，在棚内用黄板、蓝板诱杀害虫，大棚风口覆盖 40~60 目防虫网。

2. 化学防治

根据不同的病虫为害，选用高效低毒、低残留化学农药合理使用，优先选用粉尘法、烟熏法灭杀害虫，干燥晴朗天气可选择喷雾防治。注意轮换用药，合理混用，了解病虫害种类和农药性质，按病虫害发生规律选择适用的农药，在病虫发生的关键期喷药防治。

四、效益分析

（一）经济效益分析

通过应用优质多抗高产品种、PO 膜多层覆盖、工厂育苗、水肥一体化滴灌、智能化信息管理、物理及化学防治相结合的病虫综合等技术，产量提高 10% 以上，农药使用量减少 30%~50%，节肥 30% 以上，节水 50% 以上，用工成本减少 50%，农产品合格率达 98%。亩增收 2 000 元左右，节约农药、肥料 300 元以上，节约用工 400 元以上。

（二）生态效益、社会效益分析

设施西葫芦化肥农药减施增效栽培技术的应用，促进西葫芦生长，提高了产量；减少西葫芦植株农药用量，同时也减少人工用量；减轻了农业生产过程中对自然环境的污染，对于保护生态意义重大。

五、适宜区域

北方春季设施栽培西葫芦产区。

六、技术路线

见表5-1。

七、技术依托单位

联系单位：山东省聊城市农业农村局多种经营科

联系人：吕彦霞、姚杰、朱传宝

电子信箱：lcsnwsck@ lc. shandong. cn

表5-1 山东省塑料大棚早春西葫芦化肥农药减施增效栽培技术模式

项目		1月(旬) 上 中 下	2月(旬) 上 中 下	3月(旬) 上 中 下	4月(旬) 上 中 下	5月(旬) 上 中 下	6月(旬) 上 中 下	7月(旬) 上 中 下	8月(旬) 上 中 下	9月(旬) 上 中 下
生育期	春茬	定植	苗期	结果收获期						
措施		多层覆盖		智能化温湿度调整及水肥一体化管理				高温闷棚		
				物理防治						
				药剂防治						

技术路线：

选种：早春栽培应选耐寒、耐热性、抗病毒能力强的品种，商品性瓜条以瓜条色泽油绿为优。

定植：确定适宜的定期温湿度，培育壮苗。采用智能化工厂育苗，主动或人工调节温湿度，缓苗期、起垄定植，施足底肥。

智能化科学调控温湿度：通过智能传感器，结果期白天为26~30℃，夜间为10~20℃。最佳空气相对湿度，结果生长；白天保持在25~30℃，夜间在15~18℃，促进根系再滴。瓜期50%~60%。缓苗期80%~90%，开花坐果期60%~70%，结果坐果期。

水肥一体化管理：施肥时先用清水滴灌10~15 min，然后依次打开肥料溶液控制开关，使肥料溶液依次进入灌溉管道系统，肥液滴完后再滴清水。然后关闭滴灌系统，隔一水追1次肥料，参考肥料用量，每次每亩追施尿素5 kg，磷酸二铵5 kg，硫酸钾15 kg，外加一定量的微量元素及微生物肥料，结果盛期，追肥量可适当增加。

人工授粉：蜜蜂传粉，外加一定量保花保果的植物生长调节剂处理。

物理及化学防治相结合的病虫综合防治。

可用保花保果的病虫合防治，保根护叶，预防后期早衰。

按标准采收瓜。

适用范围：北方春季设施栽培西葫芦产区

经济效益：通过应用优质高产品种，PO膜多层覆盖，工厂育苗，水肥一体化滴灌，智能化信息管理，物理及化学防治相结合的病虫综合等技术，产量提高10%以上，农药使用量减少30%~50%，节肥30%~50%，节水50%以上，用工成本减少50%。亩增收2 000元左右，节约农药，肥料300元以上，节约用工400元以上。农产品合格率达98%。

湖南省设施西葫芦化肥农药减施增效栽培技术模式

一、技术概况

在设施西葫芦绿色生产过程中，推广应用营养钵育苗移栽栽培、嫁接（插接、靠接法）、吊蔓栽培、植物生长调节剂、物理与化学防治相结合的病虫害综合防治等技术，从而有效缓解西葫芦生长过程土壤连作障碍、农药残留的问题，保障西葫芦生产安全、农产品质量安全和农业生态环境安全，促进农业增产增效，农民增收。

二、技术效果

通过应用营养钵育苗移栽栽培、嫁接（插接、靠接法）、吊蔓栽培、植物生长调节剂、物理与化学防治相结合的病虫害综合防治等绿色生产、防控技术，西葫芦提早 7 d 下瓜，产量提高 8% 以上，农药施用量减少 30%～50%，减少投入和用工成本 30%，农产品合格率达 100%。

三、技术路线

选用高产、优质、抗病品种，培育健康壮苗，采取嫁接、土壤改良、物理和化学农药综合防治等措施，提高西葫芦丰产能力，增强西葫芦对病害、虫害、草害的抵抗力，改善西葫芦的生长环境，控制、避免、减轻西葫芦相关病虫害的发生和蔓延。

（一）科学栽培

1. 品种选择

选用适合本地区栽培的早熟、优良、丰产、耐低温、抗病的西葫芦杂交种。

2. 培育壮苗

采用营养钵育苗，营养土要求疏松通透，营养齐全，土壤酸碱度中性到微酸性，不能含有对秧苗有害的物质（如除草剂等），以及病原菌和害虫。当地都使用山地刨土木灰配制培养土。先用温汤浸种法消毒，再用 30℃ 温水浸种 6 h，洗净、甩干种子，用湿纱布包好在 28～30℃ 以下催芽，种子破嘴时即可播种。最好用 10 cm×10 cm 塑料营养钵或 72 孔的育苗盘育苗。播种前 10～15 d 浇足水，扣膜烤床。播种时平放种子，每钵 1 粒，盖土 3 cm。播种后保持畦内温度 28～30℃；50% 出苗时，降温至 20～22℃，夜间 12～15℃；第一片真叶展开时，适当升温，白天 25℃，夜间 18℃。苗长大后，要适当增加钵间距离。苗龄 45 d，苗 4～5 片叶时即可定植。定植前 5～7 d 炼苗，白天 15～18℃，夜间 10～12℃。适当控制浇水。

3. 西葫芦嫁接

早春西葫芦嫁接，增强西葫芦抗逆能力，提高吸肥量，减轻土传病害发生，延长生育期。推广应用插接、靠接法，操作简便、高效，成活率高。采用沙床育苗，将西葫芦和黑籽南瓜分别在两个沙床上育苗，待小苗真叶显露时就开始嫁接。一般从播种到嫁接5 d左右。需要准备的设施、工具及药品有小拱棚、遮阳网、地膜、嫁接夹子、薄刀片、酒精棉、镊子、喷壶、百菌清。插接法先将两种幼苗起出，用竹签除去黑籽南瓜真叶，再在两片子叶间插孔，然后把接穗西葫芦幼苗去根，把距下胚轴0.5~0.8 cm处削成椎间插入砧木孔中，加上嫁接夹，放入嫁接苗小拱棚。透水盖好棚。

嫁接完成后将嫁接苗放入小拱棚内，喷施百菌清药水，苗上覆盖地膜，小拱棚覆盖遮阳网。前3 d小拱棚内湿度保持100%，白天温度保持在25~30℃，夜间温度保持在18~22℃。第4 d始早晚可少量见光，同时可通过在小拱棚塑料薄膜上少量开孔的方式进行通风，之后逐渐加大通风量。

成活后降低温度以防止徒长，白天温度控制在20~25℃，夜间温度15~20℃。

4. 植物调节剂

西葫芦的雌花常比雄花早开放，不易正常授粉；另外雌花开放时温度低、下雨、昆虫少等都会引起化瓜。所以春季温度低时，应对当天开放的花进行授粉或蘸花。其方法是用浓度为25~30 mg/kg的2,4-D丁酯或40~50 mg/kg的防落素抹花柄或柱头，或每天上午进行人工授粉，防止落花。这是获取西葫芦早熟丰产的关键。植株长到10叶左右时（根据品种特性来定），喷施西葫芦调控剂，进行药物调控以防徒长。留瓜前要培养植株达到茎粗、节短、叶大、叶厚、又壮又旺的标准，否则，植株长势弱会严重影响中后期产量。植株长到15叶左右时视植株强弱，再喷一次西葫芦平衡素，使植株初瓜期壮而不徒长，营养生长与生殖生长协调一致，座齐瓜后浇一次膨瓜水。

5. 清洁田园

及时中耕除草，保持田园清洁。

（二）主要病虫害防治

1. 农业防治

轮作倒茬，降低菌源基数，可减轻病害的发生；选择抗病品种，培育无病、虫种苗；及时摘去老叶、病叶，并将老、病叶带出田外集中销毁，减少再浸染的概率；合理施肥，防止重施氮轻磷，增施钾肥；采用高垄栽培，合理灌溉，控制棚内湿度，减轻病害的发生。

2. 物理防治

上茬作物收获后，及时于高温季节深耕后灌水密闭棚室，暴晒15~20 d，灭杀前茬收获后残留的有害生物；温室风口覆盖防虫网、室内品字形张挂黄板和银灰色塑料条，预防斑潜蝇、白粉虱、蚜虫等害虫的传播为害。

3. 化学防治

（1）白粉病　发病初期，用45%硫悬浮剂300~400倍液或70%甲基硫菌灵可湿性粉剂600倍液或50%扑海因可湿性粉剂1 000~1 500倍液交替喷雾防治，每7 d使用1

次，连喷 2~3 次。也可用 45%百菌清烟剂熏棚 10 h 预防，每亩每次用量 200~250 g，连熏 3~4 次。个别植株刚发病时也可用小苏打 500 倍液喷雾防治，每 7 d 使用 1 次，连喷 2~3 次。

（2）蚜虫　利用 10%吡虫啉可湿性粉剂喷雾防治。

（3）白粉虱　利用 10%吡虫啉可湿性粉剂或 25%阿克泰水分散粒剂喷雾防治。

（4）斑潜蝇　利用 75%灭蝇胺可湿性粉剂喷雾防治。

（5）灰霉病　始发期，每亩用 3%灰霉净烟剂 150 g 或 10%腐霉利烟剂 250 g 密闭熏棚 10 h 防治，7~8 d 后再熏 1 次。发病初期用 50%腐霉利可湿性粉剂 1 500 倍液，或用 50%福异菌（灭菌灵）可湿性粉剂 900 倍液，或用 41%灰霉菌核净 1 200 倍液或 50%异菌脲可湿性粉剂 1 000 倍液田间喷雾防治，每 10 d 使用 1 次，连防 3~4 次。始花期用激素蘸花时加上 0.1%的速克灵或 0.3%的施佳乐可有效防治果实发病。

四、效益分析

（一）经济效益分析

通过应用营养钵育苗移栽栽培、嫁接（插接、靠接法）、吊蔓栽培、植物生长调节剂、物理与化学防治相结合的病虫害综合防治等绿色生产、防控技术，西葫芦提早 7 d 下瓜，产量提高 8%以上，农药施用量减少 30%~50%，减少投入和用工成本 30%，农产品合格率达 100%。按照西葫芦棚室生产平均收益计算每亩可增收 1 400 元，节省农药成本 200 元。

（二）生态效益、社会效益分析

设施西葫芦绿色高效栽培技术的应用，提高西葫芦的产量，降低农药的用量，同时也减轻农民的工作量，增产增收，给农民带来切实的效益；减少了农药的使用，降低商品农药残留，商品 100%达到绿色农产品要求，有益于保障食品安全；减轻了农业生产过程中对自然环境的污染，环保意义重大。

五、适宜区域

南方设施栽培西葫芦产区。

六、技术模式

见表 5-2。

七、技术依托单位

联系单位：湖南省洪江市农业农村局经济作物管理站

联系地址：洪江市黔城镇雪峰大道

联系人：黎华山

电子邮箱：912129238@ qq. com

表 5-2 湖南省设施西葫芦肥药化农药减施增效栽培技术模式

项目		2月(旬)			3月(旬)			4月(旬)			5月(旬)			6月(旬)			7月(旬)			8月(旬)			9月(旬)			10月(旬)		
		上	中	下	上	中	下	上	中	下	上	中	下	上	中	下	上	中	下	上	中	下	上	中	下	上	中	下
生育期	春茬	育苗期						定植			收获期																	
措施					选择优良品种、嫁接			植物生长调节			药剂防治			高温闷棚			杀虫灯											

技术路线：

选种：选用适合本地区栽培的早熟、优良、丰产、耐低温、抗病的西葫芦杂交种。

嫁接：插接法，先将两种幼苗起出，用竹签除去南瓜真叶，再在两片子叶间插孔，然后把接穗西葫芦幼苗去根，把胚下胚轴 0.5~0.8 cm 处削成楔间状，并将嫁接苗夹固定。嫁接完成后将嫁接苗放入小拱棚内，苗上覆盖地膜，小拱棚覆盖遮阴网。

植物生长调节：春季温度低时，应对当天开放的花进行授粉或蘸花。其方法是用浓度为 25~30 mg/kg 的 2,4-D 丁酯或 40~50 mg/kg 的防落素抹花或柱头。

主要病虫害防治：①防虫板诱杀害虫。②高温闷棚，封闭大棚，温度达到 48~50℃后保持设施密闭 2 h，能有效防止霜霉病等病害。③化学防治：用 45%硫悬浮剂 300~400 倍液防治蚜虫，用 10%吡虫啉可湿性粉剂防治白粉虫、白粉虱等虫害；用 75%灭蝇胺可湿性粉剂 900 倍液防治斑潜蝇（灭菌灵）。灰霉病发病初期用 50%腐霉利可湿性粉剂 1 500 倍液，或用 50%福异菌可湿性粉剂 900 倍液喷雾防治，每 10 d 使用 1 次，连防 3~4 次。始花期用激素蘸花时加上 0.1%的速克灵或 0.3%的施佳乐可有效防治果实发病。

适用范围：南方设施栽培西葫芦产区

经济效益：通过应用营养钵育苗移栽栽培、嫁接（插接、靠接法），吊蔓栽培，西葫芦提早 7 d 下瓜，产量提高 8%以上，防控技术，绿色生产，农产品合格率达 100%。物理与化学防治相结合的病虫害综合防治相结合，减少化学防治 30%~50%，农药施用量减少 30%，减少投入利用工成本 200 元，节省农药成本 200 元。按照西葫芦温室生产平均每亩可增收 1 400 元。

第六部分

设施芦笋化肥农药减施增效栽培技术模式

江苏省设施芦笋化肥农药减施增效栽培技术模式

一、技术概况

在设施芦笋绿色生产过程中，推广应用穴盘育苗、水肥一体化、物理与化学防治结合的病虫害综合防治等技术，从而有效控制农药残留，保障芦笋安全生产和农产品质量安全，促进农业增产、农民增收。

二、技术成果

通过应用芦笋水肥一体化，物理、生物、高效低毒低残留化学农药防治等技术，芦笋产量提高 8.7% 以上，肥料施用量减少约 19.6%，农药使用量减少约 10%，减少投入和用工成本 20%~35%，农产品合格率达 100%。

三、技术路线

选用高产、优质、抗病品种，培育健康壮苗，采用水肥一体化、物理、生物和化学农药综合防治等措施，改良土壤，提高芦笋产量，增强芦笋对病虫害的抵抗力，改善芦笋的生长环境，控制和减轻芦笋相关病虫害的发生和蔓延。

（一）科学栽培

1. 品种选择

选用适合本地区种植的优良品种。

2. 培育壮苗

（1）育苗时间　芦笋一般选择 3—4 月育苗，6—7 月定植。

（2）浸种催芽　芦笋种子有一层坚硬的蜡质，播种前，种子做好浸种催芽。

晒种：播种前在一个晴朗的天气将种子放置在布料上，厚度在 1~2 cm 为宜，将其置于阳光下暴晒 2~3 d，晒种时可适当的翻动几次。晒种能杀死种子表面携带的病菌，有效阻止病菌传入植株，还能提高发芽率。

浸种：将种子放入清水中，将浮于水面的劣质种子捞出，将用 40~50℃ 的温热水将种子浸泡。浸泡时用手反复揉搓种子表皮，打破它表层的蜡质。而当种子表面的颜色改变，出现小沟纹的时候，表明表面种子的蜡质已经去除。然后将种子捞出清洗后，再用 20~30℃ 的温水浸泡。一般要浸泡 2~3 d，每天要换水 1~2 次。

种子消毒：播种前首先要对种子进行消毒灭菌处理，一般可用 50% 多菌灵 10 g 兑水 2.5 L 稀释后，浸泡种子 24 h 即可，可以消灭大部分的病菌。

催芽：催芽是提高种子发芽率、缩短出苗时间的必要步骤，将已经浸泡好的种子捞出，放置在纱布袋中，将纱布袋置于恒温 28℃ 左右的恒温箱中，为了增加透气性，以免种子缺氧死亡，每天早晚各要用温水冲洗一次，2~3 d 后，有 10% 的种子开始露白时即可播种。

（3）育苗　采用穴盘（一盘 32 孔）育苗，选择优质蔬菜专用育苗基质，播种采用点播法，每穴播 1 粒种子，先将基质浇水达到 60%，然后装盘播后覆盖基质，播种深度 0.5~1.0 cm，苗期 60 d 左右。

3. 移栽定植

（1）地块选择　选择土层深厚、土壤肥沃、透气性好的沙壤土或者壤土栽培芦笋，同时要求排水好的田块。提前半年大田进行休养，每亩施有机肥 500 kg 后进行深耕翻。

（2）移栽定植　芦笋以 6—7 月移栽为宜，苗龄 60 d 左右，株高 20 cm 左右定植，每亩定植 1 500 株左右，定植前布置滴灌带，与田头管道接通，沿滴灌管道旁定植，8 m 宽大棚定植 5 行，定植后浇足底水。

4. 水肥一体化管理

（1）定植后管理　芦笋定植后，容易孳生杂草，应及早拔除，结合中耕除草疏松土壤，定植缓苗后、新茎抽出前，结合浇水进行追肥，选择水溶性好、养分含量高且均衡、肥料利用率高的水溶性复合肥料，按比例稀释后通过滴灌追施，每亩追施 5 kg。入秋后，追施秋发肥，每亩追施 20 kg 水溶性肥料，每隔 15 d 追施 1 次，共计 4 次。

（2）采笋期管理　进入采笋期后，增加追肥次数和追肥量，每采收一批，追肥 1 次，基本上每 15 d 追施 1 次水溶性肥料，每亩追施 5 kg。

（3）留茎期管理　芦笋进入第 2 年后，春季采收后（4 月），秋季采收后（11 月）开始留母茎，留茎期各追施两次水溶性肥料，每次追施 5 kg。

（二）病虫害综合防治

芦笋主要虫害有斜纹夜蛾、甜菜夜蛾、地老虎、蝼蛄、蛴螬等，主要病害有芦笋茎枯病、褐斑病等。

1. 农业防治

选用抗病品种，及时清除田间杂草，减少传播媒介，采用避雨栽培，多施腐熟有机肥、生物菌肥、水溶性肥料等，棚内采用滴灌方式，及时除去积水，控温控湿，促使植株健壮生长，提高抗病力。

2. 物理防治

利用黏虫板、杀虫灯、诱虫灯及人工捕捉等物理措施进行防治害虫。

3. 生物防治

利用生物农药苦参碱，防治斜纹夜蛾和甜菜夜蛾。

4. 化学防治

选用高效、低毒、低残留农药，防治病害用百菌清、代森锰锌、嘧菌脂等杀菌剂交替用药，降低病菌的抗药性，防治地下害虫可用阿维菌素灌根。

四、效益分析

（一）经济效益分析

通过应用水肥一体化，物理、生物、高效低毒低残留化学农药防治等技术，芦笋产量提高 8.7% 以上，肥料施用量减少约 19.6%，农药使用量减少约 10%，减少投入和用工成本 20%~35%，农产品合格率达 100%。按照设施芦笋生产平均收益计算每年亩增收 1 080 元，节水 80 m³，节省肥料成本 196 元，农药成本 50 元，人工成本 600 元。

（二）生态效益、社会效益分析

设施芦笋绿色高效栽培技术的应用，提高芦笋产量，降低肥料、农药用量，同时也减轻劳动力，增产增收，给种植户带来切实的效益；减少肥料、农药的使用，降低产品农药残留，真正达到药肥双减，产品达到绿色农产品标准，保障食品安全；减轻了农业生产过程中对自然环境的污染。

五、适宜区域

长江中下游设施栽培芦笋产区。

六、技术模式

见表 6-1。

七、技术依托单位

联系单位：江苏省靖江市经济作物指导站、浙江省农业科学院、山东省潍坊职业学院

联系人：孙剑霞、梁训义、王振华

表6-1　江苏省设施芦笋化肥农药减施增效栽培技术模式

项目		3月(旬)上	中	下	4月(旬)上	中	下	5月(旬)上	中	下	6月(旬)上	中	下	7月(旬)上	中	下	8月(旬)上	中	下	9月(旬)上	中	下	10月(旬)上	中	下	11月(旬)上	中	下	12月(旬)上	中	下
生育期				育苗期							定植期																				
				翌年采收期	春季留母茎期					采收期			秋季留母茎期						采收期												
					选择优良品种育苗																										
措施													病虫害综合防治技术（黄板、杀虫灯、药剂防治等）																	
													水肥一体化技术																	

技术路线：
选种：选用适合本地区种植的优良品种。
育苗：3—4月浸种催芽育苗，28℃恒温催芽，每天温水冲洗2~3次，10%露白后即可播种，采用塑盘育苗，选择优质蔬菜专用基质育苗，每穴播种1粒，播种深度0.5~1.0 cm，播后覆盖基质。苗期60 d左右定植，定植前选择土壤肥沃的沙壤土或者壤土，提前施足有机肥肥进行耕翻，整平后定植，定植同时布置好滴灌带，定植后浇足底水。
水肥一体化技术：芦笋定植缓苗后，新茎抽出前，结合浇水进行追肥，选择水溶性好，养分含量高且均衡，肥料利用率高的水溶性复合肥料，按比例稀释后通过滴灌追施。每亩追施5 kg。入秋后，追施秋发肥，每亩追施20 kg水溶性肥料，每隔15 d追施1次，共计4次。留茎期管理：进入采收后，增加追肥次数和追肥量，每采收后，追肥1次，基本上每15 d追施1次水溶性肥料，每次追施滴灌5 kg。留茎期各追施肥、生物菌肥、水溶性肥料等，棚内采用滴灌，促使植株健壮生长。芦笋进入第2年后，春季采收后（4月），秋季采收后（11月）开始留母茎，多施腐熟有机肥，水溶性肥料。③生物防治：利用生物农药主要病虫害综合防治技术：①农业防治：选用抗病品种、杀虫灯、诱虫灯及人工捕捉等物理措施进行防治害虫。②物理防治：利用粘虫板、杀虫灯、采用避雨栽培，防治病害常用百菌清、代森锰锌、苦参碱，防治斜纹夜蛾和甜菜夜蛾，低毒、低效、低残留化学农药，防治病菌的抗药性，防治地下害虫可用阿维菌素灌根。④化学防治：适用高效、嘧菌脂等杀菌剂交替用药，降低病菌的抗药性。

适用范围：
长江中下游设施栽培芦笋产区

经济效益：
通过应用水肥一体化、物理、生物、高效低毒低残留化学农药防治等技术，芦笋产量提高8.7%以上，肥料施用量减少约19.6%，农药使用量减少约10%，减少投入利用工成本20%~35%，农产品合格率达100%。按照设施芦笋生产平均亩收益计算每年每亩增收1 080元，节水80 m³，节省肥料成本196元，农药成本50元，人工成本600元。

安徽省设施芦笋化肥农药减施增效栽培技术模式

一、技术概况

在设施芦笋绿色生产过程中，推广应用优质高产新品种、大棚设施避雨、冬季多层覆盖、有机肥（含益生菌）替代化肥、水肥一体化、全程病虫害绿色防控等技术，从而有效调控芦笋生长，延长采收期，显著提高绿芦笋产品质量、产量和经济效益，保障芦笋生产安全、农产品质量安全和农业生态环境安全，促进农业增产增效、农民增收。

二、技术效果

通过应用优质高产新品种、大棚设施避雨、冬季多层覆盖、有机肥（含益生菌）替代化肥、水肥一体化、全程病虫害绿色防控等技术，亩产1 500~2 500 kg，收入可达1.5万~3.2万元/亩。采收期从1月中旬到10月中旬。较露地绿芦笋提早上市30~40 d，产量提高20%以上，化肥用量减少60%~70%，农药施用量减少30%~50%，减少投入和用工成本30%以上，农产品合格率达100%。

三、技术路线

（一）科学栽培

1. 品种选择

选择嫩茎深绿、成茎分枝部位高、笋头鳞片抱合紧密、畸形少、优质高产和抗病性强的品种。

2. 育苗

春季3—4月播种育苗。1磅*芦笋种子可移栽大田10亩。

（1）种子处理　播种前需进行种子处理。先用0.1%高锰酸钾溶液浸种15 min，清水洗净，再放入25~30℃温水中浸种2~3 d，且每天将种子搓洗换水。

（2）催芽　浸种后洗净置于25~30℃条件下催芽，催芽期间每天用25℃左右温水淋浇1~2次。4~5 d后20%种子露白即可播种。

（3）播种　采用50孔穴盘基质育苗，播种前将穴盘浇足水，每穴播种1粒，播后覆细土2 cm。畦上覆盖地膜保持苗床水分。

（4）苗床管理　出苗前白天床温控制在20~30℃，晚上不低于15℃。70%幼苗出土

---

* 注：1磅≈0.454 kg。全书同

时去除地膜，出苗后以白天在 20~25℃，夜间以 15~18℃ 为宜，高于 30℃ 时覆盖遮阳网，低于 11℃ 时双膜覆盖，苗床见干浇透水，保持苗床湿润。中后期根据幼苗长势喷施 2~3 次叶面肥，可用 0.2% 复合肥喷施，防止缺肥。幼苗瘦弱应补施苗肥，肥水结合。及时去除苗床杂草，防止蚜虫危害幼苗。

（5）壮苗标准　苗龄 45~60 d，苗高 30 cm，有 3 根以上地上茎。鳞芽饱满，无病虫害。

3. 定植

（1）整地施基肥　移栽前 30~40 d 深翻土壤，行距 1.5 m，畦中间开沟宽 40~50 cm，深 30~40 cm 的施肥沟，移栽前沟内分层施肥，每亩施入腐熟有机肥 2 000~3 000 kg、芦笋专用肥 30~40 kg、饼肥 40 kg 后覆盖熟土。

（2）定植时间　5 月上旬至 6 月下旬移栽。

（3）定植技术　每亩定植 1 600~2 000 株，行距 1.5 m，每畦栽一行，株距 25~30 cm，定植深度 10~12 cm。移栽时大小苗应分开栽植。定植后将苗剪留 15~20 cm，以利存活。栽后全园灌一遍定植水。

4. 田间管理

（1）大棚覆膜　冬季于 12 月中下旬覆膜保温增温，为促进春笋提早采收，冬季低温期间采用多层覆盖保温，夏秋季保留顶膜避雨栽培。

（2）中耕除草培土　定植后及时中耕除草，保持土壤疏松。中耕时结合培土，同时应避免伤及嫩茎和根系。

（3）温度管理　出笋期白天棚内气温控制在 25~30℃，夜间保持在 12℃ 以上。棚温超过 35℃ 通风降温。冬季低温期间采用大棚套中棚和小拱棚保温，如棚外气温低于 0℃，应在棚内小拱棚上加盖草帘、无纺布等覆盖物，以确保棚内气温不低 5℃。

（4）水分管理　根据不同生育期进行水分管理，采用滴灌定时定量灌水。幼株期保持土壤湿润，促进活棵。生长期保持土壤湿度 60% 左右。留母茎期间保持土壤湿度 50%~60%；采笋期保持土壤湿度 70%~80%。

（5）肥料管理　采笋期间结合浇水 15~20 d 追肥 1 次，施用芦笋专用肥 15~20 kg/亩；春母茎拔除后秋母茎留养前沟施腐熟有机肥 1 000 kg/亩；秋母茎留养后，视植株长势，可间隔 15 d 施用芦笋专用肥 15~20 kg/亩；12 月中下旬冬季拔秆清园后，沟施腐熟有机肥 1 500 kg/亩，结合冬季施肥补充钙、硼、锌等中、微量元素。

5. 采收与留母茎

（1）采笋期　第三年开始进入正常采收。一般 2 月上中旬就开始采春芦笋，采至 4 月中旬，然后留苗 30~35 d 至 5 月中下旬；再开始夏芦笋采收到 7 月中旬，然后换茎留发新苗至 8 月中旬，又开始秋芦笋的采收到 10 月中旬结束。

（2）留养母茎　在 3 月下旬至 4 月上旬留春母茎，2 年生每棵留 2~4 支，3 年生每棵留 4~6 支，4 年生及以上每棵留 6~8 支；秋母茎留养宜在 8 月中下旬进行，3 年生以内每棵留 6~10 支，3 年生以上每棵留 10~15 支，选留的嫩茎直径 1 cm 以上、无病虫斑、生长健壮，且分布均匀。

（3）采笋的时间及操作方法　以晴天上午 9—11 时，阴冷天以 16 时后采收较好。

采收方法是用采笋刀将长 25~33 cm 的嫩茎沿地面割下，具体长度根据厂家或经销商要求，基部不要留茬，以免侧芽发生。

6. 植株整理

母茎留养期间，棚内笋株应及时整枝疏枝。母茎长至 50~80 cm 高时，应及时打桩、拉绳以固定植株。母茎长至 120 cm 高时，摘除顶芽以控制植株高度。11 月下旬至 12 月上旬秋母茎逐渐枯黄时即可进行拔秆清园。

（二）主要病虫害防治

1. 主要病虫害

主要病害：茎枯病、褐斑病、茎腐病、根腐病、锈病、立枯病、炭疽病；虫害：夜蛾、蚜虫、蓟马、蛴螬、金针虫等。防治重点是茎枯病。

2. 防治方法

注重农业、物理、生物和化学等综合防治措施。

（1）农业防治　选用优良抗病品种和无病种苗，及时盖膜避雨栽培。加强生产场地管理，保持环境清洁。做好夏笋采收结束和秋笋采收结束时的二次清园。合理密植，科学排灌、施肥。及时清除病残株，并集中销毁。

（2）物理防治　黄、蓝粘虫板使用、杀虫灯捕杀、防虫网阻隔等。

（3）生物防治　保护和利用天敌，控制病虫害的发生和危害。使用印楝素、乙蒜素等生物农药防病避虫，性诱剂诱杀甜菜夜蛾，增施枯草芽孢杆菌等生物菌肥改善土壤菌群等。

（4）化学防治　实施无标靶保健性防御技术：采用苗期喷淋营养钵与穴盘以防控地下害虫及苗期病虫害；采用土壤施药（枯草芽孢杆菌、阿迷西达、噻虫嗪等）防控土传病虫害的保健性防御；采用土壤表面喷施药剂（亮盾、金雷等）封杀防治根腐病、茎腐病；喷施长效型安全间隔期短的绿色药剂（噻虫嗪、氯虫苯甲酰胺、阿米西达等）；采用水肥药一体化随水肥施药技术等方法防治病虫害。

四、效益分析

（一）经济效益分析

通过应用优质高产新品种、大棚设施避雨、冬季多层覆盖、有机肥（含益生菌）替代化肥、水肥一体化、全程病虫害绿色防控等技术，较露地绿芦笋提早上市 30~40 d，产量提高 20% 以上，化肥用量减少 60%~70%，农药施用量减少 30%~50%，减少投入和用工成本 30% 以上，农产品合格率达 100%。采收期从 1 月中旬到 10 月中旬，亩产 1 500~2 500 kg，收入可达 1.5 万~3.2 万元/亩。按照芦笋棚室生产平均收益计算，每亩可增收 2 500 元，节省肥料、农药成本 500 元左右。

（二）生态效益、社会效益分析

全程病虫害绿色防控技术，改变传统的病虫害防治理念和方法，从根本上解决

"乱打药、打多（种）药、多（次）打药"，从单一病虫防治理念转变为无标靶保健性防御理念，从土壤处理、种子处理和育苗开始，把握关键节点，选用无害化、持效期长的全新一代农药，全程实施绿色防控措施，达到减少农药使用量、使用次数、农药残留和产品优质的效果。

五、适宜区域

安徽省设施栽培芦笋产区。

六、技术模式

见表6-2。

七、技术依托单位

联系单位：安徽省宣州区菜篮子工程办公室、萧县农业技术推广中心

联系人：吴鹏、纵瑞敬

电子邮箱：sc0563@139.com，2667479016@qq.com

表6-2 安徽省设施芦笋肥药化肥农药减施增效栽培技术模式

项目	2月(旬)			3月(旬)			4月(旬)			5月(旬)			6月(旬)			7月(旬)			8月(旬)			9月(旬)			10月(旬)		
	上	中	下	上	中	下	上	中	下	上	中	下	上	中	下	上	中	下	上	中	下	上	中	下	上	中	下
生育期					采收春笋						育苗			采收夏笋、换茎							采收秋笋						
措施					合理留母茎					选择优良品种							合理留母茎										
								有机肥替代化肥、水肥一体化技术、病虫害绿色防控技术																		

技术路线

选种：选择嫩茎深绿，成茎净置于25~30℃条件下催芽，笋头鳞片抱合紧密，畸形少，优质高产和抗病性强的品种。

育苗：浸种后洗净置于25~30℃条件下催芽，出苗前白天床温控制在20~30℃，晚上不低于15℃。70%幼苗出土时去除地膜，出苗后天白天以20~25℃，夜间以15~18℃为适合。壮苗标准：苗龄45~60 d，苗高30 cm，有3根以上地茎。

定植：整地施基肥，于5月上旬至6月下旬移栽。移栽时大小苗应分开栽植。定植后气温控制在25~30℃，夜间保持在12℃以上。施用芦笋专用肥15~20 kg/亩，可间隔15 d施用1次，锌等中、微量元素。每亩定植1 600~2 000株，行距1.5 m，每畦栽一行，一端留定植水。冬季同灌一端留定植水。棚温超过35℃通风降温。栽后沟埋前沟茄前清园后，沟施腐熟有机肥1 000 kg/亩；秋留茎留母茎1 500 kg/亩。第三年开始进入正常采收。一般2月上中旬就开始采春芦笋，采至4月中旬，然后留30~35 d至5月中下旬；再开始夏芦笋采收到7月中旬，然后换茎留至8月中旬，又开始秋芦笋的采收到10月中旬结束。在3月下旬至4月上旬留春母茎。

田间管理：出苗期白天棚内气温控制15~20 d追肥1次，视植株长势，结合季施肥朴无氮，钙、锌等中、微量元素。定植深度10~12 cm。采收期：秋留茎留茎，定植后剪苗留15~20 cm，以利存活。冬季确保棚内气温不低于5℃。春母茎剪一端留定植水。采收留母茎1 500 kg/亩。

主要病虫害防治：①农业防治，选用优良抗病品种和无病种苗，及时盖膜避雨栽培，及时清除病残株，并集中销毁。②物理防治，黄、蓝黏虫板使用，杀虫灯捕杀，防虫网阻隔等。③生物防治，保护和利用天敌，控制病虫害的发生和为害，使用印楝素、乙蒜素等生物农药防病避免，性诱剂诱杀甜菜夜蛾，增施枯草芽孢杆菌等生物菌群等。④化学防治，实施无靶性保健防御技术，土壤施药（枯草芽孢杆菌，阿迷西达，噻虫嗪等）防控土传病虫害的保健性防御，土壤喷施药剂（亮盾、金雷等）封杀防治根腐病，茎腐病。喷施长效型安全间隔期短的绿色药剂（噻虫嗪、氯虫苯甲胺，阿米西达等），采用水肥药一体化随水施肥药等方法进行防治病虫害。

适用范围

安徽省设施栽培芦笋产区

经济效益

通过应用优质高产新品种，大棚设施避雨，冬季多层覆盖，有机肥（含益生菌）替代化肥，水肥一体化，全程病虫害绿色防控等技术，较露地绿芦笋提早上市30~40 d，产量提高20%以上，化肥施用量减少60%~70%，农药施用量减少30%~50%，减少投入和用工成本30%以上。农产品合格率达100%。采收期从1月中旬到10月中旬，每亩芦笋生产平均收益计算，每亩肥料、节药成本500元左右。苗产1 500~2 500 kg，收入可达1.5万~3.2万元/亩。

第七部分

设施叶菜类蔬菜化肥农药减施增效栽培技术模式

河南省日光温室韭菜化学农药减施增效技术模式

一、技术概况

在设施韭菜绿色生产过程中，推广应用保护地穴盘育苗，移栽漂浮板孔穴水培栽培技术，避免韭蛆发生，大幅度减少农药用量，保障韭菜生产安全、农产品质量安全和农业生态环境安全，促进农业增产增效，农民增收。

二、技术效果

通过应用水培、物理和喷施低毒农药等绿色生产、防控技术，可实现鲜韭全年无间断生产，年产量比传统设施栽培提高50%，化肥使用量减少30%以上，农药使用量减少90%以上，减少人工成本60%以上，农产品合格率达100%。

三、技术路线

选用直立型好、耐低温弱光的品种。采用保护地穴盘基质育苗方式培育壮苗，经消毒杀菌处理后移到漂浮板穴栽。利用专用营养液进行韭菜的DFT（深液流）水培。水培池为下挖式长方形池。生产中利用物理防治方法防治相关病虫害，保证韭菜产量和品质。

（一）科学栽培

1. 品种选择

选用直立性好、耐低温弱光的优良品种。

2. 基质育苗

黄淮地区露地育苗时间在3月下旬至4月中下旬最适宜。保护地育苗可提前一个月。育苗前育苗地块要平整做畦，铺上一层地膜或者园艺地布，再均匀铺上3~5 cm疏松田园土，利于保水保肥和起盘。采用72穴育苗盘，育苗基质浇水湿透后装盘。每穴播8粒种子。苗龄40 d时可追加三元复合肥1次，常规管理。在苗龄70~90 d时即可移栽。

3. 移栽

起苗前一天停止浇水，起苗时尽量不伤根，大小苗要分开，严格控制病株弱株。叶片剪去2/3长度，用清水冲洗掉基质后用多菌灵溶液蘸根浸泡半小时待栽。移栽时用定植棉包裹根茎部放入定植篮后插入漂浮板定植穴，每穴3~5株。

4. 设施类型与定植密度

采用全钢架无支柱双层日光温室，外层温室长为78.24 m，宽为12.24 m，内层长为 77.16 m，宽为 11.16 m，外置保温被和遮阳网，并配套湿帘。室内下挖一个约 10 m³ 营养液池。从室内一端依次挖南北向长为 8 m，宽为 2 m，深度为 20 cm 的数个栽培池，内衬黑白膜。漂浮板定植孔直径为 4 cm，孔边距为 5 cm。营养液池与每个栽培池用管道相连为其提供营养液，并设置回水管。

5. 水肥一体化

移栽前配制好韭菜水培营养液。配方主要参考华南农业大学叶菜类改良水培配方并根据当地水质进行改良。微量元素选用通用配方。营养液池内加装增温降温和增氧设备。移栽前将营养液注入栽培池，保持营养液深度约 10 cm。每个栽培池回水口安装滤网，防止杂质回流到营养液池。

对于营养液的管理，每 3 d 测定 1 次 pH 值和 EC 值。移栽前 1 周控制营养液 EC 值在 1.8 左右，进入旺盛生长期可调节至 2.0。pH 值控制在 6.3 左右。夏季营养液每天白天循环 8 次，每次 0.5 h；夜晚 2 次即可。冬季可减少 1~2 次。

6. 生长期管理

韭菜最适生长温度 15~25℃。温度适宜每 25~28 d 即可收割 1 次，冬季地下部分虽能耐较低温度，但不休眠品种叶片生长缓慢。棚室可覆盖棉被，营养液池增设加热设备，仍可 35~40 d 收割 1 次。夏季要特别注意高温，若韭菜长时间处在 35℃ 高温环境中极易出现叶尖干枯现象。生产时要去掉棚膜，覆盖防虫网和遮阴网。1 年可收割 8~10 茬，夏季 7—8 月停止收割进行养根。

（二）病虫害防治

韭菜病虫害主要为韭蛆、葱蓟马和灰霉病。但水培韭菜不能提供韭蛆的生长环境，只需要注意葱蓟马和灰霉病即可。主要采用农业和物理综合防治的方法。

1. 防治葱蓟马

4—5 月是北方地区的干旱季节，也是葱蓟马繁殖的适宜时期，要提前做到：①在保护地周围布高密度防虫网；②利用蓟马趋蓝性悬挂蓝板诱杀，每亩 20~30 张，悬挂高度和韭菜平行即可。③蓟马喜欢昼伏夜出，傍晚时用吡虫啉、噻虫嗪、高效氯氟氰菊酯等轮换喷施。

2. 防治灰霉病

加强田间管理、控制环境温湿度是防治灰霉病最有效的方法。控制昼夜温差不超过 10℃。适时通风降湿，防止棚室内湿度过大。当相对湿度大于 85% 时灰霉病发病严重，小于 65% 时不易发病。在高温高湿条件下，既有利于病菌的生长繁殖和侵染，又易使韭菜徒长，抗病能力减弱。收割应在低湿无露条件下进行，减少病菌入侵机会。若有发生病害用 25% 啶菌恶唑乳油喷施可有效控制病害蔓延。

四、效益分析

（一）经济效益分析

通过应用水培、物理防治和喷施低毒农药等绿色生产、防控技术，可实现鲜韭全年无间断生产，年产量比传统设施栽培提高 50%，化肥使用量减少 30% 以上，农药使用量减少 90% 以上，减少人工成本 60% 以上，农产品合格率达 100%。每年每亩可增收 5 000 元，节省人工及农药成本 1 000 元。

（二）生态及社会效益分析

设施韭菜化肥农药减施增效栽培技术的应用，不仅提高了韭菜的品质和产量，而且极大地减少农药的使用和生产者的工作量，最大限度地减轻了农业生产过程中对自然环境的污染，解放了更多劳动力，生产出的优质韭菜充分满足了人们追求健康食品的愿望。

五、适宜区域

全国大部分设施栽培韭菜产区。

六、技术模式

见表 7-1。

七、技术依托单位

联系单位：河南省平顶山市农业科学院
联系人：周亚峰
电子邮箱：zhouyafeng4315@126.com

表7-1 河南省日光温室韭菜化学农药减施增效栽培技术模式

项目	3月（旬）上 中 下	4月（旬）上 中 下	5月（旬）上 中 下	6月（旬）上 中 下	7月（旬）上 中 下	8月（旬）上 中 下	9月（旬）上 中 下	10月（旬）上 中 下	11月（旬）上 中 下	12月（旬）上 中 下	1月（旬）上 中 下	2月（旬）上 中 下
生育期	育苗期			定植 缓苗壮苗期		收获期						
措施	选育良种，基质育苗		喷洒清水驱赶葱蓟马	移栽苗杀菌消毒，配制营养液，遮阴网遮阴		配制营养液，营养液管理				保温被覆盖，营养液加温		
			黄板、蓝板诱杀害虫，高密度防虫网				控制湿度，喷施啶菌恶唑预防灰霉病					

技术路线

选种：选用直立性好，耐低温弱光的优良品种。

设施类型与定植密度：采用全钢架无支柱双层日光温室，外置保温被覆盖和遮阳网，并配套湿帘。漂浮板定植孔直径4 cm，孔边距5 cm。

水肥一体化：配方主要参考华南农业大学大叶韭菜水培配方并根据当地水质进行改良。微量元素选用通用配方。营养液加装培温和增氧设备。移栽苗前将培养营养液注入栽培池，保持营养液深度约10 cm。

生长期管理：韭菜最适生长温度15~25℃。温度适宜每25~28 d即可收割一次，冬季地下部分虽能耐较低温度，但不休眠品种叶片生长缓慢，棚室可覆盖增温保暖，营养液增设加热设备，仍可35~40 d收割1次。夏季要特别注意高温，若韭菜生长时间处在35℃左右高温环境中极易出现叶尖干枯现象。生产时则要去掉遮阴网和遮阳网。一年可收割8~10茬，夏季7~8月停止收割进行养根。

病虫害防治：防治葱蓟马，4~5月是北方地区的干旱季节，同时也是葱蓟马繁殖的适宜时期，要提前做到；葱马喜欢伏夜出，傍晚时即可。在保护地周围布高密度防虫网；利用葱马趋蓝板诱杀，每亩20~30张，悬挂高度和韭菜平行即可。葱马喜欢高温，控制环境夜间温差不... 虫喙；高效氯氟氰菊酯等轮换喷施。防治灰霉病，加强田间管理，控制环境湿度是防治灰霉病最有效的方法。控制昼夜温差不超过10℃。适时通风降湿，防止棚室内湿度过大。当相对湿度大于85%时灰霉病发病严重，小于65%时不易发病，覆盖遮阴网和遮阳棚膜。病害用25%啶菌恶唑乳油喷施可有效控制病害蔓延。若有发生病害用25%啶菌恶唑... 无露条件下进行，减少病菌入侵机会。

适用范围

全国大部分设施栽培韭菜产区。

经济效益

通过应用水培、物理和喷施低毒农药等绿色生产、防控技术，可实现鲜韭全年不间断生产，年产量比传统设施栽培提高50%，化肥使用量减少30%以上，农药使用量减少90%以上，农产品合格率达100%。每年每亩可增收5 000元。节省人工及农药成本1 000元。

湖南省设施韭菜化肥农药减施增效栽培技术模式

一、技术概况

在设施韭菜绿色生产过程中，推广应用韭菜大棚种植、水肥一体化，以及物理、生物与化学防治结合的病虫害综合防治等技术，从而有效减少农药使用，保障韭菜生产安全、农产品质量安全和农业生态环境安全，促进农业增产增效，农民增收。它的实施有益于提高韭菜绿色生产水平，保障农产品的质量安全。

二、技术效果

通过应用韭菜大棚种植、水肥一体化，以及物理、生物与化学防治结合的病虫害综合防治等绿色生产、防控技术，农药施用量减少 70%，减少投入和用工成本 40%，农产品合格率达 100%。

三、技术路线

选用高产、优质、抗病品种，培育健康壮苗，采取土壤改良、物理和化学农药综合防治等措施，做到一种双收，提高韭菜丰产能力，改善韭菜的生长环境，控制、避免、减轻韭菜相关病虫害的发生和蔓延。

（一）科学栽培

1. 品种选择

选用适合本地区栽培的优良、抗病品种。

2. 培育壮苗

一般湖南中部地区在 8 月下旬开始保护地育苗，苗床要求疏松通透，营养齐全，土壤酸碱度中性到微酸性，不能含有对秧苗有害的物质（如除草剂等），以及病原菌和害虫。当韭菜长到 4~5 片叶时及时移栽。

3. 及时整地备用

利用生石灰 70 kg/亩进行土壤消毒，每亩撒施 500 kg 有机肥（pH≥6.5）加 45%硫酸钾复合肥 30 kg 作底肥深施，作畦后铺好滴灌带，一般在 1 月中旬完成整地施肥。

4. 适时移栽

在气温适宜的天气条件下，选择在晴天下午进行定植，行距 18~20 cm，穴距 10~15 cm。

5. 水肥管理

定植后及时浇透定根水，第 2 d 使用滴灌设施浇缓苗水；定植后 10~15 d，随水追施冲施肥 7.5~10 kg/亩；此后每收割一次随水追施高氮冲施肥 5~7.5 kg/亩。

6. 植物调节剂的使用

每收割 2~3 茬韭菜随水追施赤·乙哚·芸薹素 10 g/亩，促发新根。

（二）主要病虫害防治

1. 农业防治

采用滴灌带灌水施肥，雨季及时排水，每次收割 2~3 d 后，在韭菜根部撒施草木灰，预防韭蛆。

2. 物理防治

使用糖醋液和粘虫黄板诱杀韭蛆成虫，使用防虫网防止韭蛆和斑潜蝇成虫进入大棚。

3. 生物防治

使用枯草芽孢杆菌或者多粘芽孢杆菌改良土壤，减少病菌的发生；使用苦参碱或者印楝素灌根杀灭韭蛆。

四、效益分析

（一）经济效益分析

通过应用韭菜大棚种植、水肥一体化，以及物理、生物与化学防治结合的病虫害综合防治等绿色生产、防控技术，农药施用量减少 70%，减少投入和用工成本 40%，农产品合格率达 100%。

（二）生态效益、社会效益分析

韭菜水肥一体化种植技术的应用，可以提高韭菜的生长速度，增加收割茬数，增加韭菜产量，提高农民收入，给农民带来切实的效益；病虫害绿色防控技术的应用，减少了农药的使用，降低商品农药残留，商品百分之百达到绿色农产品要求，有益于保障食品安全；绿色栽培技术的应用，减轻了农业生产过程中对自然环境的污染。

五、适宜区域

湖南设施栽培韭菜产区。

六、技术模式

见表 7-2。

七、技术依托单位

单位名称：湖南汇湘蔬菜种植专业合作社
联系人：谭军

表 7-2　湖南省设施韭菜化肥农药减施减增效栽培技术模式

项目	8月（旬）			9月（旬）			10月（旬）			11月（旬）			12月（旬）			1月（旬）			2月（旬）			3月（旬）			4月（旬）		
生育期 / 春茬	上	中	下	上	中	下	上	中	下	上	中	下	上	中	下	上	中	下	上	中	下	上	中	下	上	中	下
		选择优良品种		育苗															定植	收获期							
																				水肥一体化促活棵							
																				杀虫黄板、糖醋液诱杀成虫降低虫口基数							
																							低毒低残留农药确保产品质量				

技术路线

选种：适合本地区的优良、抗病品种。

培育壮苗：一般湖南中部地区在 8 月下旬开始保护地育苗，苗床要求疏松通透，营养齐全，土壤酸碱度中性到微酸性，不能含有病原菌和害虫。当韭菜长到 4~5 片叶时及时移栽。苗床对秧苗有害的物质（如除草剂等），不能含有病原菌和害虫。生石灰 70 kg/亩进行土壤消毒，每亩撒施 500 kg 有机肥，每亩撒施 30 kg 作底肥（pH 值≥6.5）加 45%硫酸钾复合肥 30 kg 作底肥。

适时移栽：深施，作睡好铺好滴灌带，一般在 1 月中旬完成整地盖膜。

水肥管理：气温适宜的天气情况下，选择在晴天下午进行定植，行距 18~20 cm，穴距 10~15 cm。定植后及时浇透定根水，第 2 d 使用滴灌设施浇缓苗水，定植后 10~15 d，随水追施冲施肥 7.5~10 kg/亩；此后主菜随水追施球结期高氮冲施肥 5~7.5 kg/亩。芸薹素 10 g/亩，促发新根。

后每收割一次随水追施植物调节剂的使用：每收割 2~3 茬主菜随水追施赤·乙烯·芸薹素 10 g/亩，促发新根。

适用范围

湖南设施栽培韭菜产区

经济效益

通过应用韭菜大棚种植，水肥一体化，以及物理、生物与化学防治结合的病虫害综合防治等绿色生产、防控技术，农药用量减少 70%，减少投入利用工成本 40%，农产品合格率达 100%。

吉林省设施叶菜化肥农药减施
高效栽培技术模式

一、技术概况

在设施叶菜绿色生产过程中，推广应用控释肥、轮作、物理与化学综合病虫害防治等技术，重点推广使用叶菜周年多茬种植技术，从而有效缓解叶菜生产过程土壤连作障碍、农药残留的问题，保障叶菜生产安全、农产品质量安全和农业生态环境安全，促进农业增产增效，农民增收。

二、技术效果

通过推广应用不同科属叶菜多茬连续种植，结合控释肥、轮作、物理与化学综合病虫害防治等技术，叶菜产量可提高8%以上，农药施用量减少30%以上，减少投入和用工成本20%以上，农产品合格率达100%。

三、技术路线

选用高产、优质、抗病品种，培育健康壮苗，采用轮作、科学施肥、物理和化学农药综合防治等技术，提高叶菜产量，有效控制、避免、减轻叶菜相关病虫害发生。

（一）科学栽培

1. 品种选择

选用品质优良、抗病品种的生菜、娃娃菜、油菜、油麦菜、茼蒿五种叶菜。

2. 培育壮苗

采用穴盘育苗，穴盘规格为128穴或200穴。育苗基质配方为草炭：蛭石：珍珠岩（体积比3∶1∶1），营养液采用日本园试通用配方，设施内温度为18~25℃，湿度50%~70%。夏秋季苗龄为25~50 d，冬春季苗龄为35~40 d。

3. 种植方法

根据叶菜的生长特性及土传病害的防控规律，在一年中叶菜的种植顺序为茼蒿、娃娃菜、生菜、油菜、油麦菜、生菜。

设施内白天温度控制在20~30℃、夜间10~20℃。冬季低温室可适当加温，夏季加装遮阳网，控制光照强度和温度。

每亩施用控释肥 25 kg，每 4 个月施用 1 次。每年施用 1 次农家肥，用量为 2 500 kg。

4. 植物调节剂使用

选用海藻酸和腐殖酸调节叶菜生长，具体使用建议：每种叶菜定植后，每亩喷施海藻酸 30 g，1 周后每亩喷施黄腐酸钾 30 g。

5. 设施清洁

及时除草，保持设施内部及周边清洁，尤其要避免温室外杂草病害的污染。

（二）主要病虫害防治

1. 防虫板诱杀害虫

利用害虫对不同波长、颜色的趋性，在设施内放置黄板、蓝板，对害虫进行诱杀，每亩用量为 40 张。

2. 高温闷棚

利用 8 月高温、高光强的气候特点，闷棚消毒。

3. 防治病虫害

使用苦参碱、鱼藤酮、藜芦碱等防治病虫害。

四、效益分析

（一）经济效益分析

通过推广应用不同科属叶菜多茬连续种植，结合控释肥、轮作、高温闷棚、物理与化学综合病虫害防治等技术，叶菜产量可提高 8% 以上，农药施用量减少 30% 以上，减少投入和用工成本 20% 以上，农产品合格率达 100%。1 年连续种植 6 茬叶菜，每亩年产量可达到 18 000 kg 以上，亩产可达到 3 万元以上。按照棚室叶菜生产平均收益计算，每亩可增收 2 000 元，节省农药成本 200 元。

（二）生态效益、社会效益分析

设施叶菜化肥农药减施增效技术的应用，提高了叶菜产量，降低了农药用量，减轻了农民工作量，增产增收，给农民带来切实的效益；农药的减少使用，降低了商品农药残留，有益于保障食品安全；减轻了农业生产过程中对自然环境的污染，环保意义重大。

五、适宜区域

东北地区设施栽培叶菜产区。

六、技术模式

见表 7-3。

七、技术依托单位

联系单位：吉林省蔬菜花卉科学研究院

联系地址：吉林省长春市净月区千朋路 555 号

联系人：王剑锋

电子邮箱：hortwjf@ 163. com

表 7-3 吉林省设施叶菜化肥农药减施增效栽培技术模式

项目		1月(旬)			2月(旬)			3月(旬)			4月(旬)			5月(旬)			6月(旬)			7月(旬)			8月(旬)			9月(旬)			10月(旬)			11月(旬)			12月(旬)		
		上	中	下	上	中	下	上	中	下	上	中	下	上	中	下	上	中	下	上	中	下	上	中	下	上	中	下	上	中	下	上	中	下	上	中	下
生育期	茬口	高蒿定植			高蒿采收				娃娃菜定植					娃娃菜采收		生菜定植		生菜采收				油菜定植		油菜采收		高温消毒			油麦菜定植			油麦菜采收		生菜定植			生菜采收	

| 措施 | | | | | | | | | | | | | | 药剂防治 | | | | | | 物理防虫 | | | | 高温闷棚 | | 高温闷棚 | | | | 药剂防治 | | | | | | | | |

技术路线

选种：选用品质优良，抗病品种的生菜、娃娃菜、油菜、高蒿五种叶菜。

育苗：采用穴盘育苗，穴盘规格为 128 穴或 200 穴。营养苗采用日本园试通用配方，设施内的温度为 18～25℃，湿度为 50%～70%。育苗基质为人工配置的专用基质，配方为草炭：蛭石：珍珠岩（体积比 3：1：1），营养液采用日本园试通用配方。冬春季苗龄为 25～50 d，夏秋季苗龄为 35～40 d。

栽培：根据不同叶菜的生长特性及土传病害的防控，在 1 年中叶菜的种植顺序为高蒿、娃娃菜、生菜、油菜、生菜。设施内白天温度控制在 20～30℃，夜间 10～20℃，夏季加装遮阳网，控制光照强度和温度。每亩施用控释肥 25 kg，每年施用 1 次。每 4 个月施用 1 次。每年施用一次农家肥，用量为 2 500 kg。冬季低温可适当加温，具体使用建议：每种叶菜定植后，1 周后每亩喷施海藻酸 30 g，1 周后每亩喷施黄腐酸 30 g。

生长调节：可选用海藻酸和腐殖酸调节叶菜生长，具体使用建议：每种叶菜定植后，1 周后每亩喷施海藻酸 30 g，1 周后每亩喷施黄腐酸钾 30 g。

病虫害防治：利用害虫对不同波长、颜色的趋性，在设施内放置黄板、蓝板，对害虫进行诱杀，每亩用量为 40 张。利用 8 月高温，闷棚消毒。使用苦参碱、鱼藤酮、藜芦碱等防治病虫害。高温、高光强的气候特点，闷棚消毒。

适用范围

东北地区设施栽培叶菜产区

经济效益

通过推广应用不同科属叶菜多茬连种，结合控释肥，轮作、高温闷棚、物理与化学综合虫害防治等技术，1 年连续种植 6 茬叶菜，叶菜产量可提高 8% 以上，农药施用量减少 30% 以上，减少人工用工成本 20% 以上，农产品合格率达 100%。每亩年产量可提高，叶菜产量可达到 18 000 kg 以上，苗产可达到 3 万元以上。按照蔬菜温室叶菜生产平均收益计算，每亩可增收 2 000 元，每亩年产量提高，节省农药成本 200 元。

北京市设施水培生菜化肥农药减施增效栽培技术模式

一、技术概况

在连栋温室或日光温室设施生菜绿色生产过程中，推广应用深液流水培模式，将生菜漂浮于5~15 cm流动的营养液层中，集成应用海绵育苗、二次分苗、水肥环境精准化调控、全程病虫害绿色防控、活体采收包装等技术，有效解决生菜土壤连作障碍的问题，降低劳动强度，提高生产效率。该模式生产环境相对可控，减少了农药使用，降低商品农药残留，保障了食品安全。

二、技术效果

通过应用深液流栽培、海绵育苗、二次分苗、水肥环境精准化调控、全程病虫害绿色防控、活体采收包装等技术，水培生菜生长周期（30~35 d）比土壤栽培（45~60 d）缩短10 d以上，每年可生产9~10茬，复种指数高，均衡供应能力强，年平均产量超过30 kg/m²，是土壤栽培产量2倍以上；同时，水肥管理、环境控制、病虫害防治等环节标准化程度高，病虫害发生几率小，降低农药使用量，产品更安全；采用营养液循环模式，平均每立方米水产出生菜50 kg以上，较土壤栽培提高135.3%；活体采收包装销售，保鲜期延长3~5 d。

三、技术路线

选用高产、优质、抗病品种，集成应用深液流栽培、海绵育苗、二次分苗、水肥环境精准化调控、全程病虫害绿色防控、活体采收包装等技术，提高生菜的产量及品质。

（一）科学栽培

1. 品种选择

根据市场需求及气候特点，选择高产、优质、抗病、美观、适口性较好的品种。

2. 海绵塞育苗

采用海绵塞育苗，海绵块尺寸为25 cm×25 cm，可分割为100个海绵塞，海绵塞尺寸为2.5 cm×2.5 cm，播种前将整块育苗海绵浸湿后放入育苗盘，加清水至高出海绵底部0.5 cm，每个海绵塞播1~2粒种子，一般丸粒包衣种子播1粒，其他种子播2粒，播种完成后放入催芽室进行催芽。

3. 二次分苗技术

通过分苗及时扩大植株伸展空间及根系营养面积。一般当生菜长至子叶展平，真叶露心时开始第1次分苗，密度为320株/m²。植株长至2~3片真叶时进行第2次分苗，密度为100株/m²。当小苗长至4~5片真叶并充分展开时，进行定植，定植密度以25株/m²为宜，定植后30~35 d可进行采收。

4. 水肥管理技术

生产中每天对营养液EC、pH值进行监测，每季度对营养液成分进行检测。播种到分苗前，植株只需清水即可完成发芽过程。在分苗期，营养液EC值控制在1.2 mS/cm；在定植期，定植1周内的幼苗，EC值控制在1.5~1.6 mS/cm；定植1周后，EC值控制在1.8~2 mS/cm。采收前3~5 d，EC值可降低至1.5~1.6 mS/cm。水培生菜生长的最适pH是5.5~6.5，当pH>6.5时，用稀硝酸或磷酸调整；当pH<5.5时，用NaOH或KOH溶液进行调整。循环供应系统采用间歇供液，每小时供液15 min。

5. 环境调控技术

生菜生长期白天温度控制在15~25℃，最适温度为18~22℃；夜间温度控制在10~18℃，最适温度为10~15℃。

播种到出苗阶段，湿度要维持在90%~100%范围，促进发芽。出苗后，湿度控制在60%~75%为宜。

水培生菜适宜液温为18~22℃，水溶氧含量为4~5 mg/L。适时调整温室环境创造合适液温条件，有条件可以采用冷水机降温技术将营养液温度控制在合理的范围。采用营养液循环及水泵或增氧仪方式增加水溶氧含量。

6. 活体采收技术

一般定植后30~35 d采收，水培生菜可选择带根包装上市的措施，用无纺布将根部包裹缠绕固定，浸水处理后放入包装袋，带根包装可增加蔬菜新鲜度，缓解叶类蔬菜短时间容易萎蔫的问题。

（二）主要病虫害防治

1. 主要病虫害

主要病害有霜霉病、灰霉病、病毒病；主要虫害有蚜虫、蓟马、红蜘蛛、白粉虱、斑潜蝇。

2. 农业防治

选用优良抗病品种；通过对温度、湿度、光照、溶解氧等条件的控制，培育适龄壮苗；避免植株损伤染病；采用科学的营养液配方，及时正确的补肥补水，避免营养液成分的颉颃作用、单盐毒害和缺素等现象发生；及时清除老、弱、病苗，摘除老叶、黄叶、枯叶，清理营养液表面的绿藻，控制初侵染源。

3. 物理防治

使用黄、蓝粘虫板诱杀。黄板可诱杀蚜虫、白粉虱、斑潜蝇，蓝板可诱杀蓟马。黄蓝板用细线悬挂，每亩20~25块，高度以高出生长点5~10 cm为宜。使用色板期间最好随着蔬菜生长不断升高其高度，使色板始终高于蔬菜生长点，便于诱捕害虫。温室大棚放风口用防虫网封闭，防止大量害虫进入温室。

4. 生物防治

利用害虫天敌和微生物杀虫剂、杀菌剂防治病虫害。

5. 化学防治

农药施用严格按照国家规定的标准执行。应注意轮换用药，合理混用，严格控制药剂的浓度和使用次数。药剂防治主要以预防为主，主要病虫害防治方法见下表。

表　水培蔬菜的主要病虫害防治方法

病虫害名称	防治方法
霜霉病	发病后，用 25%的甲霜灵可湿性粉剂 800~1 000 倍液，50%烯酰吗啉可湿性粉剂 1 500 倍液喷洒各 1 次。
灰霉病	苗期发病用 50%多菌灵可湿性粉剂 1 000 倍液喷雾 1~2 次。
病毒病	注意防治传毒昆虫如烟粉虱，用香菇多糖 0.5%水剂进行喷洒 1~2 次或 20%盐酸吗啉胍·铜等药剂减轻病毒症状。
蚜虫	在发生初期使用 0.3%苦参碱生物杀虫剂 600~800 倍液喷洒 1~2 次，间隔 7~10 d，再用 10%吡虫啉可湿性粉剂 2 000 倍液喷洒 1 次。
蓟马	用高效低毒菊酯类农药如乙基多杀霉素、高效氯氰菊酯等 1 000~2 000 倍液喷治，每 3~5 d 1 次，连续 2~3 次。
红蜘蛛	使用 1.8%农克螨乳油或 15%哒螨灵乳油 1 000~1 500 倍液喷雾。
白粉虱	使用 10%联苯菊酯乳油 1 000~1 500 倍液；70%蚜虱净可湿性粉剂 5 000~6 500 倍液，高效低毒菊酯类药 2 000 倍液喷雾；每周 1 次，连续 3~4 次。
斑潜蝇	使用 1.8%阿维菌素乳油 2 000~ 3 000 倍液或 50%灭蝇胺 3 500~5 000 倍液均匀喷雾，隔 7~10 d 再喷雾 1 次。一般年份一个盛发期内防治 2 次。

注：具体内容根据病害发生情况调整

四、效益分析

（一）经济效益分析

通过应用深液流栽培、海绵育苗、二次分苗、水肥环境精准化调控、全程病虫害绿色防控、活体采收包装等技术，水培生菜生长周期（30~35 d）比土壤栽培（45~60 d）缩短 10 d 以上，每年可生产 9~10 茬，复种指数高，均衡供应能力强，年平均产量超过 30 kg/m²，是土壤栽培产量 2 倍以上；病虫害发生几率小，降低农药使用量，产品更安全；平均每立方米水产出生菜 50 kg 以上，较土壤栽培提高 135.3%；活体采收包装销售，保鲜期延长 3~5 d。实现亩平均增产 10 000 kg 以上，生菜采用单株销售方式，单株平均售价 2.5 元以上，年平均产值为 500 元/m² 以上，促进增产增收。

（二）生态效益、社会效益分析

采用营养液循环模式，减少地下水污染，同时减少肥料用量，实现节水节肥与增产增收的统一，生态效益显著；通过水肥环境精准化调控、全程病虫害绿色防控技术的应用，减少了农药使用，降低商品农药残留，商品 100% 达到绿色农产品要求，有益于保障食品安全。

五、适宜区域

北方设施栽培水培生菜产区。

六、技术模式

见表 7-4。

七、技术依托单位

联系单位：北京市农业技术推广站

联系人：李蔚

电子邮箱：gongchanghuake@126.com

表7-4　北京市设施水培生菜化肥农药减施增效栽培技术模式

项目		1月（旬）			2月（旬）			3月（旬）			4月（旬）			5月（旬）			6月（旬）			7月（旬）			8月（旬）			9月（旬）			10月（旬）			11月（旬）			12月（旬）		
		上	中	下	上	中	下	上	中	下	上	中	下	上	中	下	上	中	下	上	中	下	上	中	下	上	中	下	上	中	下	上	中	下	上	中	下
生育期	全年	播种—分苗—植株二次分苗—定植—采收																																			
措施		选择优良品种；环境调控，植株精细化管理，生物防治，药剂防治																																			

技术路线：品种选择：选择高产、优质、抗病、美观、适口性较好的品种。深液流水培生产程序化管理：生产程序为播种—2次分苗—定植—采收，根据生产计划及茬口安排，可随时进行播种及定植。水肥管理技术。选择适宜的配方，及时监测营养液EC值，播种到分苗前，植株只需清水即可完成发芽过程。在分苗期，营养液EC值控制在1.2 mS/cm；在定植期，定植EC值控制在1.5~1.6 mS/cm，定植1周内的幼苗，EC值控制在1.8~2.0 mS/cm。采收前3~5 d，EC值可降低至1.5~1.6 mS/cm。最适pH值是5.5~6.5，当pH值>6.5时，用稀硝酸或磷酸调整，当pH值<5.5时，用NaOH或KOH溶液进行调整。环境管理技术：生菜生长期白天温度控制在15~25℃，最适温度为18~22℃，最适温度为10~18℃。夜间温度控制在10~15℃。播种到出苗阶段要维持湿度在90%~100%范围，出苗后，湿度控制在60%~75%为宜。水溶氧含量为4~5 mg/L。营养液循环供液，每小时供液15 min。采用科学的营养液管理。①农业防治，选用优良抗病品种，通过对温度、湿度、光照、溶解氧等条件的控制，培育适龄壮苗，及时清除老、弱、病苗，摘除老叶、枯叶，清理营养液表面的绿藻，控制初侵染源。②物理防治，避免营养和缺素等现象发生。防虫网，黄板、蓝板等。③生物防治，可利用害虫天敌或微生物杀虫剂，杀菌剂。④化学防治，根据具体病虫害适用化学药剂，按推荐剂量施用。

适用范围：北方设施栽培水培生菜产区

经济效益：通过设施应用深液流栽培，二次分苗、水肥环境精准调控，全程病虫害绿色防控，活体采收包装等技术，水培生菜生长海绵育苗（30~35 d）比土壤栽培周期（45~60 d）缩短10 d以上，每年可生产9~10茬，复种指数高，均衡供应能力强，年平均产量超过30 kg/m²，是土壤栽培产量2倍以上；比土壤栽培提高135.3%；较土壤栽培提高，病虫害发生几率小，降低农药使用量，平均每立方米水产出生菜50 kg以上，产品更安全。活体采收包装销售，保鲜期延长3~5 d。实现亩平均增产10 000 kg以上，单株生菜采用立方水产出生菜，生菜采用单株销售方式，平均售价2.5元/株以上，年平均产值为500元/m²以上。促进增产增收。

上海市设施绿叶菜化肥农药减施增效栽培技术模式

一、技术概况

在设施绿叶菜绿色生产过程中，搭配设施菜田蚯蚓养殖改良土壤技术，通过合理的茬口搭配（绿叶菜—蚯蚓茬口），达到土壤绿色可持续生产和蔬菜品质效益双提升的目的，可有效降低蔬菜复种指数，缓解设施蔬菜长期连作造成的连作障碍、次生盐渍化、土传病虫害以及土壤质量退化等问题，保障蔬菜生产安全、农产品质量安全和农业生态环境安全，促进农业增产增效，农民增收。

二、技术效果

通过应用设施绿叶菜—蚯蚓种养循环绿色高效生产技术，设施菜田土壤有机质含量提高 5% 以上，土壤容重下降 10%，化肥使用量减少 28.7%，增产 10% 以上，土壤质量得到有效提升，生态环境得到有效改善，蔬菜品质得到显著提高。该技术模式既解决了蔬菜废弃物对环境的污染问题，又实现了就地取材生产有机肥，同时还可改良土壤，达到土壤质量保育的目的。

三、技术路线

选用高产、优质、抗病品种，培育健康壮苗，采取绿色防控综合防治措施，提高蔬菜丰产能力，增强对病害、虫害、草害的抵抗力，改善蔬菜的生长环境。科学合理搭配蚯蚓养殖改良土壤技术，选择春秋季进行 2~3 个月的蚯蚓养殖，注意饵料制备、养殖床铺设、种苗投放、环境调控、蚯蚓收获及蚓粪还田改良土壤等关键技术步骤。

（一）科学栽培

1. 品种选择

选用适合本地区栽培的优良、抗病品种。

2. 培育壮苗

采用营养钵或穴盘育苗，营养土要求疏松通透，营养齐全，土壤酸碱度中性到微酸性，不能含有对秧苗有害的物质（如除草剂等），以及病原菌和害虫。建议使用工厂化生产的配方营养土。

苗期保证土温在 18~25℃，气温保持在 12~24℃，定植前幼苗低温锻炼，大通风，气温保持在 10~18℃。

3. 水肥一体化技术

绿叶菜类蔬菜根据生长情况追施 1~2 次高氮型水溶肥料，采用比例注肥泵+喷灌的水肥一体化模式。

4. 清洁田园

及时中耕除草，保持田园清洁。蔬菜废弃物进行好氧堆肥资源化利用。

（二）设施菜田蚯蚓养殖技术

请参考"上海市设施番茄化肥农药减施增效栽培技术模式"部分。

（三）蚯蚓—绿叶菜绿色高效茬口

1. 茬口安排

（1）第一茬：养殖蚯蚓　1~4 月在大棚内养殖蚯蚓，详见"上海市设施番茄化肥农药减施增效栽培技术模式"。

（2）第二茬：绿叶菜　根据生产习惯和市场需求，种植 3~5 茬绿叶菜。第一茬生菜可于 5 月种植，6 月底采收。种植前施入蚯蚓肥 500 kg/亩左右+15 kg/亩左右复合肥。第二茬青菜可于 7 月初种植，7 月底至 8 月上旬采收。此茬青菜种植是只需施入 15~20 kg/亩的复合肥即可。此后可根据市场及生产安排跟种 1~3 茬绿叶菜，如杭白菜、生菜、芹菜等。生产过程中视蔬菜生长情况追施 1~2 次水溶肥，采用比例注肥泵+喷灌的水肥一体化模式。栽培管理中采用"防虫网+诱虫板"的绿色防控技术，并推荐使用生物农药。

2. 化肥减量

蚯蚓养殖可降低蔬菜复种指数，减少 1~2 茬蔬菜种植。蚯蚓养殖改良土后，绿叶菜生产基肥中化肥用量（15 kg/亩）较常规生产（20 kg/亩）减少 25%，追肥采用水肥一体化模式，可减少化肥用量 10%。综合计算，该茬口模式较常规生产全年可减少化肥用量 28.7%。

四、效益分析

（一）经济效益分析

通过应用设施蔬菜—蚯蚓种养循环绿色高效生产技术，设施菜田土壤有机质含量提高 5% 以上，土壤容重下降 10%，化肥使用量减少 28.7%，亩均产量提高 10% 以上。按照棚室绿叶菜生产平均收益计算每亩可增收 500 元，节省 5 个人工。养殖生产的蚯蚓可以加工成肥料、中药等，经济价值更高。

（二）生态效益、社会效益分析

通过设施绿叶菜化肥农药减施增效栽培技术应用，土壤质量得到有效提升，生态环境得到有效改善，蔬菜产量、品质得到显著提高，有益于保障食品安全；减轻了农业生产过程中对自然环境的污染。该技术模式既解决了蔬菜废弃物对环境的污染问题，又实现了就地取材生产肥料，同时还可以改良土壤，达到土壤质量保育的目的，一举三得，社会、生态效益十分显著。

五、适宜区域

南方设施栽培绿叶菜产区。

六、技术模式

见表 7-5。

七、技术依托单位

联系单位：上海市农业技术推广服务中心

联系地址：上海市吴中路 628 号

联系人：李建勇

电子邮箱：48685988@ qq. com

表7-5　上海市设施绿叶菜化肥农药减施增效栽培技术模式

项目		1月（旬）上中下	2月（旬）上中下	3月（旬）上中下	4月（旬）上中下	5月（旬）上中下	6月（旬）上中下	7月（旬）上中下	8月（旬）上中下	9月（旬）上中下	10月（旬）上中下	11月（旬）上中下	12月（旬）上中下
生育期	春茬	蚯蚓养殖						绿叶菜类生产					
措施		养殖管理				优良品种		水肥一体化、药剂防治、防虫网+色板					
技术路线		设施菜田蚯蚓养殖技术：包括饵料制备、养殖床铺设、种苗投放、养殖环境调控、蚯蚓采收及蚯蚓粪还田改良土壤等关键技术。 选种：根据季节和生产需要选择优质高产叶菜类蔬菜。 水肥一体化技术：绿叶菜类蔬菜根据生长情况追施1~2次高氮型水溶肥料，采用比例注肥泵+喷灌的水肥一体化模式。 主要病虫害防治：①诱虫板，颜色的趋性，在设施内放置黄板、蓝板，对害虫进行诱杀。②防虫网，利用害虫对不同波长，棚室门口及裙侧采用防虫网。											
适用范围		南方设施栽培绿叶蔬菜产区											
经济效益		通过应用设施绿叶菜—蚯蚓种养循环绿色高效生产技术，设施菜田土壤有机质含量提高5%以上，土壤容重下降10%，化肥使用量减少28.7%，亩均产量提高10%以上。按照棚室番茄生产平均每亩可增收500元，节省5个人工。											

江苏省设施娃娃菜化肥农药减施增效栽培技术模式

一、技术概况

在设施娃娃菜绿色生产过程中，推广应用土壤消毒、微生物菌肥、物理与化学防治结合的病虫害综合防治等技术，改良土壤性状，缓解土壤次生盐渍化，减轻连作障碍等，保障娃娃菜生产安全。促进产业健康可持续发展。

二、技术效果

通过推广应用土壤消毒、微生物菌肥、物理与化学防治结合的病虫害综合防治等技术，提高蔬菜产量 15% 以上，减少农药施用量 30%~50%，减少投入和用工成本 20%，农产品合格率达 100%。

三、技术路线

选用高产、优质、抗病品种，通过穴盘育苗、水肥一体化等技术，培育健康壮苗，大田生长期采用土壤消毒、微生物菌肥应用、病虫害绿色防控等措施，改良土壤，改善作物生长环境，减轻土传病害的发生，提高丰产能力，改善产品品质。

（一）科学栽培

1. 翻耕晒土

前茬作物收获后，及时深耕晒土，为娃娃菜生长发育创造良好的环境条件，一般耕翻深度 30~40 cm，自然风化 50 d 左右。通过翻耕晒土，一方面可以改善土壤通透性差、易板结等问题；另一方面经过深耕翻土，深层土壤有较长曝晒和冷冻时间，可以达到消灭病虫害，降低杂草危害的目的。

2. 土壤消毒和活化

风化结束后，土壤湿度 60%~70% 时（若遇连续晴朗天气，湿度达不到 60%~70% 就需要提前浇地），进行土壤消毒，每亩施用棉隆土壤消毒剂 18 kg，撒施后旋耕（深度达 25 cm，以使土壤与消毒剂充分混匀），旋耕后用薄膜覆盖，确保不透气。封闭 20 d 左右揭膜，再次旋耕促进通风透气。在基施有机肥的同时，每亩施用微生物菌肥 80~120 kg，促进土壤活化，增加有益菌群。

3. 品种选择

为防止娃娃菜发生先期抽薹，应选用耐低温、冬性强的优质早熟品种。

4. 培育壮苗

1 月中下旬，采用 128 孔穴盘基质育苗，苗期注意防寒保温；幼苗生长期，视土壤湿度情况使用微喷设施进行合理淋水，保持苗床湿润，幼苗 3 片真叶时，酌量施速效氮肥，同时叶面喷施 0.1% 磷酸二氢钾，提高娃娃菜抗逆能力。幼苗出土后 3 d，进行第 1 次间苗，3 片真叶时进行第 2 次间苗，避免产生高脚苗；苗龄 20~25 d 时定植。

5. 移栽定植

娃娃菜宜畦作，耕耙平整后做平畦，畦长 6~8 m，宽 1.6 m，在 2 月中下旬，四叶一心时定植为宜，每畦定植 6 行，株行距 20 cm×30 cm，每亩定植 8 000 株左右，打孔定植，定植后及时浇定植水，水量要小，膜孔用泥土封实。

6. 田间管理

生长前期是早春，气温低，地温也低，苗又小，吸收量也小，应减少灌水次数，保持土壤湿润即可。生长中后期（莲座期），气温升高，生长量大，需水需肥量也大，此时要加大灌水量并开始追肥，莲座期和结球期各追肥 1 次，每次亩施尿素 15 kg 或硫酸钾型复合肥（$N-P_2O_5-K_2O=18-4-19$）20 kg。收获前 1 周停止灌水，防止裂球，提高娃娃菜的商品性。

7. 适时收获

当全株高 30~35 cm，包球松紧度在七八成时及时采收，叶球过大或过紧易降低商品价值；如发现大部分叶片出现斑点时，应抓紧时间一次性收获，否则会发生腐烂。采收时，一般将整棵菜连同外叶运回冷库预冷，包装前按商品标准大小去除外叶，分级包装，预冷后上市。

（二）主要病虫害防治

1. 农业防治

因地制宜选用抗病优良品种，合理布局，实行轮作倒茬；增施充分腐熟的有机肥作底肥，切忌在娃娃菜生育期单一过量施用氮肥，应注意氮、磷、钾肥的配合使用，并适量补充微量元素；加强中耕除草，清洁田园，降低病虫源数量。

2. 物理防治

采用银灰膜避蚜或杀虫灯、黄板诱蚜。制作 30 cm×40 cm 黄板，按照 30~40 块/亩插放于行间或株间，高出植株顶部，7~10 d 重涂 1 次机油。

3. 化学防治

（1）细菌性病害（软腐病、黑腐病）　及时拔除田间病株并带出田外深埋，并对病穴撒石灰消毒。药物方面，可用 72% 农用链霉素可湿性粉剂 3 000~4 000 倍液叶面喷药，每隔 7~10 d 喷药 1 次，连用 2~3 次。真菌性病害（霜霉病、白斑病）：在初发病时可选用 75% 百菌清可湿性粉剂 0.06 kg/亩，兑水喷雾防治。

（2）主要虫害　娃娃菜虫害防治的原则是以防为主，以治为辅，推荐农药有苏云金杆菌、吡虫啉等，每种农药在每个生长季节只能用一次。

四、效益分析

(一) 经济效益分析

通过推广应用土壤消毒、微生物菌肥、水旱轮作、物理与化学防治结合的病虫害综合防治等技术，提高蔬菜产量 15% 以上，减少农药施用量 30%~50%，减少投入和用工成本 20%，农产品合格率达 100%。以前茬作物水稻为例，采用水旱轮作模式，一般每亩水稻产量为 650 kg，产值为 1 300 元；娃娃菜产量为 3 500 kg，产值为 8 400 元，全年亩产值近万元；除去生产和人工成本，亩纯效益可达 7 000 元。

(二) 生态效益、社会效益分析

在设施栽培条件下，若长期连作种植蔬菜，易造成连作障碍，通过种植水稻等水生作物能起到土壤压碱洗盐的作用，降低土壤盐渍化危害，减少环境污染和劳动用工。同时，发展水旱轮作一定程度上增加了农产品种类，对丰富市场供给、改善人民生活具有重要意义。

五、适宜区域

江浙沪设施栽培娃娃菜产区。

六、技术模式

见表 7-6。

七、技术依托单位

联系单位：江苏省高邮市蔬菜栽培技术指导站
联系地址：江苏省高邮市文游中路 173 号
联系人：张春华
电子邮箱：gyshucaizhan@163.com

表7-6　江苏省设施娃娃菜化肥农药减施增效栽培技术

项目		11月（旬）			12月（旬）			1月（旬）			2月（旬）			3月（旬）			4月（旬）			5月（旬）			6月（旬）			7月（旬）		
		上	中	下	上	中	下	上	中	下	上	中	下	上	中	下	上	中	下	上	中	下	上	中	下	上	中	下
生育期	春茬	前茬作物收获			土壤消毒活化			播种育苗期			移栽定植期			播种育苗期			移栽定植期			采收上市期			下茬作物定植期						
措施		选择优良品种嫁接			土壤消毒活化			微生物菌肥应用			微生物菌肥应用			水旱轮作						微生物菌肥应用									
								病虫害绿色防控																				

技术路线：

选种：选用耐低温、冬性强的优质早熟品种。

土壤消毒活化：风化结束后，土壤湿度60%~70%时（若遇连续晴朗天气，湿度达不到60%~70%就需要提前浇地），进行土壤消毒活化，每亩施用棉隆土壤消毒剂18 kg，撒施后旋耕（深度达25 cm，以使土壤与消毒剂充分混匀），旋耕后用薄膜覆盖，确保不透气。封闭20 d左右揭开膜，再次旋耕促进通风透气。然后将生物菌扩培剂1.35 kg拌入1 800 kg猪粪发酵7 d，然后用作基肥撒施于大棚中。

微生物菌肥应用：在机施有机肥的同时，每亩施用微生物菌肥80~120 kg，促进土壤活化，增加有益菌群。

水旱轮作：以水稻为例，水稻通常5月下旬播种秧，6月中旬栽插，11月收获。娃娃菜1月中下旬播种育苗，2月中旬定植，5月上旬开始采收。

主要病害防治：①防虫害诱杀害虫，利用害虫对不同波长、颜色的趋性，在设施内放置黄板、蓝板，对害虫进行诱杀。②软腐病防治可用72%农用链霉素可湿性粉剂3 000~4 000倍液面面喷药，每隔7~10 d喷药1次，连续使用2~3次。③霜霉病防治，在初发病时可选用75%百菌清可湿性粉剂0.06 kg/亩，兑水喷雾防治。

适用范围：江浙沪设施栽培娃娃菜产区

经济效益：通过应用土壤消毒、微生物菌肥、水旱轮作，物理与化学防治结合的病虫害综合防治等技术，提高蔬菜产量15%以上，减少农药施用量30%~50%，减少投入利用工成本20%，农产品合格率达100%。以前播作物水稻为例，一般每亩水稻产量为650 kg，产值为1 300元；娃娃菜产量可达3 500 kg，产值为8 400元，全年亩产值近万元，除去生产和人工成本，苗纯效益可达7 000元。

江苏省塑料大棚蕹菜化肥农药减施增效栽培技术模式

一、技术概况

在设施蕹菜绿色生产过程中，推广应用湿旱轮作等技术，从而有效控制农药残留，保障蕹菜安全生产，农产品质量安全，促进农业增产、农民增收。

二、技术成果

通过应用湿旱轮作等技术，土壤湿润条件下蕹菜生长快、产品水分充足，避免了高温季节的产品纤维化，追肥用量显著减少，又因前茬残留大量养分，总体施肥量比常规栽培减少50%。蕹菜生长期间保持土壤相对湿度90%以上，有效淹杀瓜类枯萎病、跳甲、蛴螬等病虫害，下茬瓜果类旱生蔬菜病虫害发生显著减少，农药用量减少35%以上。采收比露地最多可提早2~3个月上市，价格在0.4~1.0元/kg之间波动。

三、技术路线

把蕹菜湿旱轮作栽培技术引进设施农业中，有效缓解了设施蔬菜连作障碍问题。

1. 品种选择

选用抗病、生长期长、品质好、商品性好的子蕹品种。

蕹菜品种有窄叶、大叶类型，竹叶、柳叶等窄叶类型品种适宜于上海、苏南等地市场销售，大叶类型品种适宜于南通等地市场销售。同时，蕹菜品种有青秆、白秆之分，生产中要根据不同市场需求选择相应品种。

2. 整地施肥

蕹菜生长速度快，分枝能力强，需肥水较多，宜施足基肥。基肥一般要提前7 d以上施入，通常亩施腐熟有机肥2 500~3 000 kg，加45%复合肥30~40 kg，耕翻后耙平整细。畦间采用开墒机开沟，通常6 m棚做3畦，畦宽1.5 m，沟宽30 cm、深20~25 cm。

3. 播种

（1）播种期　采用三层棚膜覆盖的可于1月下旬前后进行育苗；采用双层棚膜覆盖的可于2月中旬开始直播；采用单层棚膜覆盖的可于3月中旬前后开始直播。

（2）播种方式　一般采取种子直播方式，也可采取育苗移栽方式。采取种子直播方式时，通常采用条播或点（穴）播。条播又分为宽幅条播和窄条播，采用人工宽条播一般幅宽 30 cm、间距 10 cm 左右，采用免耕条播机窄条播一般沟距 15 cm；点（穴）播的穴距 20 cm 左右。采取穴盘育苗移栽时，栽植的株、行距 20 cm 左右。

（3）播种量 早春茬进行高密度播（栽），可在前期有较高的产量和经济效益。采取育苗移栽方式，每亩用种量为 2.0 kg 左右；采取种子直播方式，每亩用种量为 7.5~10.0 kg。

（4）浸种催芽 蕹菜种皮厚而硬，吸水慢，若早春种植时采用干籽直播，会因温度低而发芽慢，因此播前宜进行催芽。即用 50~60℃ 温水浸泡 30 min，然后用清水浸种 20~24 h，捞起洗净后用沙布包好放在 25℃ 左右的温度下催芽，催芽期间要保持湿润，每天用清水冲洗种子 1 次，当有 50%~60% 种子破皮露白点后即可播种。播后覆土 2 cm 左右。

（5）播后苗前湿度管理 早春蕹菜播后，可覆盖塑料薄膜保温保湿，待出苗后撤膜；夏季蕹菜播后，可用遮阳网覆盖畦面，再淋水，出苗后揭除遮阳网。

4. 田间管理

（1）水分管理 早春蕹菜播种后因温度较低，不能直接灌水，只要保持土壤湿润出苗即可。当秧苗长到 5~7 cm 时可开始灌水，以畦沟持水、畦面充分湿润为宜；若畦面表土开始发白，则再次灌水。

（2）温度调控 蕹菜生长适温为 25℃ 左右，并能耐 35~40℃ 高温。大棚早期主要是以闭棚增温为主，3 月中下旬及以后的高温季节揭开两侧薄膜、加装防虫网。

（3）施肥 蕹菜是多次采收的作物，对肥水需求量很大。但若以治理因土壤残留养分较多而致的盐渍化，则应根据蕹菜长势进行追肥。若蕹菜长势正常则不必追肥，即使出现蕹菜部分新叶黄化仍不急于追肥，多数情况下随新叶继续生长能逐步转绿，除非新叶长大后仍普遍呈黄化状态，则可按每亩 15~20 kg 用量追施尿素。

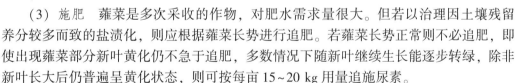

5. 采收

蕹菜是一次播种多次采收的蔬菜作物。生产上，一般在苗高 30~35 cm 时即可用镰刀进行割收上市；以后随温度升高，每隔 15 d 左右即可采收一批。在进行第 1~2 次采收时，茎基部要留足 2~3 个节，以利采收后新芽萌发，促发侧枝、争取高产。采收 3~4 次之后，应对植株进行一次重采，即茎基部只留 1~2 个节，防止侧枝发生过多，导致营养分散，影响品质及产量。一般每次采收亩产可达 750 kg 左右。

6. 主要病虫害防治

蕹菜的病虫害主要有轮斑病、白锈病、菜青虫及夜蛾科害虫等。轮斑病、白锈病可在发病初期使用甲基托布津、代森锰锌等药剂防治。设施蕹菜在灌水栽培环境下，本地夏季主要害虫是甘薯麦蛾，秋季主要害虫是甜菜夜蛾。一般在蝶蛾类卵孵化盛期选用苏云金杆菌（Bt）可湿性粉剂、印楝素或川楝素，加溴氰菊酯或高效氯氰菊酯等进行防治。

四、效益分析

1. 经济效益分析

通过大棚蕹菜表土充分湿润早熟优质高产栽培、与前后茬瓜果类等旱生蔬菜形成"湿旱轮作"等技术应用，土壤湿润条件下蕹菜生长快、产品水分充足，避免了高温季节的产品纤维化，追肥用量显著减少，又因前茬残留大量养分，总体施肥量比常规栽培减少50%。蕹菜生长期间保持土壤相对湿度90%以上，有效淹杀瓜类枯萎病、跳甲、蛴螬等病虫害，下茬瓜果类旱生蔬菜病虫害发生显著减少，农药用量减少35%以上。蕹菜3月分期播种、4月开始采收，至9月共可采收11茬，每亩单茬产量680 kg左右、总产量7 480 kg，总产值18 700元；与本地常规旱生蕹菜相比，可多采收5茬，总产量增加3 380 kg，总产值提高11 500元。

2. 生态效益、社会效益分析

通过大棚蕹菜表土充分湿润早熟优质高产栽培、与前后茬瓜果类等旱生蔬菜形成"湿旱轮作"等技术应用，提高蕹菜产量，减少植株农药用量，同时也减少人工用量；避免因大量灌水造成养分洗脱而致的面源污染，减轻了农业生产过程中对自然环境的污染，对于保护生态意义重大。

五、适宜区域

设施栽培蕹菜产区。

六、技术路线

见表7-7。

七、技术依托单位

联系单位：扬州大学园艺植保学院、江苏省如皋市农业技术推广中心
联系人：江解增、沙宏锋
电子邮箱：820930554@qq.com，shf720606@163.com

表7-7　江苏省塑料大棚蕹菜化肥农药减施增效栽培技术模式

项目	2月（旬）			3月（旬）			4月（旬）			5月（旬）			6月（旬）			7月（旬）			8月（旬）			9月（旬）		
	上	中	下	上	中	下	上	中	下	上	中	下	上	中	下	上	中	下	上	中	下	上	中	下
生育期				播种期，苗期									采收期											
措施				品种选择						3月中下旬及以后的高温季节揭开两侧薄膜，加装防虫网。														
				药剂防治						夏季主要害虫是甘薯麦蛾秋									秋季主要害虫是甜菜夜蛾					

技术路线：

选种：选用抗病、生长期长、品质好、商品性好的子蕹品种。

整地施肥：蕹菜生长速度快，分枝能力强，需肥水较多；治理病虫害多，治理病虫害为主的宜施足基肥。基肥一般要提前7d以上施入，通常苗施腐熟有机肥2500~3000kg，加45%复合肥30~40kg；治理因超量施肥所致的盐渍化，则不施基肥。耕翻后耙平整细。通常6m棚做3畦，睡宽1.5m，沟宽30cm，深20~25cm。

播种：一般采取种子直播方式，也可采取育苗移栽方式。采取种子直播方式时，通常采用条播或点（穴）播。条播又分为宽幅条播和窄幅条播，一般采取宽幅条播或点（穴）播。点（穴）播的穴距20cm左右。采取穴盘育苗移栽时，一般株幅宽30cm，同距10cm左右，采用免耕条播机窄条移栽播15cm；行距20cm左右。

田间管理：蕹菜生长适温为25℃左右，并能耐35~40℃高温。大棚早期主要是以闭棚增温为主，3月中下旬及以后的高温季节揭开两侧薄膜、加装防虫网。蕹菜对肥水需求量很大，若蕹菜长势正常则不必追肥，即使出现蕹菜部分新叶黄化下随新叶继续生长能逐步转绿。若蕹菜呈黄化状态，则可按每亩15~20kg用量追施尿素。

病虫害防治：①轮纹病、白锈病，白锈病可在发病初期使用甲基托布津，代森锰锌等药剂防治。②夏季主要害虫是甘薯麦蛾，秋季主要害虫是甜菜夜蛾，加溴氰菊酯或高效氯氟氰菊酯等进行防治。印楝素或川楝素。一般在蝶蛾类卵孵化盛期喷选用苏云金杆菌（Bt）可湿性粉剂。

适用范围：设施栽培蕹菜产区

经济效益：通过应用湿草轮作等技术，土壤湿润条件下蕹菜生长快，产品水分足，避免了高温季节的产品纤维化，追肥用量显著减少，又因前茬残留大量养分，总体施肥量比常规栽培减少50%。蕹菜生长期间保持土壤相对湿度90%以上，有效杀灭瓜类枯萎病、跳甲、蚜嘴等病虫害，下茬瓜类早生蔬菜病虫害发生显著减少，农药用量减少35%以上。采收比露地最多可提早2~3个月上市，蕹菜3月分期播种，4月开始采收，至9月共可采收11茬，每亩单茬产量680kg左右，总产量7480kg，总产值18700元；与本地常规早生蕹菜相比，可多采收5茬，总产量增加3380kg，总产值提高11500元。

安徽省设施绿叶类蔬菜化肥农药减施增效栽培技术模式

一、技术概况

在设施绿叶类蔬菜绿色生产过程中,推广应用土壤修复改良、配方施肥、有机肥替代化肥、水肥一体化、机械化生产、物理和生物防治病虫、科学合理用药等技术,有效减轻叶类蔬菜设施栽培中的土壤连作障碍、病虫害难以防控和农药残留等问题,实现肥药双减,保障叶类蔬菜生产安全、农产品质量安全和农业生态环境安全,促进农业增产增效、农民增收。

二、技术效果

通过应用土壤修复改良、配方施肥、有机肥替代化肥、水肥一体化、机械化生产、物理和生物防治病虫、科学合理用药等技术,提高叶类蔬菜产量15%以上,减少化肥使用量30%以上、减少农药使用量25%~50%,减少投入和用工成本50%以上,农产品合格率达100%。

三、技术路线

选用高产、优质、抗病、抗逆品种,采取土壤修复改良、增施有机肥、物理与生物防治病虫害等绿色防控技术,推广应用环境调控和机械化操作等措施,提高叶类蔬菜丰产能力,增强对病害、虫害、草害的抵抗力,改善其生长环境,避免、减轻叶类蔬菜相关病虫害的发生和蔓延。

机械化条插

(一) 科学栽培

1. 品种选择

选用适合本地区栽培的优良、抗病、抗逆品种。

2. 合理选地

选择地势高燥、沥水性强的地块,有效避免因棚内持续性喷水时田间积水,选择前茬未种过同科作物地块,避免连作障碍,降低病害发生几率。

3. 直播或育苗移栽

播种前种子进行消毒处理(温汤浸种、药剂消毒、阳光晒种等)。直播或育苗移栽均可采用机械化播种。育苗移栽采用穴盘基质育苗,育苗基质选用正规厂家生产。低温时注意保温加温,高温时注意降温。

4. 配方施肥及水肥一体化

在对土壤养分检测分析的基础上，基施生物菌有机肥 200 kg/亩，配合施用蔬菜专用复合肥（$N-P_2O_5-K_2O=18-7-20$）30 kg/亩，追肥尿素 8 kg/亩，采用喷灌或滴灌水肥一体化设备。

5. 机械化生产

整地、作畦、覆膜、开沟、播种、定植、灌溉、植保、采收等生产环节推广使用适宜设施使用的小型机械。

6. 加强田间管理

合理密植，提高田间通风透光，增强植株抗病性；及时中耕除草，保持田园清洁；利用喷灌进行节水灌溉，控制土壤湿度和温度；夏秋季节温度高时加强通风遮光，可只保留顶膜加盖遮阳网，安装喷灌头喷水降温，冬季低温时要及时覆盖棚膜保温，必要时要及时在小拱棚上加盖无纺布保温；为防止株高较高的蔬菜倒伏，增加通风透光，减少病害发生，可及时铺设防倒网，如芹菜株高 15 cm 时，铺设防倒网，以保持芹菜植株直立。

7. 及时采收

一般在达到商品采收期时及时采收；也可根据市场行情提前或延后采收；可按拔大留小，先密后稀的原则分期分批采收上市。采收时，要清除老叶病叶，有条件的可进行分级包装。

（二）主要病虫害防治

1. 合理轮作

推广水旱轮作防治土传病害。

2. 高温闷棚

夏季换茬期间，深翻土壤，施石灰氮 40~50 kg/亩，经无害化处理的农家肥 1 000 kg/亩，粉碎的作物秸秆 1 000 kg/亩，均匀撒施于地表后深翻，灌水至饱和，覆膜密封，密闭棚室 25 d 以上。

3. 物理与生物防控

在棚上覆盖 60 目防虫网阻隔，以防粉虱、蚜虫、菜青虫和小菜蛾等；设施内悬挂黄板、蓝板，同时在田间安装太阳能杀虫灯，对害虫进行诱杀；针对鳞翅目害虫如斜纹夜蛾、甜菜夜蛾、甘蓝夜蛾、小菜蛾等，应用性信息素诱杀大量雄成虫，控制子代种群数量；将麸皮在锅里炒香，加入 90% 敌百虫粉拌匀做成毒饵，撒在畦面周围捕杀蝼蛄等地下害虫。

4. 科学合理用药

推广使用烟雾剂、烟雾机、静电喷雾技术等，减少农药使用量；严格按照农药标签

穴盘基质育苗

喷灌

滴灌

小拱棚多层覆盖保

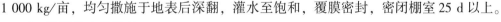

推荐的作物、用量、浓度和安全间隔期用药，保证蔬菜产品质量安全；合理轮换用药，防止病虫产生抗药性。霜霉病可用25%百菌清或70%代森锰锌或64%杀毒矾或0.6%苦参碱喷雾防治；软腐病可用20%噻唑锌或25%百部碱醇喷雾防治；病毒病可于发病初期用6%寡糖·链蛋白（阿泰灵）喷雾防治；斑枯病用75%百菌清或80%代森锰锌喷雾防治防治。灰霉病发病初期用50%嘧霉胺、50%多霉清、25%高露达交替

防倒网防倒伏

喷雾防治。菜青虫、小菜蛾可用1.8%阿维菌素＋20%氯虫苯甲酰胺（康宽）喷雾防治；蚜虫可用10%吡虫啉喷雾防治。

四、效益分析

（一）经济效益分析

通过应用土壤修复改良、配方施肥、有机肥替代化肥、水肥一体化、机械化生产、物理和生物防治病虫、科学合理用药等技术，提高叶类蔬菜产量15%以上，减少化肥使用量30%以上、减少农药使用量25%~50%，减少投入和用工成本50%以上，农产品合格率达100%。按照设施叶类蔬菜生产平均收益计算，每亩可增收600元以上，节省用工、化肥、农药成本400元以上。

（二）生态效益、社会效益分析

设施绿类蔬菜肥药双减绿色生产技术的应用，降低了土壤次生盐渍化等土壤连作障碍的危害，增加土壤有机质，改善土壤耕层生态环境，提高了叶类蔬菜的产量，降低了化肥农药的使用量，同时也减轻了农民的工作量，增产增收，给农民带来切实的效益；减少了农药和化肥的使用，降低了商品农药残留，商品百分之百达到绿色农产品要求，有益于保障食品安全；减轻了农业生产过程中对自然环境的污染，环保意义重大。

五、适宜区域

江淮地区设施绿叶类蔬菜产区。

六、技术模式

见表7-8。

七、技术依托单位

联系单位：安徽省农业科学院园艺研究所、蚌埠市农业技术推广中心、宁国市蔬菜办公室

联系人：王明霞、杨龙斌、刘字平

电子邮箱：ahsctx@163.com，584200931@qq.com

表 7-8　安徽省设施绿叶类蔬菜化肥农药减施增效栽培技术模式

项目		6月（旬）	7月（旬）	8月（旬）	9月（旬）	10月（旬）	11月（旬）	12月（旬）	1月（旬）	2月（旬）	3月（旬）	4月（旬）
		上 中 下	上 中 下	上 中 下	上 中 下	上 中 下	上 中 下	上 中 下	上 中 下	上 中 下	上 中 下	上 中 下
生育期	秋茬	\multicolumn{11}{分期分批、播种育苗、机械化播种、采收}										
措施		高温闷棚	遮阳网降温	铺网防倒，水肥一体化管理，黄板、蓝板、杀虫灯、性诱剂、药剂防治			防虫网阻隔	防寒保暖	药剂防治			

技术路线：

选种：选用适合本地区栽培的优良、抗病、抗逆品种。

直播或育苗移栽：播种前种子进行消毒处理（温汤浸种、药剂消毒、阳光晒种等）。直播或育苗移栽均可采用机械化播种。育苗移栽采用穴盘基质育苗，育苗基质选用正规厂家生产。高温时注意降温。

配方施肥及水肥一体化：在对土壤养分检测分析的基础上，基施生物菌有机肥 200 kg/亩，配合施用蔬菜专用复合肥（N-P$_2$O$_5$-K$_2$O=18-7-20）30 kg/亩，追肥使用尿素 8 kg/亩，采用喷灌或滴灌水肥一体化。

机械化生产：整地、作畦、开沟、覆膜、播种、定植、灌溉、植保、采收等生产环节推广使用适宜设施使用的小型机械。

田间管理：合理密植，提高田间通风透光，增强植株抗病性、及时中耕除草，保持田间清洁；利用喷灌进行节水灌溉，控制土壤湿度和温度，以防止株高较高的蔬菜倒伏，增加通风透光，减少病害发生，可及时铺设防倒网，如芹菜株高 15 cm 时，铺设防倒网，以保持芹菜植株直立。

适用范围：江淮地区设施绿叶类蔬菜产区

经济效益：通过应用土壤修复改良，配方施肥，有机肥替代化肥，水肥一体化，机械化生产，物理和生物防治病虫，科学合理用药等技术，提高叶类蔬菜产量 15%以上，减少化肥使用量 30%以上，减少农药使用量 25%~50%，减少人工投入和用工成本 50%以上，节省用工、化肥、农药成本 400 元以上。按照设施叶类蔬菜生产平均收益计算，每亩可增收 600 元以上，产品合格率达 100%。

湖南省设施小白菜化肥农药减施增效栽培技术模式

一、技术概况

在设施小白菜绿色生产过程中，推广应用夏季遮阳网种植、水肥一体化以及物理、生物与化学防治结合的病虫害综合防治等技术，有效减少农药使用，保障小白菜生产安全、农产品质量安全和农业生态环境安全，促进农业增产增效，农民增收。它的实施有益于提高小白菜绿色生产水平，有益于保障农产品的质量安全。

二、技术效果

通过推广应用优良品种、夏季遮阳网种植、水肥一体化以及物理、生物与化学防治结合的病虫害综合防治等绿色生产、防控技术，农药施用量减少70%，减少投入和用工成本40%，农产品合格率达100%。

三、技术路线

选用高产、优质、抗病品种，培育健康壮苗，采取土壤改良、物理和化学农药综合防治等措施，提高小白菜丰产能力，改善小白菜的生长环境，控制、避免、减轻小白菜相关病虫害的发生和蔓延。

(一) 科学栽培

1. 品种选择

选用适合本地区栽培的优良、抗病品种。

2. 培育壮苗

一般湖南中部地区在6月下旬开始保护地育苗，苗床营养土要求疏松通透，营养齐全，土壤酸碱度中性到微酸性，不能含有对秧苗有害的物质（如除草剂等），以及病原菌和害虫。

3. 及时整地备用

采用生石灰70 kg/亩进行土壤消毒，每亩撒施500 kg有机肥（pH≥6.5），加45%硫酸钾复合肥20 kg作底肥深施，作畦后铺好滴灌带，一般在播种后及时完成整地施肥。

4. 适时移栽

气温适宜的天气情况下，选择在16时以后进行定植，密度不低于8 000株/亩。

5. 水肥管理

定植后及时浇透定根水，第 2 d 后连续使用滴灌设施浇水，浇水时间选择在下午太阳下山以后，直至小白菜活棵为止；定植后 10~15 d，随水追施冲施肥 7.5~10 kg/亩；结球期随水追施高氮高钾冲施肥 5.0~7.5 kg/亩，如天气干旱，需要一次性浇透水。

（二）主要病虫害防治

1. 物理方法诱杀害虫

利用跳甲的趋性，在畦面上 40~50 cm 位置悬挂黄板，每亩挂 40~50 块进行诱杀，减少虫口基数；每 50 亩安置 1 盏杀虫灯，可以诱杀菜青虫、小菜蛾等鳞翅目害虫。

2. 培育壮苗，健身栽培

植株健壮，根系发达，加上虫害管理及时，小白菜不会出现大的、爆发性病虫害灾害，基本不需要使用农药。

四、效益分析

（一）经济效益分析

通过推广应用优良品种、夏季遮阳网种植、水肥一体化以及物理、生物与化学防治结合的病虫害综合防治等绿色生产、防控技术，农药施用量减少 70%，减少投入和用工成本 40%，农产品合格率达 100%。

（二）生态效益、社会效益分析

小白菜夏季遮阳网育苗、水肥一体化种植技术的应用，可以提高小白菜的销售单价，增加农民收入，给农民带来切实的效益；同时，病虫害绿色防控技术的应用，减少了农药的使用，降低商品农药残留，商品百分之百达到绿色农产品要求，有益于保障食品安全；绿色栽培技术的应用，减轻了农业生产过程中对自然环境的污染。

五、适宜区域

湖南塑料大棚栽培小白菜产区。

六、技术模式

见表 7-9。

七、技术依托单位

单位名称：湖南国安湘鲜生态农业发展有限公司

联系人：周建国

表 7-9 湖南省设施小白菜化肥农药减施增效栽培技术模式

项目	6月（旬）			7月（旬）			8月（旬）			9月（旬）		
	上	中	下	上	中	下	上	中	下	上	中	下
生育期	育苗				定植				收获期			
措施	选择优良品种					水肥一体化促活棵						
							杀虫黄板、杀虫灯降低虫口基数					
							低毒低残留农药确保产品质量					

技术路线：

选种：选用适合本地区栽培的优良、抗病品种。

培育壮苗：一般湖南中部地区在6月下旬开始保护地育苗，苗床营养土要求疏松通透，营养齐全，土壤酸碱度中性到微酸性，不能含有病原菌和害虫。及时整地备用：生石灰70 kg/亩进行土壤消毒，不能含有病害的物质（如除草剂等），每亩散施500 kg有机肥，加45%硫酸钾复合肥20 kg作底肥深施，作畦后铺好滴灌带，一般在播种后及时完成整地施肥。

适时移栽：在气温适宜的天气情况下，选择在16时以后进行定植，密度不低于8 000株/亩。

水肥管理：定植后及时浇透定根水，第2 d后连续使用滴灌设施浇透水，浇水时间选择在下午太阳下山以后，直至小白菜活棵为止；定植后10~15 d，随水追施冲施肥7.5~10 kg/亩；结球期随水追施高额高氮钾冲施肥5~7.5 kg/亩，如天气干旱，需要一次性浇透水。

适用范围：湖南塑料大棚栽培小白菜产区

经济效益：通过应用优良品种，夏季遮阳网种植，水肥一体化以及物理、生物与化学防治结合的病虫害综合防治等绿色生产，防控技术，农药施用量减少70%，减少投入利用工成本40%，农产品合格率达100%。